Ullstein Sachbuch

DAS BUCH:

Eysenck ist als Kritiker und Skeptiker gegenüber der Psychoanalyse bekannt. Er benützt experimentelle Tests und Fragebögen als Basis für seine Untersuchungen der menschlichen Intelligenz. Ist diese erlernbar oder ist sie ein stabiler, durch Vererbung vorgegebener Faktor?
Die Schlußfolgerung aus seinen empirischen Untersuchungen, daß die menschliche Intelligenz vor allem durch Vererbung festgelegt sei, rief heftige Reaktionen bei Soziologen und Milieuforschern hervor. Gerade für die Bildungspolitik besitzt diese These große Brisanz.

ÜBER DEN AUTOR:

Hans Jürgen Eysenck, 1916 in Berlin geboren, kam 1934 aus politischen Gründen nach England. In London schloß er 1940 sein Psychologiestudium ab. 1955 erhielt er eine Professur am Psychiatrischen Institut der Londoner Universität.
Weitere Publikationen (u. a.):
Intelligenztest (1974); *Vererbung, Intelligenz und Erziehung. Zur Kritik der pädagogischen Milieutheorie* (1975); *Kriminalität und Persönlichkeit* (1980); *Der durchsichtige Mensch* (1983); *Sigmund Freud – Niedergang und Ende der Psychoanalyse* (1985).

Hans Jürgen Eysenck

Die Ungleichheit der Menschen

Ist Intelligenz erlernbar?

Ullstein Sachbuch

Ullstein Sachbuch
Ullstein Buch Nr. 34550
im Verlag Ullstein GmbH,
Frankfurt/M – Berlin
Titel der englischen
Originalausgabe:
The inequality of man
Übersetzt von Horst Dieter Rosacker

Ungekürzte Ausgabe

Umschlagentwurf und Illustration:
Elzbieta Woźniewska-Krüger

Printed in Germany 1989
Gesamtherstellung:
Clausen & Bosse, Leck
ISBN 3 548 34550 6

Februar 1989

CIP-Titelaufnahme
der Deutschen Bibliothek

Eysenck, Hans Jürgen:
Die Ungleichheit der Menschen:
ist Intelligenz erlernbar?/
Hans Jürgen Eysenck. [Übers. von
Horst Dieter Rosacker]. –
Ungekürzte Ausg. – Frankfurt/M;
Berlin: Ullstein, 1989
(Ullstein-Buch; Nr. 34550:
Ullstein-Sachbuch)
Einheitssacht.: The inequality
of man <dt.>
ISBN 3-548-34550-6

NE: GT

Inhalt

Für Gary, Connie, Kevin und Darrin
in der Hoffnung, daß die genetische Regression zum Mittelmäßigen
ihnen nicht allzusehr mitgespielt hat!

»Abgesondert von der Welt in Atlantis und Utopia Politik zu treiben, aus der wir niemals Nutzen ziehen können, wird unsere Lage nicht verbessern; wohl aber weise zu bestimmen in einer Welt voller Übel, in deren Mitte uns Gott unweigerlich gestellt hat.«

JOHN MILTON

Einführung*

The Inequality of man wurde ein paar Jahre nach *Race, Intelligence, and Education* (dt. unter dem Titel »Vererbung, Intelligenz und Erziehung«) geschrieben; es diskutiert in mehr allgemeiner Form die Konsequenzen, die sich für die Gesellschaft aus gewissen unabänderlichen Eigenschaften ergeben und die für uns Menschen genauso charakteristisch sind wie für alle biologischen Organismen. Mein früher veröffentlichtes Buch handelte besonders von Rassenproblemen – wobei dieser Begriff in seinem wissenschaftlichen Sinn gemeint war und nicht in der absurden voreingenommenen und gemeinen Art, in der Hitler und seine Anhänger das Wort bei ihrem Versuch mißbrauchten, den Mythos einer arischen »Herrenrasse« zu etablieren. Es konzentrierte sich außerdem auf die Wirkungen der Erbfaktoren auf die Intelligenz. In diesem Buch beschäftige ich mich mit den genetischen Einflüssen auf die Persönlichkeit, Kriminalität, geistig-seelische Abnormität und andere Typen des Verhaltens, neben jenen auf die Intelligenz, und ich appelliere an alle, die den Wunsch haben, das soziale Zusammenleben zu verbessern, sich mit den ernsten und komplexen Problemen einzulassen, welche durch diese anerkannten Fakten aufgeworfen werden; denn nur so können einige jener häßlichen Züge unserer Gesellschaft beseitigt werden, die zwar offenkundig sind, die aber dennoch allen bisherigen Bemühungen, sie zu beseitigen, widerstanden haben. Damit komme ich natürlich indirekt den Politikern ins Gehege; viele der angeschnittenen Fragen sind politisch, aber sie werden gewöhnlich ohne Bezug auf die Fakten diskutiert. Was ich sagen will, ist einfach dies, daß viele, wenn nicht alle politischen Fragestellungen eine psychologische Grundlage haben und daß die Kenntnis psychologischer Prinzipien und Befunde in jede versuchte politische Entscheidung eingehen muß. Ich schlage solche Antworten nicht selbst vor; das hieße, meine Kompetenz zu überschreiten. Ich stelle nur einige Tatsachen fest, die jeder, der sich vorurteilslos mit diesen Problemen auseinandersetzen will, in Rechnung stellen muß.

Nur ein Optimist würde erwarten, daß ein derart gewagtes Unternehmen ohne ernste Folgen bleiben könnte. Politische Ansichten aller Art werden gewöhnlich mit viel emotionaler Macht aufrechterhalten; und diese emo-

* Die hier erstmalig abgedruckte Einleitung ist eine Erweiterung eines in der US-Zeitschrift *Encounter* im Dez. 1972 (39, Nr. 6, S. 79–91) erschienenen Artikels mit dem Titel *The Dangers of the New Zealots.*

tionale Kraft öffnet sich selten gegensätzlichen Fakten. Infolgedessen muß ein Wissenschaftler, wie indirekt und marginal er auch immer mit politischen Themen in Berührung kommt, immer damit rechnen, daß er in den Schmutz gezogen und zur Zielscheibe bösartiger Angriffe wird. Noch ist das schlimme Los der Genetiker unter Hitler und Stalin nicht vergessen. Die tradtionelle Genetik in Deutschland wurde durch Hitlers Bestehen auf seinen verrückten Ideen nahezu ausgerottet; und Stalin unterstützte Lyssenko in seiner Vernichtungskampagne gegen Wawilow und viele andere hervorragende Genetiker, die sich geweigert hatten, seinen absurden Träumereien einer Sowjetgenetik beizupflichten, und die in Arbeitslager verbannt und dort schließlich umgebracht wurden. Man hätte seine Hoffnung auf mehr vernunftbezogene Reaktionen in einem demokratischen Land wie England setzen wollen; allein solche Hoffnung erwies sich als voreilig. *Race, Intelligence, and Education* erzeugte einen Aufruhr, der immer noch nicht abgeklungen ist, und die amerikanische Ausgabe mit dem Titel *The IQ Argument* erregte einen ähnlichen Sturm in den USA. Die deutschen Leser mögen vielleicht an dieser Rezeption interessiert sein; Rassenfragen sind hier (heute) von weniger unmittelbarem Belang, und deshalb dürften Diskussionen über dieses Thema auf sachlicheren Boden fallen. Dagegen – wie man sehen wird – handelt die »Ungleichheit der Menschen« überhaupt nicht von Rassen, und dennoch war auch seine Aufnahme in den englischsprechenden Ländern alles andere als herzlich. Revolutionäre und Progressive sind beinahe mit Sicherheit »Environmentalisten«, d. h. sie geben Umwelteinflüssen den Vorrang; sie hassen den Gedanken, daß ihre eigene Macht, die Gesellschaft zu verändern, stark von biologischen Faktoren begrenzt ist, und folglich begegnet jeder, der ihre Aufmerksamkeit auf die feststehende Wahrheit unseres evolutionären Erbes und dessen Implikationen zu lenken versucht, ihrer unversöhnlichen Feindschaft. Vielleicht hätte ich gewarnt sein sollen durch das Schicksal von Arthur Jensen. Sicherlich war ich zu optimistisch zu glauben, England sei so sehr von Amerika verschieden, daß eine sinnvolle Diskussion der fundamentalen Probleme möglich wäre. Klarerweise war es naiv zu denken, daß gefühlsmäßige Überzeugtheit durch wissenschaftliche Beweise und rationale Argumente berührt werden könnten. Als das Buch erschien, stürzte sozusagen das Dach ein. Die ganze Geschichte ist in gewisser Beziehung amüsant, aber sie hat auch tragische Untertöne, die durchaus zur Vorsicht gemahnen; ich werde bemüht sein, beide Aussagen im nachfolgenden zu rechtfertigen. Selbstverständlich sollten persönliche Erlebnisse nicht so wichtig genommen werden, und jedenfalls waren sie für mich eher unterhaltend als furchteinflößend. Ich glaube jedoch, daß sie anderes und mehr implizieren, und um der Aufdeckung dieser Zusammenhänge willen möchte ich die ganze Story erzählen. Bevor ich aber auf den Kern der Sache komme, ist es vielleicht ganz nützlich, mich selbst vorzustellen – nicht vom Standpunkt meiner akademischen Position aus, sondern in bezug auf den politischen Werdegang. Viele Kritiker meines Buches haben gesagt, daß man, um jemanden beurteilen zu können, seine politische Richtung kennen muß; so will ich denn in aller Kürze meine Überzeugung darlegen.

Ich wurde in Berlin geboren, in der Mitte des Ersten Weltkrieges; ich wuchs auf in der Weimarer Republik und wurde ein Mitglied der – wie man sagen könnte – »Alten Linken« (in Kontrast zur »Neuen Linken«, die heute so populär ist). Wie viele andere machte ich den Weg vom Marxismus zum Sozialismus und schließlich zum Liberalismus – immer radikal im Gegensatz zur wachsenden faschistischen Bedrohung durch Hitler und seine Schlägertrupps. Wie die meisten meiner jungen Freunde tendierte ich dahin, die Kommunisten zu verachten: gingen sie nicht beim Straßenbahnerstreik mit den Nazis zusammen, um die Weimarer Republik zu Fall zu bringen – ein Schritt, der sie in den Augen eines wilden Tigers hilflos erscheinen lassen mußte! Die fatale Schwäche der demokratischen Kräfte führte schließlich zum Niedergang der Republik, und nach einem unsicheren Jahr der Opposition verließ ich Deutschland und lebte fortan im Exil. Viele meiner Freunde bezahlten ihre Weigerung, den Diktator zu unterstützen, mit dem Tode oder der Inhaftierung in Hitlers Konzentrationslagern.

Die »Alte Linke« hatte bestimmte Charakteristika, die es vielleicht wert sind, im einzelnen benannt zu werden. Da gab es den Glauben an rationales Argumentieren, an die Kraft der Vernunft, an das Überzeugenkönnen; dies stand in krassem Gegensatz zum Glauben der Rechten an die Gewalt, an das Gefühl und eine irrationale »Volksseele«. Wir hatten auch unsere Meinungsverschiedenheiten, aber wir versuchten sie auszudiskutieren, in Cafés, Bierkellern oder auf der Straße; niemals konnte man mit Hitlers SA diskutieren oder mit der SS. Zudem waren wir uns alle in der Ablehnung des Radikalismus einig, glaubten an die Chancengleichheit für alle und verabscheuten die Ausbeutung vieler durch wenige. Als ich nach England kam, wurde ich als sogenannter »voreiliger Nazigegner« klassifiziert; die Briten waren damals noch nicht bereit, in Hitler eine Gefahr für unser gesamtes kulturelles Erbe zu sehen.

Ich selbst hatte in den folgenden Jahren keine Veranlassung, meine Ansichten grundsätzlich zu ändern; und als ich später – als Professor – Vorlesungen und Seminare über die Intelligenz abhielt, lehrte ich meine Studenten ohne die leisesten Bedenken, daß es für ererbte Intelligenzunterschiede zwischen den Rassen keinerlei Beweise gäbe und daß die bestehenden Unterschiede ausschließlich den Umweltbelastungen und -benachteiligungen zugeschrieben werden müßten, denen schwarze oder andere Gruppen unterworfen waren. Dieses war damals eine orthodoxe Position – und bei aller Wahrheit: es gab wenig Zeugnisse, die dagegen sprachen. Allmählich jedoch kam ich mit mehr und mehr Material in Berührung, das sich kaum mit diesen selbstsicheren Aussagen vereinbaren ließ. Wenn man schwarze und weiße amerikanische Kinder im Hinblick auf Schulen, Wohnungen sowie den Status und Einkommen der Eltern verglich, so konnte dies schwerlich jene IQ-Differenz von 15 Punkten zwischen den Rassen aufheben; schlimmer noch, bei einem Vergleich der Kinder von schwarzen Mittelstandseltern, die gute Schulen besuchten und in gutem Milieu lebten, mit den Kindern von weißen Arbeiterklasseneltern, die in schlechte Slumschulen gingen und in ärmlicher Umgebung hausten, schnitten die weißen Kinder immer noch in Intelligenztests besser ab, wenn auch die Unterschiede nur noch gering waren. Derartige Fakten konnte ich mit meinem Glauben an die umweltbedingte Entstehung von Intelligenzunterschieden zwischen den Rassen nicht in Einklang bringen, und ich hörte auf, über dieses Problem zu lehren – ich hielt es nicht für fair, eine Meinung zu vertreten, über die ich selbst in Zweifel geraten war.

Mit wachsender Literatur wurden auch meine Zweifel immer definitiver; ich konnte nicht mehr mit gutem Gewissen behaupten, daß die Umwelteinflüsse für alle gefundenen Unterschiede verantwortlich zu machen seien, und doch ließ mich mein Abscheu des »Rassismus« nur äußerst zögernd der Auffassung, daß Neger tatsächlich genetisch zu niedrigeren IQs prädiponiert sein sollten, näher treten. Das Erscheinen von Audrey Shueys großartigem Buch *The Testing of Negro Intelligence* (1958) brachte meine Ungewißheit auf den Höhepunkt. Die Autorin gab einen Überblick der gesamten Zeugnisse – in der unparteiischsten Weise, die möglich schien – und hinterließ beim Leser kaum noch Zweifel, daß genetische Faktoren in der Tat bei den beobachteten Unterschieden zwischen Schwarzen und Weißen mitspielten. Ich machte mich noch einmal an die ganze Reihe von Artikeln und Büchern, die sich mit dem Thema befaßten, und kam zu dem festen Eindruck, daß Shuey recht hatte. Gleichzeitig beschloß ich – nachdem ich mir endlich Klarheit verschafft hatte –, selbst nichts über diese Frage zu publizieren – mir schien, daß die Neger schon so genug Probleme hatten, als daß es meiner Zutat noch bedurfte. Aber diese Entscheidung war kurzlebig. Die Veröffentlichung von Arthur Jensens Monographie in der Zeitschrift *Harvard Educational Review* brachte die Kontroverse zum Sieden, und nichts konnte mehr den Genius in die Flasche zurückbringen. Jensen ist ein guter Freund von mir; er hatte ein Jahr in meinem Fachbereich (an der Universität London) verbracht – einige Zeit bevor er seine Monographie schrieb –, und ich kannte ihn als einen außergewöhnlich sorgfältigen und begabten Wissenschaftler. Ich war erfreut, daß seine Schlüsse den meinigen sehr ähnlich waren; auch er sah keinen Weg mehr für eine Beweisführung, nach der *die Umweltfaktoren allein* für die schlechten Ergebnisse der Neger in Intelligenztests die Verantwortung trugen.

Jensens Schrift ist sehr lang und sehr fachlich ausgerichtet; nur sehr wenige Leute dürften sie gelesen haben. Die meisten wissen nichts über sie, ausgenommen, was in ihren Zeitungen darüber stand, und diese Berichte waren leider ausnahmslos irreführend, oftmals geradewegs falsch. Im Vorwort eines Buches mit dem Titel *Genetics and Education* hat Jensen jetzt die Geschichte seiner eigenen Bombardierung durch die Ideologen der Neuen Linken erzählt; jeder der an der Art und Weise interessiert ist, in der Vorkämpfer progressiver akademischer Ideen die Prinzipien der Redefreiheit hochhalten, sollte dieses Vorwort als Pflichtlektüre ansehen. Nur als ein Beispiel daraus nehme man die »Haltung« der Herausgeber der *Harvard Educational Review,* die ursprünglich Jensen aufgefordert hatten, einen Artikel zum Thema »Intelligenz und Schulleistungen« beizusteuern – mit besonderer Berücksichtigung der Farbigenproblematik. Als die Funken zu fliegen begannen, erklärten sie öffentlich, daß sie ihn *nicht* gebeten hatten, über die Farbigen zu schreiben; zudem weigerten sie sich, einzelne Exemplare der Zeitschrift an Interessenten zu verkaufen, die den Artikel selbst, d. h. original, lesen wollten; und sie verweigerten auch Jensen Abdrucke seines eigenen Artikels. Die Liste der irreführenden Aussagen, glatten Lügen und feigen Ausflüchte, die sich gewisse eminente Träger akademischer Rechte herausnahmen, muß man sehen, um sie zu glauben. – Bei alldem bleibt Jensen selbst in der nüchternen Art seiner Berichterstattung über jede Unsachlichkeit erhaben.

Der Sturm, der über ihn hereinbrach, wurde durch bestimmte interessante Züge charakterisiert. Zunächst: praktisch keiner der Kritiker hatte seine Abhandlung gelesen oder hätte sie überhaupt verstehen können, wenn er sie gelesen hätte. Dies machte es ihnen um so leichter zu kritisieren, was er ihrer Meinung nach geschrieben haben müßte. Es läßt sich nicht leicht auf diese Art von Kritik antworten (wie Dr. Johnson über Shakespeares *Cymbeline* sagte, man kann nicht unwiderstehlichen Schwachsinn kritisieren!). Ich will hier nicht darüber streiten, ob Jensen im Recht war oder nicht; wirklich kompetente Beurteiler haben nicht einen ernsthaften Fehler in seinen Darlegungen gefunden. Aber dies ist gar nicht der Punkt. Die Dinge, derentwillen er öffentlich kritisiert worden ist – angeprangert wäre vielleicht das geeignetere Wort –, waren gewöhnlich ganz ohne Bezug auf irgend etwas, das er tatsächlich geschrieben hatte. So viel ist leicht zu verifizieren, und es reicht aus, einen in Erstaunen zu versetzen über die Motivation und die Absichten seiner Kritiker. Es scheint, daß sie ausgezogen sind, ihn mit allen ihnen zur Verfügung stehenden Mitteln zu diskreditieren, ohne Rücksicht auf die Wahrheit oder Falschheit seiner Behauptungen; dies ist genau die Art und Weise, die wir – als ich jung war – von den Exponenten der Rechten in Deutschland erwarten mußten. Zu sehen, daß sie jetzt bei denen auftauchte, die vorgaben, zur Linken zu gehören – der »neuen« Linken, zugegeben –, war ein großer Schock für mich. Es kam auch für Jensen überraschend, der sich selbst als Segregationist gescholten sah: in einigen Blättern, die durch die *British Society for Social Responsibility in Science* (eine wissenschaftliche Vereinigung zur Förderung sozialer Verantwortung) bei der Vorbereitung einer Versammlung verteilt wurden, auf welcher Jensen seinen Fall mit einigen britischen Arbeitern debattierte – doppelt überraschend, weil er gerade aus Washington gekommen war, wo er vor einer Senatskommission ausgesagt hatte, und zwar zugunsten der Desegregation, der Aufhebung der Rassentrennung! (So viel zur sozialen Verantwortlichkeit dieser besonderen Gruppe von Wissenschaftlern.)

Es schien mir nun, daß es angesichts der fortdauernden Kontroverse nützlich sein könnte, einen kurzen sachlichen Bericht zur Lage der Dinge zu veröffentlichen, verständlich für den Laien und dennoch in etwas detaillierter Form die wissenschaftliche Bedeutung solcher Termini wie »Rasse«, »Intelligenz« und »Vererbung« einschließend – Begriffe, welche von vielen Autoren in Rundfunk und Presse mit seltener Sorglosigkeit und wenig Genauigkeit benutzt werden. Auch hier will ich nicht über den Erfolg oder Mißerfolg dieses Unternehmens reden; es gibt in der Wissenschaft niemals eine Garantie, daß man mit seinen Schlußfolgerungen recht hat; aber die günstigen Kommentare von Experten wie Sir Cyril Burt und C. D. Darlington über das Buch geben den Lesern die Gewähr, daß zumindest keine offensichtlichen Fehler darin sind. Weshalb ich mich aber überhaupt eingemischt habe, hat folgende Hauptgründe: Der erste bezieht sich auf Jensens Monographie. Die darin enthaltene Beschreibung der Rassenunterschiede war auf ein paar Seiten begrenzt, und da Jensen nur ganz schlicht und sachlich den Forschungsstand berichten wollte (den Umständen durchaus angemessen), gehörten die weiteren Folgerungen und Verästelungen der festgestellten Fakten nicht zu seinem Thema. Dagegen wurde von Zeitungen und Zeitschriften, welche die Geschichte so breit publizierten, unterstellt, daß die Behauptung einer genetischen Komponente für die Unterlegenheit der Neger in Intelligenztests viele Dinge nach sich zöge – von Rassentrennung bis zum Völkermord –, die sie wahrhaftig in keiner Weise implizierte. Die meisten Proteste waren in der Tat gegen diese hypothetischen Implikationen gerichtet und nicht gegen originale Statements. Es schien mir wünschenswert, die Sache wieder ins rechte Licht zu rücken und unzweideutig klarzustellen, daß es zwei völlig getrennte Probleme darin gibt.

Die erste Frage ist eine faktische: Was sagen die Zeugnisse über die Ursachen der unbestrittenen Unterlegenheit der Neger in Intelligenztests? Das zweite Problem ist das ethische: Angenommen die Genetik spielt eine entscheidende Rolle, was sollen wir damit anfangen? Es gibt in der Antwort auf die erste Frage keinen Anknüpfungspunkt für irgendeine besondere Antwort auf die zweite. Ich stelle kategorisch fest, daß selbst, wenn Neger tatsächlich erblich prädisponiert wären, in IQ-Tests schlechter abzuschneiden, dies nicht im geringsten ihre Behandlung auf rassischer Basis rechtfertigte, indem sie allgemein als unterlegen betrachtet oder sie in irgendeiner Art und Weise diskriminiert würden. Es war für mich selbstverständlich – quasi ein Axiom –, daß jedes Individuum nach dem beurteilt werden müsse, was es ist, anstatt aufgrund seiner Rasse, des Geschlechts oder der Religion; die Existenz der Unterschiede zwischen den durchschnittlichen IQ-Werten von Gruppen oder in bezug auf irgendeine andere Qualität ist wissenschaftlich interessant und bedeutsam; sie mag zur Ausarbeitung besserer Methoden führen, um die von Mitgliedern solcher Gruppen erlebten Schwierigkeiten zu überwinden. Aber dies kann nicht das Grundrecht einer jeden Person abschaffen, auch als Person behandelt zu werden anstatt als Vertreter einer rassischen oder sonstigen Gruppierung. Mit all diesem stimmt Arthur Jensen natürlich überein. Es schien mir wichtig, daß dies einmal gesagt würde – explizit und für jeden verständlich.

Zweitens glaubte ich einen anderen Punkt klar und unmißverständlich aussprechen zu müssen, nämlich die wirkliche Natur und das Ausmaß des in Frage stehenden Problems. Neger haben, im ganzen gesehen, niedrige IQs; dies ist eine ernsthafte Schranke für ihren Fortschritt. Aber viele Weiße haben ebenfalls niedrige IQs; in den USA z. B., wo beinahe zehn Weiße auf jeden Neger kommen, ist die Gesamtzahl der Weißen mit niedrigen IQs tatsächlich größer als die entsprechende Zahl der Schwarzen! Sich also auf »schwarze Dummheit« zu konzentrieren, ist in Wahrheit ein reines Ablenkungsmanöver – das tatsächliche soziale Problem ist die Dummheit als solche, ungeachtet der zugehörigen Hautfarbe! Wir im Westen haben eine Zivilisation aufgebaut, welche Intelligenz, Wissen, Bildung betont, und in der es immer weniger Bedarf und auch Platz für jene gibt, die unfähig sind zu lernen. Dadurch entsteht eine gigantische Aufgabe, zu deren Lösung die Gesellschaft nichts unternommen hat und der ins Gesicht zu blicken sie sich entschieden weigert. Was kann man mit all jenen tun, deren angeborene Grenzen sie dazu verdammen, mit einem IQ von 85 oder darunter zu leben? Die Hautfarbe mag für einige ein zusätzliches Handikap sein, aber das Problem ist genauso real für diejenigen, deren Haut schneeweiß oder graurosa ist – es ist die Dummheit schlechthin, welche uns Schwierigkeiten macht.

Diese beiden Punkte vorausgesetzt, war mein dritter Grund, das Buch zu schreiben, daß wir, nachdem das Problem einmal erkannt ist, darangehen sollten, es auch zu lösen. Die Annahme, daß es auf traditionellen, von linksgerichteten Verfechtern besserer Schulen, kleinerer Klassen und mehr Lehrern gebilligten Wegen gelöst werden könnte, ist eindeutig von den Fakten widerlegt worden und stimmt nicht mit dem wohlbekannten Einfluß genetischer Faktoren bei der Bestimmung der intellektuellen Begabung überein. Ich will hier nicht auf die Vorschläge eingehen, die Jensen und ich in dieser Hinsicht gemacht haben; das würde mich zu weit führen. Ich erwähne dies nur, weil Kritiker zuweilen behauptet haben, daß die Publikation des Buches »unverantwortlich« gewesen sei und keinem anderen Zweck diente, als den Rassenkonflikt zu verschärfen. Ob es diesen angeblichen Effekt hatte, ist sehr zweifelhaft; sicherlich aber war der Zweck, zu dem es geschrieben wurde, ein ganz anderer.

Als das Buch erschien, begannen bald die Kommentare und Besprechungen einzuströmen, und gerade sie sind es, die solch einen befremdenden Einblick in den Prozeß der Einstellungs- und Meinungsbildung geben. Grob gesprochen können die Reaktionen in vier Hauptgruppen klassifiziert werden. Die erste – und leider kleinste – besteht aus genauen, sachlichen Referaten des Inhalts, mit passender Auswahl der wichtigsten Feststellungen und Tatsachen des Buches. In der Tat fiel von den Hunderten von Artikeln, die ich in die Hände bekam, nur einer in diese Kategorie; nicht überraschend erschien dieser in der Londoner *Times*. Der Autor besuchte mich, stellte eine Anzahl von sehr treffenden Fragen, um ganz sicherzugehen, daß er meine Meinung nicht falsch wiedergeben würde, und machte sich dann daran, eine hervorragende, wahrheitsgetreue und kurze Präsentation der wesentlichen Punkte meines Buches zu geben. Wenn nur aller Journalismus dieses Niveau hätte! In die zweite Kategorie – und vielleicht die größte – fallen Berichte, welche den Inhalt trivialisieren; unvermeidlich enthält diese Gruppe die meisten kleinformatigen Zeitungen. Typisch ist vielleicht die Behandlung, die dem Buch durch den *Daily Mirror* zuteil wurde; von all den aufgeworfenen Fragen suchten sie sich eine einzige, nur im Vorübergehen erwähnte und für die Hauptdiskussion ganz irrelevante Bemerkung heraus, um sie dann hochzuspielen: die Tatsache, daß die Iren in IQ-Tests ziemlich schlecht abschneiden! Dies veranlaßte eine Reihe von irischen Arbeitern, bei mir anzurufen und zu drohen, mir eins auf die Nase zu geben, zweifellos in dem Glauben, daß dies ein rationales Argument wäre, welches meine faktischen Feststellungen widerlegen würde. Mehrere Zeitungen in Irland griffen diesen Punkt auf, desgleichen eine Anzahl von Briefschreibern; ihr Gegenargument schien zu sein, daß es eine große Zahl von berühmten Iren gäbe – von G. B. Shaw zu John F. Kennedy –: bewies das nicht zur Genüge, wie klug die Iren waren? Leider hatten jene, die so daherredeten, versäumt zu lesen, was ich wirklich gesagt habe – nämlich, daß die Emigration einer großen Zahl von Irlands intelligentesten Landeskindern einen »erschöpften Genpool« entstehen ließ, d. h. einen reduzierten Bestand an Erbanlagen bei den Zurückgebliebenen. Die Tatsache, daß viele ausgewanderte Iren sehr bedeutend waren und sind, unterstützt nur meine These. – Wenngleich eine derartige Trivialisierung ärgerlich ist, dürfte sie dennoch nicht besonders folgenschwer sein. Die verständigeren Leser nehmen solche Blätter ja sowieso nicht ernst und werden die darin enthaltenen vorgeblich sachlichen Feststellungen und Werturteile nicht akzeptieren, ohne sie zumindest ein wenig genauer zu betrachten.

Viel besorgniserregender ist die Behandlung meines Buches durch eine dritte Gruppe von Zeitungen – sie ignorierten es einfach und versäumten sogar, seine Existenz zu erwähnen. »Totschweigen« heißt es bei uns, und es ist eine clevere und sehr wirkungsvolle Methode, mit einem unangenehmen Problem fertig zu werden. Diese Methode wurde fast allgemein von den amerikanischen Zeitungen angewandt. In England war so etwas natürlich unmöglich, nachdem erst einmal die *Times* und eine oder zwei andere Zeitungen dem Buch einen größeren Raum für die Diskussion eingeräumt hatten. Man möchte vielleicht einwenden, daß das Buch für amerikanische Zeitungen nicht wichtig genug war, aber dies ist sehr unwahrscheinlich. Das diskutierte Problem ist schließlich mehr ein amerikanisches als ein englisches, und in der Tat gibt es direkte Anzeichen dafür, daß mehrere Feuilletonredakteure führender Zeitungen es nicht besprochen haben, um sich selbst endlose Querelen mit aufgebrachten Lesern vom Hals zu halten. Dies ist eine interessante – und allerdings recht gefährliche Art, mit einem Problem fertig zu werden, das doch wohl kaum schon dadurch verschwindet, daß es vorsätzlich ignoriert wird. Wenn das, was Jensen und ich sagen, wahr ist oder auch nur halbwegs wahr, dann wird die Ignoranz des Problems die Sache nur noch schlimmer machen. Sollte es aber nachweislich unrichtig sein, so müßte es als Nonsens herausgestellt werden. Ohne Zweifel kann man ein Buch durchfallen lassen, indem man der kaufinteressierten Öffentlichkeit seine Existenz verschweigt. Man möchte bezweifeln, ob dies die wahre Funktion verantwortlicher Zeitungen ist und ob unsere Demokratie angesichts einer solchen Einstellung überleben kann. Auf den besonderen Fall der Unterschlagung kommt es dabei sicherlich nicht an; es ist das Prinzip, nach dem Redakteure gehandelt haben, das so erschreckend ist. Eine Schwalbe macht noch keinen Sommer; aber wollen wir wirklich in einer Gesellschaft leben, in der ungebildete Störenfriede entscheiden, welche Bücher in der *New York Times* besprochen werden und welche nicht?

Ich habe mir die vierte Kategorie absichtlich bis zum Schluß aufgehoben, weil ich mich mit ihr im Detail auseinandersetzen möchte. In diese Kategorie stelle ich die »wahren Krieger«: Reporter, zu deren Job es offenbar gehört, für Sonntagsblätter sowohl Bücher als auch Autoren zu diskreditieren. Allerdings gibt es auch unter ihnen noch den Unterschied zwischen Journalisten ohne irgendeine wissenschaftliche Ausbildung auf dem besprochenen Gebiet und Kritikern, die zwar auch mit dem Autor nicht übereinstimmen, ihn jedoch auf der Basis rationaler, wissenschaftlicher Überlegungen angreifen; dabei ist es nicht etwa die Tatsache der Kritik als solcher, die relevant ist, sondern Form und Inhalt dieser Kritik. Ich hatte nicht erwartet, daß solche Typen selbst in so »qualifizierten« Zeitungen wie der *Sunday Times* existieren; mein Wissen über den Journalismus war eindeutig mangelhaft gewesen. Lassen Sie mich meine Behauptungen durch einige Beispiele aus der umfangreichen Behandlung dokumentieren, die mein Buch in dieser größten der sogenannten »guten« britischen Sonntagszeitungen empfing.

Die beste Art vorzugehen ist vielleicht, eine Anzahl von »Taktiken« oder »Tricks« aufzuzählen, welche die drei Schreiber des Artikels in der *Sunday Times* verfolgten; diese sind selbstverständlich nicht nur ihnen eigentümlich, sondern kommen wieder und wieder in den Schriften vieler anderer vor. Die erste und bemerkenswerteste Taktik könnten wir das »Hamlet-ohne-Prinz«-Syndrom nennen. Es besteht darin, das Buch zu kritisieren, ohne überhaupt die dem Autor wichtigsten und überzeugendsten Fakten und Argumente zu erwähnen! Ich habe schon eines davon genannt, nämlich die Tatsache, daß im Vergleich mit weißen Kindern aus der Arbeiterklasse selbst schwarze Mittelstandskinder in ihren IQs hinten liegen. Noch entscheidender ist das andere Faktum, daß alle deprivierten, benachteiligten Gruppen eine Unterlegenheit zeigen, besonders in Tests, die sprachliches und kulturelles Wissen voraussetzen. Dies gilt für amerikanische Kinder aller Herkunft: Mexikaner, Indianer, Portorikaner, Orientalen und auch für Arbeiterklassenkinder im Vergleich zu Mittelstandskindern. Die einzige Gruppe, für die dies nicht gilt, sind die schwarzen Kinder in den USA; sie nämlich liegen viel weiter unter den weißen Kindern in sog. *culture fair* – kulturneutralen – Tests, die kein sprachliches oder kulturelles, d. h. Schulwissen voraussetzen, als sie es in verbalen Tests sind, die solches Wissen mit berücksichtigen. Dies ist genau das Gegenteil von dem, was auf der Grundlage der Milieutheorie hätte vorausgesagt werden können und was auch tatsächlich Experten viele Jahre lang angenommen hatten. Schwarzen Kindern fehlt es gerade an abstrakten geistigen Fähigkeiten, die in kulturneutralen Tests verlangt werden; sie schneiden viel besser in Tests mit Einschluß von Schulwissen ab. Dies bedeutet, daß das amerikanische Schulsystem durch den gleichartigen Unterricht für Schwarze und Weiße in einem gewissen Grade der angeborenen geringeren Begabung der Schwarzen entgegenkommt. Ob wir dies Argument akzeptieren oder nicht, jedenfalls möchte man meinen, daß jeder, der es unternimmt, in einem Artikel meine These zu kritisieren, zumindest die in Frage stehenden Fakten erwähnen würde; nicht ein Wort von dem allen findet sich in der *Sunday Times*. – Diese Taktik wurde leider fast in jeder anderen Besprechung meines Buches angewandt, einschließlich von den Autoren eines kürzlich erschienenen Taschenbuches mit dem Titel *Race, Culture, and Intelligence**, die die Fragen in vorgeblich unparteiischer Weise dargelegt haben. Man kann sich nur wundern, welchen Begriff von »Unparteilichkeit« manche Leute haben, wenn sie sich weigern, die wichtigsten Zeugnisse für eine These, die ihnen selbst mißfällt, auch nur anzuführen.

Der zweite Trick ist der, Autoritäten zu zitieren – oder vielleicht sollte ich besser sagen, sie falsch zu zitieren. Dies kann sehr clever angestellt werden, so daß selbst die betreffende Autorität auf den ersten Blick nichts Falsches darin erkennt. Die Autoren des Artikels stellen mich zur Rede, weil ich gesagt habe, daß es starke Beweise für die Abhängigkeit der Intelligenz von genetischen Faktoren gibt, und zwar in Höhe von 80% der Variation gegenüber 20% als durch Umweltfaktoren bestimmt – eine Behauptung auf der Basis von Untersuchungen über getrennt aufgezogene

* Das bei Penguin erschienene Buch wurde von Martin Richards, Ken Richardson und David Spears ediert. Man beachte besonders die Besprechung in der *New Society* (24. Febr. 1972) von Arthur Jensen.

erbgleiche Zwillinge. Dann zitieren sie Donald Hebb, der sagt, »daß es sinnlos ist, danach zu fragen, ob der Beitrag der Vererbung oder der Umwelt für die Intelligenz der größere ist«. Nun hat Hebb niemals die große Bedeutung des genetischen Anteils an den individuellen Unterschieden in bezug auf die Intelligenz geleugnet; wie ich in meinem Buch herausstelle, ist aber dies gerade der kritische Punkt. Die präzise Zuweisung der einzelnen Beiträge ist gar nicht wichtig für meine Argumentation; deshalb stimmen Hebb und ich hinsichtlich der Reichweite meiner These vollkommen überein. Weiter, als Hebb vor vielen Jahren diese Bemerkung machte, war die Einschätzung der jeweiligen Beiträge von Anlage und Umwelt aufgrund der seinerzeit erhältlichen Methoden der statistischen Auswertung noch ziemlich spekulativ; moderne Methoden haben viele Annahmen, auf die sich die früheren verlassen mußten, beseitigt. So würde eine richtige Zitierung der »Expertenmeinung« ein völlig anderes Bild ergeben als jenes von der unheiligen Trinität der *Sunday Times* gezeichnete, welche diese spezielle Anklage erhob.

Die dritte Masche ähnelt in ihrer Simplizität der ersten, aber sie gibt noch mehr Raum für Erfindungen. Sie besteht darin, daß Argumenten widersprochen wird, welche der Autor im Original überhaupt nicht gebraucht hat. So komme ich in dem Buch – nachdem mit Sorgfalt die Belege aus genetischen Studien sowie ihre Relevanz für die Debatte über schwarz/weiße Unterschiede in der Intelligenz ausgebreitet sind – zu dem Schluß, daß *kein direktes Verbindungsglied* zwischen beiden Fragen existiert und daß wir nicht von dem einen Ergebnis auf das andere schließen können. Dies ist es, was die Kritiker auch sagen, wie sollten sie auch anders; aber man würde vergeblich nach irgendeiner Anerkennung dieser Übereinstimmung in ihren Zeilen Ausschau halten. Es wird überall so getan, als ob ich genau das Gegenteil von dem behaupte, was ich tatsächlich gesagt habe, und daß die Kritik meiner Opponenten in gewisser Weise neu ist und meine Ansicht zerstört. Dies ist natürlich ein »schönes« Spiel; mit unparteiischer Besprechung und Kritik hat es wenig zu tun.

Taktik Nummer vier arbeitet mit Zeitverdrehungen, um den Eindruck der Ungenauigkeit in meiner Schrift zu geben. Gelegentlich des Hinweises darauf, daß viele Leute die Wahrheit gar nicht wissen wollten, erwähnte ich die standhafte Weigerung der *American Academy of Sciences*, die Forschung im Bereich der genetischen Unterschiede zwischen Schwarzen und Weißen zu unterstützen. Meine drei Kritiker bringen es fertig, dies in eine Art von paranoider Selbsttäuschung zu verkehren, indem sie sagen, daß der von der Akademie zur Prüfung der Angelegenheit eingesetzte Ausschuß tatsächlich berichtet hätte:

»Eine Mehrheit des Komitees ist zu der Auffassung gekommen, daß die diesem Bereich gegebene Unterstützung und Förderung vielleicht geringer ist, als die Bedeutung dieses Bereichs es rechtfertigt...«

Wahr! Aber wie die Dinge liegen, verlautbarte das Komitee dies, *nachdem* mein Buch fertig war; selbst von dem akkuratesten Wissenschaftler kann man nicht erwarten zu prophezeien, was ein Unterausschuß, von dessen Existenz er nicht einmal Kenntnis hat, in der Zukunft berichten würde! Wie sich dann allerdings herausstellte, fielen meine Kritiker in ihre eigene Falle; die Akademie akzeptierte den Teil des Ausschußberichts, welcher diesem Gebiet echte Bedeutung und Interesse bescheinigte, aber sie weigerte sich tatsächlich, Geld dafür bereitzustellen. Die Entscheidung der amerikanischen Akademie, daß die Forschung in diesem Bereich eine wissenschaftlich »respektable« Aufgabe hätte, sollte immerhin festgehalten werden: wie wir sehen werden, äußerten sich andere Kritiken dahingehend, daß das Problem wissenschaftlich nicht lösbar sei, und deshalb entschieden sie auch, daß mein Buch mehr ein »politisches« als ein »wissenschaftliches« wäre.

Trick Nummer fünf ist vielleicht der beste von allen: er besteht einfach darin, mir Ansichten zuzuschreiben, die genau das Gegenteil von dem beinhalten, was ich in meinem Buch gesagt habe. So behauptete der Artikel in der *Sunday Times*, daß ich »eine indiskriminierende Attacke gegen Versuche reite, die Bildung der Neger zu verbessern, da sie ohnehin zu dumm seien, davon Nutzen zu tragen«.

Genau das Gegenteil ist wahr. Ich proklamiere dauernd die Entwicklung neuer Methoden zur Verbesserung der Negererziehung, zumal die konventionellen zu dem Fehlschlag von *Headstart*- und ähnlichen Programmen geführt haben, und ich zitiere – mit Billigung – Hebers Arbeit als eine, die möglicherweise zu einem derartigen Fortschritt führt. Gleichermaßen unterstellt man mir den Glauben, daß »Gettobewohner sich ja auch ihre eigene Umgebung ›ausgesucht‹ hätten als eine Folge von genetisch determinierter niedriger Intelligenz«. Natürlich wird mit keinem Zitat bewiesen, daß ich tatsächlich derartig absurde Meinungen vertreten hätte, die schlichtweg gegen alle meine Überzeugung gehen. – Erfindung ist die Mutter der Verdrehung!

Diese fünf Taktiken stellen sicher, daß der Leser nicht in der Lage ist zu sehen, was der Autor in Wahrheit will, noch in welcher Weise das, was er sagt, mit der Meinung von Experten übereinstimmt oder welche Konsequenzen daraus zu ziehen sind; statt dessen bekommt er eine Anzahl von Dingen vorgesetzt, die der Autor niemals gesagt hat und gegen die er mit aller Macht selbst vorgehen würde. Dies alles im Rahmen eines einzigen Zeitungsartikels erreicht zu haben läßt vermuten, daß die Autoren allen Ernstes erwarten, einen Pulitzer-Preis für außergewöhnliche Verdienste um die Sache der Imagination zu erhalten – hier zollt man den Fakten nicht jenen Tribut, der sonst von so vielen literarischen Figuren beklagt wird.

In Kontrast zu diesen kuriosen Ausflüssen der Phantasie durch drei Londoner Journalisten, die ohne jegliche Fachkenntnis in einer der betroffenen Disziplinen die Diskussion bestritten, gibt es in derselben Zeitung die Veröffentlichung einer Besprechung meines Buches durch einen berühmten (und sehr bedeutenden) Genetiker, C. D. Darlington. Hier, müßte man meinen, würde die fachtechnische Kritik kurzen Prozeß machen – aber nichts dergleichen: der Experte ist einverstanden; es sind die Journalisten, die dagegen waren. Gleichermaßen billigte Sir Cyril Burt, vielleicht der führende Experte über Intelligenzmessungen auf der ganzen Welt, das Buch; anderer Ansicht darüber waren die Journalisten! So scheinen wir in einer wahrhaft verkehrten Welt zu leben, wo die Darlegung von wissenschaftlichen Fakten von Journalisten als unsachlich kritisiert wird, während die Experten für solcherlei Klagen keine Veranlassung sehen. Die Anklage durch den Journalismus ist zu den üblichen Fallgruben der Popularisierung der Wissenschaft hinzugekommen; und man kann sich schwerlich des Eindrucks erwehren, daß diese journalistische Kritik mehr durch politische als durch wissenschaftliche Einwände provoziert ist.

Was ich von der *Sunday Times* beschrieben habe, wurde in so vielen Zeitungen rekapituliert, daß die Wiedergabe hier sehr ermüdend sein würde. Lassen Sie mich statt dessen zu den Versuchen übergehen, die das Fernsehen anstellte, um die Debatte in den »Brennpunkt« zu rücken.

Die *B.B.C.* veranstaltete eine Programmserie mit dem Titel *Controversy*, in der jeweils ein Wissenschaftler mit einem unpopulären Faktum oder Argument einem halben Dutzend Kollegen gegenübergestellt wurde, die zunächst einer halbstündigen Präsentation seiner Sache zuhörten und dann über die Angelegenheit mit ihm diskutierten. Das ganze Programm wurde vor einer Zuhörerschaft von etwa 300 Personen aufgenommen, die (meist Studenten) sich freiwillig zur Verfügung stellten. Die Konfrontation fand in dem großen Vortragssaal der *Royal Institution* statt, berühmt als der Ort, an dem Davy und Faraday das Viktorianische London mit ihren populärwissenschaftlichen Vorlesungen in Atem hielten. Der Vortrag wurde durch Projektion von Diagrammen und anderen visuellen Hilfen an die Wand hinter dem Sprecher illustriert. Unter den Rednern waren Sir Ernst Chain, Edward Teller und B. F. Skinner; mein eigenes *IQ Argument* war eine dieser Sendungen. Auf den für die »Opposition« (deren mutmaßliche

Aufgabe es war zu opponieren) reservierten Plätzen saßen drei weithin bekannte Genetiker, ein Psychologe, ein Soziologe und ein Volkswirtschaftler, der über Erziehung geschrieben hatte. Der Soziologe war ebenso für seine linksgerichtete politische Meinung wie für seine wissenschaftlichen Arbeiten bekannt; den Psychologen kannte ich überhaupt nicht, und da sein einziger Kommentar sein größeres Interesse an anderen als den anstehenden Fragen enthüllte, blieb seine Anwesenheit für mich so etwas wie ein Geheimnis. Der Ökonom und Pädagoge war wiederum eine linke Autorität ohne jede tiefere Kenntnis sowohl im Bereich der Genetik wie der Psychologie. Die Zuhörerschaft war überwiegend jung und nur leicht mit mittelalten oder alten Gesichtern durchsetzt; dann gab es noch eine unverkennbare Gruppe von einigen dreißig farbigen Studenten, die zusammensaßen und die von der ganzen Angelegenheit nicht gerade angetan zu sein schienen.

In der Tat sind diese Sendungen eine ziemlich komplexe Angelegenheit. Damit auf dem häuslichen Fernseher perfekte Bilder erstrahlen können, muß man sich zu genau vorherbestimmten Stellen begeben und auf ein Stichwort des Kameramannes einen vorbereiteten Satz sagen; dieser muß in die Rede ganz genau eingepaßt werden. Weiter kann man natürlich nicht den Vortrag ablesen, da man sagt, dies würde sich im Fernsehen ziemlich schlecht ausnehmen. Darüber hinaus probierte die *B.B.C.* gerade eine neue Methode der Bildpräsentation aus, in welcher die Leinwand hinter dem Redner leer und leicht blau getönt blieb. Das Diagramm oder Foto wurde elektronisch übergeblendet und erschien auf dem Fernsehschirm, als wenn es auf der Leinwand wäre, während es im wirklichen Vortragssaal nicht zu sehen war; dies bedeutete, daß man auf bildliche Details der Leinwand hinter sich zeigen mußte, die tatsächlich gar nicht da waren. (Der Grund für all dies wurde mir zu jener Zeit erklärt, ist mir aber jetzt entfallen.) Wie dem auch sei, ich war eifrig bemüht, mich auf meinen Vortrag zu konzentrieren, und hatte wenig Zeit, mich um das Auditorium zu kümmern. Etwa acht Minuten konnte ich ungehindert sprechen; dann begann die farbige Studentengruppe mich zu unterbrechen, Slogans herunterzuleiern und mich zu beschimpfen. Dies brachte das Programm zum Stillstand, und ich setzte mich auf meinen Stuhl, neugierig, wie der Diskussionsleiter mit der Situation fertig werden würde. (Die Diskussion wurde nicht *live* gesendet, so daß die hauptsächlichen Störungen herausgeschnitten werden konnten.) Der Leiter, ein sehr berühmter Wissenschaftler, bat um Ruhe und versuchte, mit den Dissidenten vernünftig zu reden; er kam nicht sehr weit damit. Die Studenten reklamierten, daß Intelligenzmessungen sowieso und überhaupt Nonsens seien; ließen durchblicken, daß alles eine Verschwörung war, um die Schwarzen darnieder zu halten; argumentierten, daß zu Unrecht ich und nicht sie das Privileg hätten, vor den Zuhörern und -schauern zu sprechen; daneben Sprechchöre und Gesänge und Zwischenrufe! In der Tat ging das so ungefähr eine Viertelstunde lang. Dann wußte der *B.B.C.*-Produzent Rettung. Er sagte, daß ja sowieso sechs Kritiker gegen mich argumentieren würden; und schließlich stimmte er zu, daß zweien aus ihrer Mitte erlaubt werden sollte, sich den »offiziellen« Kritikern zuzugesellen und später ihre Meinungen abzugeben. Er fragte nach Studenten der Sozialwissenschaften, aber anscheinend war keiner dabei. Am Ende kam einer herauf, der vorgab, Mathematik zu studieren, und ein anderer, dessen Fach im dunkeln blieb. Mir wurde dann erlaubt fortzufahren, und ich brachte den Vortrag mit nur wenigen Unterbrechungen über die Runde. Die übrigen Zuhörer schienen ziemlich ungehalten über die Protestierenden zu sein, aber ihre Versuche, den Vortrag weitergehen zu lassen, mußten natürlich erfolglos bleiben: eine schreiende Person kann 300 andere hindern, einer Rede zu folgen.

Dann waren die Kritiker an der Reihe. Zunächst hatten die drei Genetiker das Wort, und im ganzen gesehen verhielten sie sich akademisch mit Kommentaren, die in der Form und der Substanz als tragbar angesehen werden könnten. Doch selbst sie fielen in die Falle, die schon durch das Programmschema gestellt war. Eine Sendung, die mit »Kontrovers« betitelt ist, läßt vermuten, daß man auch kontrovers sein müsse; und wenn man mit dem Vortragenden auch zu 99% in dem, was er sagt, übereinstimmt, dann muß man alles aus dem restlichen 1 % herausholen – nach Möglichkeit ohne die 99%ige Übereinstimmung überhaupt zu erwähnen. Dies gibt natürlich einen völlig falschen Eindruck – sieh' mal, wie die »Experten« anderer Meinung sind! Streng gesprochen war das, was die Genetiker in bezug auf meine Rede vorbrachten, irrelevant, soweit ihre Kommentare sachlich korrekt waren; sie nahmen entlegene Punkte aus meinem Buch auf, welche ich in meinem Vortrag gar nicht erwähnt hatte, und erhoben Einwände, mit denen ich großenteils selbst mehr oder weniger einverstanden sein konnte. Nur einer machte eine wirklich kritische Bemerkung, die relevant war; unglücklicherweise lag er in der Sache schief. Er meinte, das Jensen und ich bei der Berechnung unseres 80%/20%-Verhältnisses der Vererbung zum Umwelteinfluß es unterlassen hätten, Homogamie in Rechnung zu stellen, d. h. die Tendenz von intelligenten Männern, auch intelligente Frauen zu heiraten (und umgekehrt!). Natürlich hatten wir einen derart elementaren Fehler nicht begangen, und wenn der Kritiker sorgfältiger in Jensens oder mein Buch geschaut hätte, wäre ihm das sicher auch aufge-

fallen. – Zu ihrer Ehre lassen Sie mich sagen, daß alle drei etwas unglücklich mit dem ganzen Arrangement waren und ihre etwas falsche Position durchaus zu erkennen schienen.
Die anderen drei verhielten sich in einer ganz anderen Weise, indem sie sachliche Behauptung und Begründung hinter sich ließen und eher die Methoden der Wahlbühne annahmen. Für sie zählte keine ruhige, friedliche Diskussion mit dem Ziel des Verstehens und der Richtigstellung der Fehler; sie bevorzugten die flammende politische Rede, zum großen Vergnügen der Zuhörerschaft (oder zumindest eines Teils von ihr). Ihre Argumente zeigten – wenn es solchen Beweises überhaupt bedurfte –, daß keiner von ihnen die involvierten genetischen Beweisgründe verstand; dies hinderte sie nicht daran, mich der Präsentation »protziger« Experimente anzuklagen oder festzustellen, daß das ganze Problem »pseudowissenschaftlich« war – vermutlich hatten sie noch nichts von dem Unterausschuß der amerikanischen *Academy of Sciences* gehört, der sich aus den vordersten Experten der Welt zusammensetzte und der zu der Schlußfolgerung gekommen war, daß es sehr wohl wissenschaftlicher Erforschung wert war. Der Leser wird nicht überrascht sein, daß sich keiner der Teilnehmer mit meinem Hauptargument zugunsten der genetischen Hypothese beschäftigte; hierin folgten sie dem Vorgang der *Sunday Times* auf dem Fuß.
Was mich als Psychologe so erstaunte, war die emotionale Kraft hinter ihren Reden. Diese Leute waren klarerweise von Zorn erfüllt, dem sie Luft machten mit einer offensichtlich der Situation ganz unangemessenen Vehemenz. Gelegentlich machte diese Leidenschaft sie ganz inkonsequent. Ich konnte nur dasitzen und mich wundern.
Dann kam die Reihe an die zwei farbigen Studenten, welche ausgewählt worden waren, die Störer zu repräsentieren. Was sie sagten, war unglücklicherweise fast reiner Unsinn; ein Argument sollte jedoch erwähnt werden, um einen Eindruck von der Alice-im-Wunderland-Atmosphäre zu geben, die sie schufen. Der »Mathematiker« gab vor, ein vollkommen logisches Argument zu haben, mittels dessen er zeigen könnte, daß der Begriff des IQ absurd war. Man nehme Gott, sagte er. Gott hat immer existiert; daher ist sein *Entwicklungsalter* unendlich. Aber Gott ist auch allwissend; folglich ist sein *Intelligenzalter* unendlich. Nun ist der IQ das Verhältnis von Intelligenzalter zu Entwicklungsalter; Unendlich geteilt durch Unendlich ist Null, daher ist Gottes IQ gleich Null, was Unsinn sei. (Der Satz, daß Unendlich geteilt durch Unendlich Null ergebe, ist für mich neu; vielleicht ist dies ein Teil der »neuen Mathematik«, die unseren Kindern in der Schule beigebracht wird.)
Schließlich kam das Programm doch noch zu einem glücklichen Ende,

nachdem ich Gelegenheit zu einem Schlußwort erhalten hatte – in welchem ich herausstellte, daß niemand wirklich den Beweisen widersprochen hatte, auf die ich meine Argumentation stützte; alles, was die Kritiker getan hatten, war, über Nebenfragen zu reden, die weitgehend irrelevant waren. Ich zog mich in den »Meditier- und Präparierraum« zurück, welcher für die Vortragenden reserviert ist, damit sie ihre Gedanken sammeln können, und dort fand ich einen sehr massiven, ruhigen und friedlichen Polizisten, der während der Unterbrechung herbeigeholt worden war für den Fall, daß die Dinge außer Kontrolle gerieten. »Ein Polizist gegen 300 Studenten«, dachte ich vage, aber er schien offenbar von der Ungleichheit nicht beunruhigt zu sein. Jedenfalls ging die Veranstaltung im großen und ganzen noch ziemlich friedlich über die Bühne, was mehr ist, als man für amerikanische Verhältnisse voraussagen würde, gemessen an Jensens Erfahrungen.

Ich habe mich nun mit den Reaktionen der Zeitungen und mit einer Fernsehdiskussion beschäftigt; lassen Sie mich schließen mit einem Bericht der Reaktionen von Studenten auf Gastvorlesungen, die ich an den Universitäten von Birmingham und Leicester abhielt. Das Thema der ersteren war der Beitrag, den die Psychologie zu unserem politischen Leben leisten könnte. Bevor ich anfing, verteilte eine Gruppe von Studenten ein vierseitiges engbedrucktes vervielfältigtes Flugblatt mit dem Titel »Sucht die Wahrheit im Dienst am Volke«. Der Inhalt stand in den Kopfzeilen:

> »Anklage gegen den Faschisten Eysenck, der sich intellektuell prostituiert, indem er unwissenschaftliche und volksfeindliche *(anti-people)* Ideen im Dienst des Imperialismus verbreitet!«

Der erste Absatz wird einen Geschmack der reizvollen Logik und des wissenschaftlichen Anstrichs dieses Propagandablattes geben:

> »In einem Akt der offenen Provokation gegen die arbeitenden Menschen und alle progressiven und aufrichtigen Wissenschaftler kommt am 16. Nov. ein Faschist, der für seine intellektuelle Prostitution bekannt ist und als ›Professor der Psychologie‹ paradiert, in die Universität von Birmingham. Die progressive *Intellectuals' Study Group (Birmingham)* verurteilt den Besuch von H. J. Eysenck in Birmingham, der nur ihm selbst sowie volksfeindlichen und unwissenschaftlichen Ideen im Dienst des Imperialismus Vorschub leisten soll.«

Das Blatt ging weiter in demselben Stil (wenn dies der richtige Ausdruck ist), indem es so unvergleichliche Sentenzen lieferte wie:

> »Wild träumend, daß die Bourgeoisie für alle Zeit fortfahren wird, den Leuten das Blut auszusaugen, macht Eysenck Propaganda für die praktischen Messungen, durch die die Bourgeoisie weiterhin das

Volk manipulieren kann.«

Nachdem sie mich so der Zuhörerschaft vorgestellt hatten, fuhren die Schreiber fort mit ihrer Charakterisierung:

»Eysenck gehört zu einer Clique von Karrieristen, die sich gut verkauft haben und die als Autoren, Wissenschaftler und Gelehrte etc. auftreten. Sie kommen heraus, sich im Dienst des Imperialismus zu prostituieren. Durch die Förderung von unwissenschaftlichen und volksfeindlichen Ideen schaffen sie die ideologische Basis für die Entwicklung des Faschismus.«

Zum Glück ist Hilfe bei der Hand. Zugegeben zwar,

»die faschistischen Ideen werden nicht in sich selbst zusammenfallen«.

Aber keine Sorge,

»sie werden zerschmettert werden, wenn wir (1) Mao Tse-tung in allem Denken die Führung überlassen, (2) uns auf das Volk verlassen und dessen revolutionäre Initiative freisetzen«.

Jetzt wissen wir es! –

In Leicester sprach ich über »Die Ungleichheit der Menschen«. Obwohl ich mit keiner geringeren Gruppe als *Led Zeppelin* in Wettbewerb treten mußte, war der Saal überfüllt. Man erzählte mir, daß die Gruppen der »Neuen Linken« in Leicester wild dagegen protestiert hatten, daß mir erlaubt worden war, zu kommen und »Propaganda für meine rassistischen Ideen« zu machen; wie es sich dann ergab, beschäftigte ich mich in meinem Vortrag überhaupt nicht mit Rassenproblemen. Dies entmutigte das große kommunistische Kontingent sehr, aber schließlich brachte ihr Wortführer (oder vielmehr -führerin) es fertig, aus dieser Sackgasse herauszukommen, und zwar in einer wahrhaft unnachahmlichen Weise, indem sie rief:

»Ich protestiere gegen den faschistischen Imperialisten Eysenck, der hierher kommt und nicht einmal den Mut hat, vor uns seine rassistischen Ideen über die Unterlegenheit der farbigen Menschen auszubreiten!«

Um ihnen Gerechtigkeit widerfahren zu lassen: selbst die mehr linksgerichteten Studenten lachten über diese Verdrehung, und der Abend kam zu seinem normalen Abschluß.

Bis dahin waren die Unterbrechungen, Debatten und Zwischenrufe, die stattfanden, wenn immer ich vor Studentengruppen über das Thema der Intelligenz oder Persönlichkeit sprach, im ganzen gesehen ziemlich gutartig, wie man es aus der Kenntnis der Freiheitsliebe und der Achtung für die individuelle Meinung, die die Engländer schon immer charakterisiert hat, erwartet haben möchte. Doch das Klima begann sich zu verschlechtern. Als die Kräfte der Neuen Linken entdeckten, daß ihre Argumente und

Reden am Ende meiner Vorträge meist Spott und Gelächter erzeugten, anstatt daß sie neue Anhänger fanden, entschlossen sie sich zu einem militanteren Kurs. Sie fingen an, eine große Zahl von Studenten (und nichtstudierenden Mitgliedern) von anderen Universitäten zu »importieren«, um meine Vorträge zu stören und zu fordern, daß mir jegliches öffentliches Auftreten untersagt würde. Bei mehreren Anlässen behinderten sie den normalen Verlauf durch die Forderung, daß über die Angelegenheit abgestimmt werden sollte, indem sie drohten, andernfalls die Versammlung vollständig zu sprengen. Die Abstimmungen selbst zeigten die Militanten in einer lächerlich kleinen Minderheit; aus einer Zuhörerschaft von 400 bis 800 gab es selten mehr als 20, die gegen meine Sprecherlaubnis waren. Daraufhin verstärkten sie die Kampagne abermals: Als ich in Birmingham sprechen sollte, wurden Protestversammlungen veranstaltet, vor der Veranstaltung wilde Reden gehalten und die Wände der Bibliothek mit mehr als einen halben Meter großen Buchstaben beschmiert, welche die ziemlich widersprüchliche Botschaft enthielten:

> »Der Faschist Eysenck hat kein Recht zu sprechen! Haltet die wahre akademische Freiheit aufrecht!«

Kann die Konfusion noch größer werden? Als ich den Saal betreten wollte, in dem die Versammlung abgehalten werden sollte, versuchte eine festentschlossene Gruppe militanter Studenten, mir den Weg zu versperren, und eine reichlich hysterische junge Frau schleuderte mir eine Tintenbombe entgegen. Doch auch hier wollte die große Mehrheit mich sprechen hören, und am Ende erntete ich starken Applaus. Offenbar mußten noch entschiedenere Maßnahmen ergriffen werden.

Kurz nach dem Vortrag in Birmingham sollte ich vor den Studenten der *London School of Economics* über ein Thema sprechen, das mit der Rassenfrage überhaupt nichts zu tun hatte. Es waren über 400 Studenten anwesend; in der ersten Reihe sah ich mehrere jener Militanten, die mich in Birmingham am Sprechen zu hindern gesucht hatten, einschließlich der irregeleiteten jungen Dame mit der Tintenbombe. (Für die, welche dieser Waffe niemals begegnet sind: eine Tintenbombe besteht aus einem großen kugelförmigen Wattebausch, der in Druckerschwärze getränkt ist; diese hinterläßt unauslöschliche Flecken am Zeug und an allem, was sie berührt.) Wieder wurde eine Abstimmung gefordert darüber, ob ich die Erlaubnis haben sollte zu reden, und wieder entschied die große Mehrheit ungeduldig »Ja!«; nur etwa 15 bis 20 Opponenten stimmten mit »Nein!«. Als ich mich erhob und meinen ersten Satz begann: »Ich habe nicht die Absicht, irgend etwas Kontroverses...«, sprang einer der militanten Burschen über den vor den Sitzreihen stehenden Tisch, ergriff das Mikrophon, in das ich sprach, und warf es mitsamt seinem großen Metallständer auf den Boden. Gleichzeitig drängten etwa 15 seiner Kollegen nach und begannen, mich körperlich anzugreifen, indem sie mich mit Faustschlägen bombardierten. (Eine Ausnahme bildete die junge Dame mit der Tintenbombe, die mir mit ihren Fingernägeln die Augen auskratzen wollte und immerhin meine Nase erwischte.) Glücklicherweise hatte ich früher für die Universität geboxt und war daher in der Lage abzublocken, so daß die Schläge keinen Schaden anrichten konnten; die anderen Inhaber der Podiumsplätze, der Vorsitzende, die Dame, die mich eingeladen hatte, und der Schatzmeister der Studentenvereinigung, waren sehr erschrocken, und für einen Moment kam mir niemand zu Hilfe. Dann stürmten einige andere Studenten den Gang herunter, konnten jedoch nur mit Mühe das Podium erreichen; die Militanten hatten vorsorglich die zwei ersten Reihen besetzt und hinderten die anderen daran, an den Kampfplatz heranzukommen. Es dauerte aber nicht lange, bis diese Gegenwehr überwältigt war; und schließlich wurde ich gerettet, indem man mich durch eine Hintertür herausführte und durch einen verborgenen Gang in die Sicherheit eines Taxis brachte, welches mich in mein Psychiatrisches Institut zurückfuhr.

Dieser tätliche Angriff, der in England so ungewöhnlich war, daß er in allen Zeitungen Schlagzeilen machte, war natürlich konterproduktiv. Anstatt daß mich nur 400 Studenten hören konnten, wurde ich Millionen bekannt, die vor diesem Ereignis überhaupt noch nichts von mir oder meinen Ansichten gehört haben mochten. Radio und Fernsehen kommentierten die Vorfälle und diskutierten sie lang und breit, und praktisch jedermann, der irgend etwas zu sagen hatte, brachte seine Abscheu über die Geschehnisse zum Ausdruck – ob sie nun mit dem in meinem Buch Geäußerten einverstanden waren oder nicht. Von dieser Regel gab es nur eine Ausnahme: die *National Union of Students,* die von einer kleinen militanten und vollkommen unrepräsentativen Gruppe von Kommunisten, Anarchisten, Trotzkisten und Maoisten beherrscht wurde, verabschiedete eine Resolution, daß Vortragsredner, die sie mißbilligten, daran gehindert werden sollten, vor Studenten zu sprechen – womit sie im Rückblick den Saboteuren in einem gewissen Grade ihre Unterstützung liehen. Diese Entscheidung wurde ebenfalls ziemlich allgemein verurteilt, von linksgerichteten Autoren wie auch von den Studenten selbst. Doch immer noch ist die Lage die, daß ich aus Furcht vor Gewaltanwendung nicht vor studentischer Zuhörerschaft sprechen kann – eine ungewohnte Situation in einem demokratischen Land, das für seine Redefreiheit berühmt ist.

Doch trotz allem müssen englische Studenten als weniger gewalttätig angesehen werden als amerikanische oder japanische. Anders als im Fall von

Arthur Jensen kampieren Studenten nicht vor meinem Arbeitszimmer mit Plakaten der Aufschrift »Rassist« oder »Faschist«. Meine eigenen Vorlesungen und Seminare sind niemals gesprengt worden, wie es bei ihm regelmäßig geschah. Offensichtlich gibt es in England derzeit ein viel gesünderes liberal-demokratisches Klima als in den USA. Dies wird sehr deutlich, wenn wir die Aktion des (amerikanischen) *SDS* betrachten bei dessen Versuch, Buchhändler an der Lagerung und Großhändler an der Auslieferung meines Buches zu hindern. Sie druckten ein Nachrichtenblatt unter dem Titel »Weltverleger verbreiten Eysencks ›neue‹ Rassentheorien«. Darin behaupteten sie, daß

> »Jensen, Eysenck, Herrnstein und Shockley ›versuchen, einen krassen und primitiven Rassismus als eine ›respektable‹ intellektuelle Ansicht hinzustellen, geradeso wie er vor hundert Jahren populär war‹.« Anscheinend »will die herrschende Klasse, daß diese Ideen verbreitet werden: Nixon hat Jensens Schrift für alle Spitzenbeamten und Kabinettsmitglieder zur Pflichtlektüre gemacht!«

(Wenn sie das glauben, dann glauben sie alles!) Das Pamphlet endet mit der Aufforderung:

> »Vereinigt Euch mit uns, die Weltverleger zu bestreiken, anzuklagen und unter Druck zu setzen, damit sie dieses Buch nicht ausliefern!«

Und in der Tat, viele Studenten taten genau das, indem sie in Buchläden gingen und den Händlern Gewalt androhten, wenn sie es wagen sollten, das Buch zu lagern oder in die Auslage zu bringen. Sie drangen auch in die Klassen von Professoren ein, die es gewagt hatten, das Buch zu besprechen – was in der Tat noch zumindest einen Schritt über alles hinausgeht, was Jensen zugestoßen ist. Hier mehr als in England erhält man einen wirklichen Vorgeschmack dessen, was Jürgen Habermas »Linksfaschismus« genannt hat. Dies sind wahrhaftig die gleichen brutalen Methoden, die ich noch allzugut aus jenen Tagen kenne, als ich mit braun- und schwarzbehemdeten Nazi-Anhängern im Berlin vor und nach der Machtübernahme diskutierte und von ihnen niedergeschrien wurde. In meinem Buch *The Psychology of Politics* (1945) habe ich darauf hingewiesen, daß die politischen Einstellungen nicht auf ein einziges Links-Rechts-Kontinuum verteilt sind, sondern in einem zweidimensionalen Gefüge stehen: neben der radikal-konservativen Achse gibt es auch eine *Tough-minded vs. Tender-minded axis* – ein gleitender Übergang von »hartgesotten« zu »weichgesonnen« oder, wie man auch sagen könnte, von »zäh« nach »zart«. In diesem Gerüst wären die Faschisten rechtsgerichtete und Kommunisten linksgerichtete »Harte«. Ich fand auch, daß harte Typen von der Rechten wie Linken gewisse Persönlichkeitszüge gemeinsam hatten, wie z. B. Ag-

gressivität, Gewalttätigkeit und geistige Starrheit. Ich hatte nicht ganz erwartet, daß ich dem Beweis der Richtigkeit meiner Diagnose durch die Reaktionen auf meine eigenen Worte ausgesetzt werden würde.
Mit der Zeit mußte die sich verschärfende Lage als eine Gefahr für die akademische Freiheit erscheinen, und es wurde eine *Resolution on Scientific Freedom* verfaßt und von 50 weitbekannten Biologen, einschließlich einer Anzahl von Nobelpreisträgern, unterzeichnet (unter ihnen waren H. C. Crick, Jacques Monod, Arthur Jensen, Richard Herrnstein, C. D. Darlington, John C. Kendrew und der Autor dieses Buches; d. Ü.). Der Text dieser Resolution mag von einigem Interesse sein; er lautet wie folgt:

> »Die Geschichte der Zivilisation zeigt viele Perioden, in denen die wissenschaftliche Forschung oder Lehre zensiert, verfolgt oder unterdrückt wurde aus außerwissenschaftlichen Gründen, gewöhnlich, weil sie im Widerspruch zu irgendwelchen religiösen oder politischen Glaubenssätzen zu sein schien. Unter den weithin bekannten Opfern waren Wissenschaftler wie Galilei im orthodoxen Italien, Darwin im Viktorianischen England, Einstein in Hitler-Deutschland, Mendelsche Biologen in Stalin-Rußland.
>
> Heutzutage findet eine ähnliche Unterdrückung, Zensur, Verfolgung und Diffamierung gegenüber Wissenschaftlern statt, welche die Rolle der Vererbung im menschlichen Verhalten betonen. Publizierte Stellungnahmen werden oft falsch zitiert und referiert; emotionale Appelle ersetzen wissenschaftliches Urteilen; Einwände werden mehr gegen die Person als gegen die Beweisführung gerichtet (e. g. ein Wissenschaftler wird »Faschist« genannt, und seine Argumente werden ignoriert).
>
> Eine große Zahl der Attacken kommt von nichtwissenschaftlichen oder selbst antiwissenschaftlich eingestellten Leuten unter den politischen Militanten auf der Hochschule. Andere Widersacher schließen auch Professoren ein, die sich dem Environmentalismus verschworen haben und mit seiner Hilfe nahezu alle menschlichen Unterschiede erklären wollen. Und viele Wissenschaftler, die die Zeugnisse studiert haben und von der großen Rolle überzeugt sind, die die Vererbung im menschlichen Verhalten spielt, halten sich zurück, indem sie weder in der Öffentlichkeit ihre Meinung klar zu erkennen geben noch zur Verteidigung ihrer freimütigeren Kollegen bereit sind.
>
> Die Resultate sind in der hiesigen (amerikanischen) Akademie zu sehen: es ist praktisch Ketzerei, eine hereditaristische Ansicht zu äußern oder weitere Studien der biologischen Grundlagen des Verhaltens zu empfehlen. Ein orthodoxer Environmentalismus beherrscht die libe-

rale Akademie und hindert Professoren, Forscher und Studenten daran, sich biologischen Auslegungen oder Untersuchungen zuzuwenden.

Daher erklären wir, die unterzeichneten Wissenschaftler aus vielen verschiedenen Gebieten, die folgenden Überzeugungen und Prinzipien:

1. Wir haben viele Zeugnisse betreffend die mögliche Rolle der Vererbung in bezug auf menschliche Fähigkeiten und Verhalten, und *wir glauben, daß solche erblichen Einflüsse sehr groß sind.*
2. Wir sind bestrebt, die Forschung über die biologischen und erblichen Grundlagen des Verhaltens als eine wesentliche Ergänzung zu environmentalistischen Erklärungsversuchen zu ermutigen.
3. Wir verteidigen das Recht und betonen die akademische Pflicht der Professoren, die erblichen Einflüsse auf das Verhalten zu diskutieren, in angemessenem Rahmen und mit verantwortungsbewußter Unterrichtung.
4. Wir beklagen die Tilgung der hereditären Beweisführung in gängigen Lehrbüchern und das Versäumnis, der Vererbung in der Soziologie, Sozialpsychologie, Sozialanthropologie, pädagogischen Psychologie, psychologischen Messungen und vielen anderen Disziplinen eine verantwortliche Stellung einzuräumen.
5. Wir appellieren an die liberalen Akademiker, die Hochschulsenate, akademische und gelehrte Gesellschaften, die *American Association of University Professors*, die *American Civil Liberties Union* (Vereinigung zum Schutze bürgerlicher Freiheiten), die *University Centres for Rational Alternatives,* Präsidenten und Kuratorien, Institute und Seminare, die Herausgeber wissenschaftlicher Zeitschriften –, auf der Offenheit der Sozialwissenschaften gegenüber den wohlgegründeten Forderungen des ethologischen *(bio-behavioral)* Denkens zu bestehen und wachsam alle Mitglieder der Lehrkörper zu schützen, die verantwortungsbewußt im Sinne solchen Denkens lehren, forschen oder publizieren.

   Wir drängen in dieser Weise, weil wir als Wissenschaftler glauben, daß die menschlichen Probleme am besten durch vermehrtes menschliches Wissen gelöst werden können und daß eine derartige Vermehrung des Wissens mit viel größerer Wahrscheinlichkeit zur Bereicherung des menschlichen Glücks führt als das Gegenteil.«

Diese Resolution ist weithin abgedruckt worden und könnte eine gewisse Wirkung erzielt haben; vielleicht ist es jedoch noch zu früh, darüber etwas auszusagen.

Gewiß aber konnte die Resolution die amerikanischen Verleger nicht dahingehend beruhigen, daß es sicher sein würde, eines meiner Bücher zu drucken oder zu verkaufen; als *The Inequality of Man* erscheinen sollte, wiesen es die Geschäfte, denen es angeboten worden war, ab mit der Begründung:

> »Wir möchten ein ruhiges Leben – wir können es nicht mit all diesen Militanten aufnehmen!«

Schließlich wurde das Buch in den USA von einem persönlichen Freund gedruckt, der bereits mehrere meiner wissenschaftlichen Bücher und Tests veröffentlicht hatte. Dagegen stellte sich *The IQ Argument* (dt. »Vererbung, Intelligenz und Erziehung«) als unverkäuflich heraus, weil die Einschüchterung der Buch- und Großhändler und anderer mit dem Absatz beschäftigten Leute verhinderte, daß es gelagert oder besprochen wurde. Viele amerikanische Psychologen, die es zu lesen wünschten und von ihm indirekt gehört hatten, mußten mir nach England schreiben, da sie es auf anderem Wege nicht bekommen konnten! Das Buch ist schließlich zurückbehalten worden, trotz der potentiell großen Nachfrage. In genau derselben Art verhinderten Nazi-Sturmabteilungen, daß Bücher von Linken und Juden oder allen ihnen mißliebigen Personen die Öffentlichkeit erreichten. Wir sind wahrhaftig wieder da, wo es begann!

Genug von diesen persönlichen Erinnerungen. Was für eine allgemeine Folgerung aber kann man aus solchen einzelnen und buntgescheckten Begebenheiten ziehen, und warum fürchte ich, daß ihre Auswirkungen tragisch sind? Vielleicht kann ich meinen Standpunkt am besten wie folgt darstellen.

Wir sind mit einer beispiellosen Reihe von Problemen konfrontiert, jedes von gigantischem und möglicherweise katastrophalem Ausmaß. Umweltverschmutzung ist eines, Überbevölkerung ein anderes, rassische Auseinandersetzungen ein drittes. Zweifellos haben wir noch nicht die Mittel gefunden, wie wir mit diesen Problemen fertig werden sollen; nicht nur, daß wir nicht die richtigen Antworten kennen, wir wissen kaum die richtigen Fragen zu stellen. In einer derartig gefährlichen Situation geziemt es uns, Sir Francis Bacons kluge Regel zu beachten:

> »Wenn ein Mensch mit Gewißheit beginnen will, wird er im Zweifel enden; ist er es aber zufrieden, mit Zweifeln zu beginnen, wird er mit Gewißheit enden.«

Wenn wir auf die Rassenfrage schauen, sollten wir uns zunächst einmal selbst fragen: können wir irgendwelche wichtigen und relevanten Unterschiede zwischen den Rassen beobachten? Wenn ja, können wir diese genetischen oder Umweltwirkungen zuschreiben? Und: können wir irgend etwas tun, um sie zu reduzieren oder aufzuheben? Niemand kann dies sicher beantworten; die beste Methode aber, die wir haben, ist offensichtlich das kritische und vorsichtige Experiment. Mein Buch stellt einen Versuch dar zu überblicken, was faktisch über solche Probleme bekannt ist, und anzudeuten, welche Schlußfolgerungen, wenn überhaupt welche, aus diesen Fakten gezogen werden können. Ich habe ebenfalls weitere Experimente vorzuschlagen versucht, die ein Licht auf die komplizierten und schwierigen Probleme werfen dürften.

Meine tastenden Bemühungen wurden von denen, die schon die Antworten wußten, mit Verachtung begrüßt – natürlich gibt es keine Rassen; natürlich sind Schwarze genauso intelligent wie Weiße; natürlich sind für alle vermeintlichen Unterschiede allein Umweltfaktoren verantwortlich. Und natürlich muß jeder, der es wagt, an diesen Wahrheiten zu zweifeln, ein Faschist sein – verführt durch ein Establishment zu schlimmster intellektueller Prostitution. Kein Versuch hier, den Fall zu erörtern oder sich mit den Fakten abzugeben – dies würde »bourgeoise Objektivität« sein, welche Stalin bereits als »konterrevolutionär« verurteilt hat (und die Hitler als »semitisch« verdammte – er zog es vor, mit »Blut und Eisen« zu denken). Und, wenn wir die Wahrheiten *kennen* (mutmaßlich durch marxistische Enthüllung), dann rechtfertigt natürlich das Ziel die Mittel: Bücher verbrennen, Verleger und Buchhändler boykottieren, Versammlungen sprengen und diejenigen, die es wagen, anderer Meinung zu sein, bedrohen und verfolgen. Gewalt, nicht Vernunft, wird die Meßlatte der Wahrheit. Dies war die Psychologie der Faschisten, unter deren Gesetz ich in Deutschland aufwuchs; sie ist holterdipolter von den verwirrten Trupps der Neuen Linken übernommen worden. Nimmt es da wunder, daß sie – wenigstens für mich (aber ich stehe nicht allein da) – als reine Linksfaschisten erscheinen, welche ihren Glauben an die Unvernunft, Intoleranz und die Verherrlichung der Macht mit Hitler gemein haben?

In meinen Augen verheißt es unserer Gesellschaft nichts Gutes, wenn diese Einstellungen unter Studenten gefunden werden, d. h. unter denen, die vor allem wegen ihrer intellektuellen Befähigung ausgewählt und die im Gebrauch der Vernunft geschult worden sind (oder es sein sollten). Wenn das beste, was solche Leute als Antwort auf die von mir gesammelten Fakten und dargelegten Argumente zu bieten haben, ist, das Buch »rassistisch« zu nennen und zu proklamieren, daß alles gut werden würde, wenn wir nur »Mao Tse-tung in allem Denken die Führung überlassen«, dann möge Gott der nächsten Generation helfen! Man kann nicht von jedem erhoffen, daß er mit uns übereinstimmt, aber man sollte von Universitätsstudenten erwarten können, daß sie ein Buch zuerst sorgfältig lesen, bevor sie es verdammen, daß sie wenigstens einen etwas überlegten Kommentar zu den in ihm enthaltenen Fakten und Argumenten formulieren und daß sie mit einem gewissen persönlichen Stolz von der allervulgärsten Art eines *argumentum ad hominem* abstehen. Gleichermaßen besteht doch die Aufgabe der Zeitungen – besonders der sogenannten »guten Zeitungen« – sicherlich darin, vor ihren Lesern verläßliche Informationen betreffend die jüngsten Entwicklungen der Forschung auszubreiten. Was ist es nur für eine Absage an die Verantwortung, sich aus Furcht vor Ärgernissen in Schweigen zu hüllen (wie die *New York Times*) oder die tatsächlich vorgebrachten Argumente völlig falsch wiederzugeben (wie die Londoner *Sunday Times*)!

Der Unsinn hat die Oberhand gewonnen, und das auf solch hinterlistige Weise, daß es allgemein gar nicht bewußt wurde. Angesichts der Kampagne von Gewalt, Haß und Verfolgung haben viele Gelehrte begonnen, sich äußerst in acht zu nehmen, indem sie sich lieber in haarspalterischer Manier von ihren wahren Ansichten und Meinungen distanzieren, als für diese öffentlich einzustehen. Sowohl Arthur Jensen als auch ich haben mit hervorragenden Genetikern und Psychologen gesprochen, die – privat – mit unseren Ansichten sehr wohl übereinstimmen, sich jedoch aus Angst vor negativen Rückwirkungen weigern, öffentlich zitiert zu werden. Und schlimmer als das: einige haben in der Öffentlichkeit Dinge gesagt, die sie privat zurückweisen würden und in der Tat auch zurückgewiesen haben. Dies ist leicht getan, selbst ohne eine offensichtliche Unrichtigkeit von sich zu geben; man muß vielleicht Professor sein, um diesen akademischen Trick zu durchschauen. So haben Jensen und ich festgestellt, daß der Beitrag der Vererbung an den IQ-Unterschieden sich ungefähr auf 80% beläuft; ein Genetiker kann leicht öffentlich aufstehen und unter allgemeinem Beifall sagen, daß er nicht mit der Zahl übereinstimme und auch zweifle, daß sie einen Sinn habe. Wenn man mit ihm privat spricht, entdeckt man, daß er lediglich meint, man könne keine so präzise Zahl wie »80%« angeben und daß jede Zahl nur eine Bedeutung habe, wenn eine Population spezifiziert ist – auf beide Punkte haben Jensen und ich besonders hingewiesen, und sie sind in der Tat jedem Wissenschaftler selbstverständlich. Somit ist eine vollständige Übereinstimmung in eine scheinbar heftige Ablehnung verkehrt, die dann weithin publiziert wird von jenen, die sich jeder systematischen Erforschung dieser Probleme von vornherein widersetzen. In der Wissenschaft ist es immer möglich zu argumentieren, daß »nicht genug bekannt ist, um zu einem definitiven Schluß zu kommen«, und daß »mehr Daten erforderlich sind, bevor man sich ihnen verschreiben kann«. Dies ist absolut sicher; und wenn man jemandes Schlußfolgerungen nicht mag, so werden diese Phrasen, die so leicht über die Lippen gehen, einen nicht nur aus dem Schneider bringen, sondern auch als sorgfältigen, gewissenhaften Forscher ausweisen. Aus diesem Grund könnte man genausogut sagen, daß die Beweisführung über das heliozentrische System des Kopernikus noch nicht vollständig schlüssig ist und daß man sich klugerweise ein abschließendes Urteil vorbehalten möchte. Selbstverständlich sollte man nicht zu voreilig sein, als Faktum zu proklamieren, was vorerst noch eine Vermutung ist, und weder Jensen noch ich haben jemals gesagt, daß die beträchtlichen Zeugnisse, die sich angesammelt haben, ein für allemal ausreichen. Nichtsdestoweniger kommt einmal der Punkt, wo viele verschiedene Forschungsrichtungen auf einen besonderen Schluß hindeuten, und diese Übereinstimmung sollte bemerkt und herausgestellt werden. Wissenschaftliche Schlußfolgerungen sind niemals *gewiß*. Wenn man von den einstweiligen Ergebnissen über Rasse und Intelligenz sagt, daß man nicht sicher weiß, ob sie wahr sind, so heißt das nicht mehr, als daß sie eine fortwährende systematische Forschung reflektieren statt irgendeine endgültige göttliche Inspiration.

Wozu aber kann die Publikation eines Buches wie *Vererbung, Intelligenz und Erziehung* (wie auch dieses) gut sein? Viele wohlmeinende Leute, die weit von der ikonoklastischen Linken abstehen, haben mich dies gefragt. Die Antwort ist sehr einfach. Wir wollen den verschiedenen benachteiligten Gruppen helfen, seien sie Schwarze, arme Weiße, Indianer oder was auch immer. Das Problem lautet, wie dies am besten getan werden kann, und die Antwort auf diese Frage ist keineswegs offenkundig, sondern setzt Erkenntnisse voraus. *Headstart* und andere Programme wurden in Kraft gesetzt, weil viele Soziologen und Pädagogen glaubten, daß durch diese Mittel die Schulleistungen und selbst der IQ von deprivierten Kindern gehoben werden könnte. Wir wissen jetzt, daß diese Hoffnungen zum Scheitern verurteilt waren. Eine Aktion, die nicht auf Wissen gegründet ist, ist nutzlos und kann u. U. sogar konterproduktiv sein. Man nehme als ein simples Beispiel das so häufig gehörte Argument, daß die Schulklassen zu groß sind und daß wir uns bemühen sollten, die Zahl der Schüler in jeder Klasse zu verringern. Dies klingt gut und schön und wird auch von den meisten Leuten als bare Selbstverständlichkeit genommen; und doch stimmen die Fakten nicht mit den zugrunde liegenden Annahmen zusammen. Es gibt vier Untersuchungen größeren Umfangs, in denen die Schulleistungen von Kindern in großen und relativ kleinen Klassen miteinander verglichen wurden. Sorgfältig wurde darauf geachtet, daß das Milieu einschließlich des sozio-ökonomischen Status der Kinder in diesen Gruppen gleich war. In jedem einzelnen Fall waren die Kinder in den größeren

Klassen erfolgreicher als in den kleineren; die Unterschiede waren nicht sehr markant, gingen aber alle in dieselbe Richtung. Wenn wir daher große Geldsummen ausgeben, um die Klassenstärken zu verringern, kann das Ergebnis am Ende vielleicht schlechter sein als zuvor. Dies soll nicht bedeuten, daß wir überhaupt nichts tun sollten. Es heißt nur, daß wir zuerst unsere eigene Hausaufgabe erledigen müssen, bevor wir alles auf eine Karte setzen und die Millionen verspielen. Wissenschaftliche Untersuchungen müssen der (politischen) Tat vorausgehen; der sog. gesunde Menschenverstand hat leider nicht alle Lösungen parat. *Vererbung, Intelligenz und Erziehung* legte einige der bekannten Fakten dar und regte weitere notwendig erscheinende Forschungen an; es deutete auch in einige Richtungen, in denen wir nach Mitteln und Wegen Ausschau halten sollten, um den armen und dummen Kindern zu helfen. Wem dies nur ein kleines Bier zu sein dünkt, verglichen mit den berauschenden Schlücken des marxistischen Weins und maoistischen Likörs, dem sei entgegnet, daß es doch zumindest den Vorzug sachlicher und vernünftiger Beweisgründe hat. Vielleicht werden diese als intellektuelle Vorteile immerhin von denen anerkannt werden, die noch nicht dem Enthusiasmus einer erstarrten pseudoprogressiven Ideologie verfallen sind.

Denn dies ist die *trahison des clercs,* worüber ich mich beklage: daß sowohl Studenten als auch ihre älteren und weiteren Genossen damit begonnen haben, das Kinderspiel von Himmel und Hölle wieder hervorzukramen, wobei die Arbeit eines Forschers nicht im Hinblick auf seinen wissenschaftlichen Gehalt oder auf irgendeine rationale, empirische Grundlage beurteilt wird, sondern nur danach, ob er mit den Vorurteilen des Kritikers übereinstimmt oder nicht.

Mein Vorschlag für die Zukunft aber entspricht dem, was Sir Francis Bacon schon vor Jahrhunderten in *The Advancement of Learning* schrieb:

> »Um die wahren Zeugnisse der Wissenschaft ungestört verbreiten zu können – ohne das Hindernis stillschweigenden Vorbehalts –, denke ich, daß sie von Unglauben und Ungnaden befreit werden müssen, welche die Ignoranz ihnen entgegenbringt; denn die Ignoranz erscheint in vielfacher Verkleidung: manchmal in dem Eifer und dem Argwohn von Theologen; manchmal in dem Ernst und der Anmaßung der Politiker; und manchmal in den Irrtümern und Unvollkommenheiten gelehrter Männer selbst...«

Kapitel I
Egalität und Individualität

Dieses Buch hat einen sehr einfachen Zweck. Man redet heutzutage viel über diverse gesellschaftspolitische Projekte wie die Verbesserung der Erziehung, die Aufhebung sozialer Klassenunterschiede, über die Einrichtung von Gemeinwesen, in denen die Idee der Gleichheit aller Menschen in einem viel größeren Maße verwirklicht ist, als es in unseren gegenwärtigen Gesellschaften der Fall ist. Und natürlich gibt es gegen solcherart Zielsetzungen auch Einwände, die auf den unweigerlichen Verlust der Freiheit oder auf die Unvereinbarkeit des Egalitätsprinzips mit der menschlichen Natur hinweisen. Fürsprecher wie Gegner aber haben eines gemeinsam: ihre Argumente beruhen gewöhnlich auf vorgefaßten Anschauungen; sie alle postulieren ein Menschenbild, das im Grunde nur zu ihrem eigenen Wünschen und Wollen paßt.

Ich habe mir nun in diesem Buch die einfache Frage vorgelegt: Was sagt die Wissenschaft zu dem Thema? Welche Erkenntnisse haben Psychologie, Genetik und Physiologie in den vergangenen Jahrzehnten erbracht, die uns in die Lage versetzten, diese Fragen leidenschaftslos zu erörtern und zu Lösungen zu kommen, die weniger stark auf Vor-Urteilen basieren? Oder allgemeiner: Machen diese Wissenschaften irgendwelche Aussagen, die wir bei unseren sozialpolitischen Entscheidungen unbedingt berücksichtigen sollten? Ich selbst bin fest davon überzeugt, daß auf einigen Gebieten – etwa des Erziehungs- und Bildungswesens, des Strafvollzugs oder der gesellschaftlichen Mobilität, um aufs Geratewohl einige aufzuzählen – bereits genügend gesichertes Wissen vorhanden ist, so daß es geradezu töricht wäre, wenn die Gesellschaft diese Beiträge von Fachleuten zur Frage des sozialen Wohlergehens auch in Zukunft nicht beachten würde. Ich werde eine Reihe von Fällen anführen, in denen man aufgrund irriger Voraussetzungen tatsächlich das Gegenteil von dem erreichte, was intendiert war. Dabei hätten die Fehlschläge sehr wohl vorausgesagt und die richtigen Maßnahmen ergriffen werden können, wenn nur den verantwortlichen Politikern die einschlägigen Fakten bekannt oder zugänglich gewesen wären.

Ganz allgemein gründet meine Argumentation auf einer sehr einfachen Prämisse. Der Mensch ist sowohl ein biologisches als auch soziales Wesen. Die Evolutionstheorie lehrt, daß unser Gehirn, unser autonomes Nervensystem wie auch der ganze Aufbau unseres Körpers sich in Millionen von

Jahren entwickelt haben – als Antwort auf eine ziemlich feindliche Umwelt. Was uns von allen anderen Tieren abgesondert hat, war die einzigartige Entwicklung des Neocortex, jener großen weißen und grauen Masse in unserem Schädel, die uns befähigt, verständig zu handeln, uns sinnvoll anzupassen und Probleme richtig zu lösen. Unsere ganze Kultur verdanken wir dieser dünnen und zarten Substanz; ohne unseren Intellekt würden wir binnen kurzer Zeit durch Tiere ausgemerzt werden, die in vielerlei Hinsicht weit besser ausgestattet sind zum Überleben in einer Natur, in der es heißt: fressen und gefressen werden.

Die Evolution schreitet durch Selektion voran, welche ihrerseits auf der Existenz von genetisch determinierten individuellen Varianten basiert. Unter diesem Gesetz des Entwicklungsfortschritts durch natürliche Auslese wäre es sehr unwahrscheinlich, wenn die angeborenen Unterschiede zwischen den Menschen sich nicht auch auf solch komplexe Eigenschaften und Fähigkeiten erstreckten, wie sie sich in Intelligenz und Persönlichkeit, in Geisteskrankheit und Kriminalität manifestieren. Vieles ist heute über diese Fragen bekannt, obwohl wir selbstverständlich noch weit von endgültigen Schlußfolgerungen entfernt sind. Dennoch schien mir der Versuch die Mühe wert, die Summe unseres Wissens zu ziehen und das Wichtigste in einer für gebildete Leser auch ohne spezielles psychologisches und genetisches Vorwissen verständlichen Form darzustellen.

Der erste Teil dieses Buches enthält Belege und Beweise für die Verschiedenheit der Menschen in bezug auf Intelligenz und Persönlichkeit wie auch auf die Prädisponiertheit zu Geistesgestörtheit, Verbrechen und Psychopathie. Einiges davon ist nicht neu, aber es hat tatsächlich eine solche Flut von unerwarteten Resultaten gegeben, daß selbst Bücher, die erst vor ein paar Jahren geschrieben wurden, heute entschieden veraltet sind. So ist erst kürzlich, 1972, Forschungsmaterial über Kinder von psychopathischen und kriminellen Eltern veröffentlicht worden, welche in frühem Alter zur Adoption kamen; im Vergleich zu Kindern normaler Eltern, die im gleichen Alter adoptiert wurden, zeigten erstere in einer ganzen Reihe von wichtigen Variablen sehr bezeichnende Neigungen, sich wie ihre biologischen Eltern anstatt wie ihre Adoptiveltern zu verhalten. Diese Studien ergänzen die ausgedehnte Zwillingsforschung, welche früher die einzigen Beweise dafür erbrachte, daß kriminelles Verhalten in einem beträchtlichen Ausmaß von der Erbanlage bestimmt ist.

Im Bereich der Intelligenztests sind ebenfalls viele neue Ergebnisse erzielt worden, die in dieses Buch einbezogen wurden. Darüber hinaus habe ich mich vor allem bemüht, gewissen immer wiederkehrenden Einwänden gegen die IQ-Bestimmung sowie die Messung der Intelligenz als solcher zu begegnen. Diese Einwände beruhen weitgehend auf Mißverständnissen: einmal darüber, wie Wissenschaft im allgemeinen bestimmte sinnvolle Begriffe definiert und sie auf ihre Brauchbarkeit hin prüft, zum andern, was den Fortschritt der psychologischen Untersuchungen im Studium der Intelligenz anbelangt. Es gibt zudem einige ziemlich junge Entwicklungen, wie das wachsende Interesse an »Kreativität«, aber auch die von Piaget vertretenen Ideen, denen gegenüber angeblich die traditionellen IQ-Tests altmodisch und überholt sein sollen. Ich werde zeigen, daß dies durchaus nicht der Fall ist, und dabei gleichzeitig versuchen, die moderne Intelligenztest-Theorie und -Technik in ihrer allgemein üblichen Form kurz, aber dennoch – wie ich hoffe – verständlich abzuhandeln. Wenn diese Erörterung in einem gewissen Sinn auch als marginal erscheinen mag, da mein Hauptanliegen sich doch auf die sozialen Konsequenzen der Abhängigkeit der Intelligenz von der genetischen Ausstattung bezieht, so ist sie nichtsdestoweniger unumgänglich; denn wenn es auch nur eine schwache Stelle in der Beweisführung dieser Abhängigkeit gäbe, oder in dem Begriff der mittels IQ-Tests meßbaren »Intelligenz« selbst, würde die ganze folgende Argumentation in sich zusammenstürzen.

Im weiteren Fortgang des Buches wende ich mich dem Thema zu, das ich persönlich am interessantesten finde, das aber leider überhaupt noch nicht ausführlich diskutiert worden ist, nämlich die Auswirkungen, die unser wachsendes Wissen über angeborene Unterschiede auf die Gesellschaft im ganzen hat. Vom ersten Augenblick an, in dem ich als junger Student die Literatur über Intelligenz kennenlernte, schien es mir, daß unser ganzes Denken über Gesellschaft, Politik und Erziehung durch diesen neuen Wissenszweig mächtig beeinflußt werden müßte; doch habe ich vergeblich nach irgendeiner Anerkennung der Fakten Ausschau gehalten, wie es auch keine Anzeichen gab, daß eine ernsthafte Debatte über diese Fragen aufkommen würde. Als ich später mit den Beweisen für den Einfluß der Vererbung auf Persönlichkeit, Verbrechertum und Geisteskrankheit in Berührung kam und das Glück hatte, selbst auf diesem Gebiet zu arbeiten, wurde es mir immer klarer, daß unsere ganze bisherige Art, soziale Probleme ausschließlich in Kategorien der Umweltmanipulation zu sehen, falsch war und daß ein gut Teil neuen Denkens nötig sein würde, um jenes neue Wissen in das allgemeine Weltbild einzubeziehen. Ich habe mir in diesem Buch einige Gedanken darüber gemacht, wie dies geschehen könnte; aber meine erste Sorge ist vielmehr, überhaupt einmal die Diskussion in Gang zu bringen, als abschließende Lösungen zu geben. Wir haben es hier mit Fragen von äußerster Wichtigkeit zu tun, und es wäre geradezu verhängnisvoll, wenn sie unter den Teppich gekehrt würden, nur weil die derzeit populären Meinungen sich gegen die Anerkennung der genetischen Prädispositionen sperren und nur die trivialsten und wirkungslosesten Manipulationen der äußeren Lebensbedingungen zulassen. Wären unsere Probleme wirklich so einfach, wie viele Leute zu glauben scheinen – sie hätten uns nicht seit Tausenden von Jahren geplagt, noch würden sich ihrer Lösung weiterhin nahezu unüberwindliche Hindernisse in den Weg stellen. Was meine eigenen positiven Vorschläge angeht, ist es durchaus wahrscheinlich, daß einige sich als unbrauchbar herausstellen; aber sie sollten immerhin einer sachgemäßen Kritik unterzogen werden: weder beredtes Schweigen noch nackte Gewalt sind eine angemessene Antwort. –

In diesem Buch habe ich mich auch bemüht, das zugehörige Schrifttum zu referieren, und zwar in Form einer – wie ich hoffe – allgemeinverständlichen Darstellung dessen, was man allmählich als ein hinreichend genaues Modell des menschlichen Verhaltens anzuerkennen beginnt. Leider – wenn auch notwendigerweise – ist ein großer Teil der Fachliteratur mathematisch ausgerichtet: unser Modell muß quantitativ sein, wenn es wirklich nachprüfbar sein soll. Leser jedoch, denen der vorliegende Versuch, einen nichtmathematischen Überblick zu geben, nicht genügt, können eine adäquatere und detailliertere Darstellung in meinem Buch *The Measurement of Intelligence* finden, welches vollständige Nachweise auch zu dem Material enthält, auf das hier nur kurz angespielt wurde. Das Literaturverzeichnis enthält zudem ein paar Standardwerke neueren Ursprungs, die dem interessierten Leser die Lehrmeinungen zu jenen Problemen eröffnen, in denen er sich näher informieren möchte, ohne unbedingt die Originalquellen aufzusuchen. Für diejenigen aber, denen die bisherigen Resultate nicht gefallen, gibt es keine Alternative, als sich »professionell« mit der Materie zu beschäftigen und die gesamte Literatur über Theorie und Messung der Intelligenz und Persönlichkeit, über Verhaltensgenetik und über die verschiedenen anderen angesprochenen Themen durchzuarbeiten; denn eine Zurückweisung von wissenschaftlichen Erkenntnissen, nur, weil sie mit vorher schon fertigen Anschauungen kollidieren, ist alles andere als eine rationale Methode, Probleme anzugeben.

Es ist immer bedenklich, Einwände von Autoritäten zu zitieren, die vor vielen Jahren aufgrund von seinerzeit veröffentlichten und – dem damaligen Forschungsstand durchaus genügend – interpretierten Funden entstanden sind; denn neuere Arbeiten können sehr wohl diese Einwände unhaltbar gemacht haben. Dies ist besonders in der Genetik der Fall, wo bedeutende Fortschritte erst in allerjüngster Zeit bekanntgeworden sind. Ein einfaches Beispiel mag zeigen, wie übermächtig vorgefaßte Ideen sein können. Ich meine die merkwürdige Tatsache, daß die meisten Leute auch heute noch in der Ausdeutung des menschlichen Verhaltens quasi instinktiv eine »environmentalistische« Betrachtungsweise (welche die Umwelt als ausschließliche Bedingung ansieht) annehmen und sich heftig jeglicher genetischen Erklärung widersetzen.

Man nehme das Schreien von kleinen Babys – sei es nach Nahrung oder vor Überraschung (Reiz des Neuen), aus Frustration oder zur Begrüßung ihrer Mutter nach deren Rückkehr. Behavioristen würden sagen – und die meisten Menschen werden dies für selbstverständlich halten –, daß Babys die diesen verschiedenen Situationen entsprechenden spezifischen Laute erlernen. Die Vorstellung, daß sie angeboren sein könnten, genauso wie der Gesang junger Vögel weitgehend angeboren ist, würde dagegen mit ungläubigem Staunen vernommen werden.

Derek Ricks nahm die Schreie einer Reihe von Babys, die den oben angeführten vier Situationen ausgesetzt wurden, auf Tonband auf; dann präsentierte er das Geschrei den Eltern, und zwar so, daß je ein Paar außer dem eigenen (natürlich anonymen) fünf weitere zu Gehör bekam. Die Eltern sollten nun erstens ihr eigenes Baby identifizieren – was sie alle für sehr leicht hielten – und zweitens die besonderen Anliegen der Babys herausfinden –, was ihnen unmöglich erschien. Tatsächlich gelang es nur wenigen Eltern, ihren eigenen Nachwuchs herauszuhören, aber fast alle erkannten die jeweilige Situation, welche die Babys zu ihrem Geschrei veranlaßt hatte. Es gibt somit einwandfrei angeborene Auslösemechanismen für Babygeschrei, welche sicherstellen, daß in bestimmten typischen Situationen typische Schreie ausgestoßen werden; die Mütter erkennen diese Schreie, selbst wenn ein Baby (wie in einigen dieser Experimente) einer anderen Nationalität oder Rasse entstammte.

Merkwürdigerweise fand man, daß autistische Kinder dieser genetisch bestimmten Verhaltensmuster ermangelten; ihre Schreie waren individuell und eindeutig in der Mutter-Kind-Beziehung erlernt. In einem gleichartigen Experiment konnten die Mütter (die sehr wohl die typischen Schreie von normalen Babys erkannten!) zwar ihre eigenen Kleinen identifizieren, nicht aber die Bedeutung der Schreie von fremden autistischen Babys. Diese Resultate dürften auf die environmentalistischen Theorien des Autismus, welche im Gegensatz zu genetischen Theorien stehen, nicht ohne Einfluß bleiben; aber es würde zu weit führen, diese Frage hier näher zu erörtern. Wir sollten bloß festhalten, daß selbst die allerersten Schreie von normalen Babys stark von der genetischen Grundlage bestimmt sind und daß die gängige Auffassung, sie würden erst in Wechselbeziehung mit der Umgebung erlernt werden, gänzlich falsch ist. –

Die Geschichte der Auseinandersetzung zwischen den Verfechtern des Glaubens an die grundsätzliche Gleichheit aller Menschen – in bezug auf geistige und körperliche Charakteristika von sozialer Bedeutung, nicht etwa im Sinne gleichen Wertes vor Gott oder gleicher Rechte vor dem Gesetz – und den Realisten, die die Menschen so sehen, wie sie nun einmal sind – als Individuen, deren es nicht zwei gleiche auf der Welt gibt –, kann anhand von drei Publikationen deutlich gemacht werden, die ähnliche Überschriften trugen wie die für dieses Buch gewählte. Die erste von ihnen ist J.-J. Rousseaus *Discours sur l'origine et les fondements de l'inégalité parmi les hommes*, veröffentlicht 1754; die darin enthaltenen Ideen wurden acht Jahre später in dem viel berühmteren *Contrat social* wiederholt. Obwohl jede Bemerkung von fundamentaler Bedeutung in diesen Schriften aus den Werken von Hobbes und Locke stammt, war es doch Rousseau, dem sich die »Egalitaristen« in den folgenden Jahrhunderten zuwandten, fanden sie doch bei ihm den lebendigsten Ausdruck ihrer Gedanken.
1890 unternahm es T. H. Huxley, vom Standpunkt des Biologisten aus Rousseau zu antworten; sein Artikel »On the Natural Inequality of Men« erschien in der damals wohlbekannten Zeitschrift *Nineteenth Century*. Seine biologische Beweisführung ist die für frühe Anhänger Darwins charakteristische: selbstredend ist dort noch keine Spur der Mendelschen Prinzipien der Vererbung vorhanden, und folglich sind die präsentierten Argumente weniger stark, als sie es gewesen wären, wenn Huxley unser derzeitiges Wissen besessen hätte. Aber selbst so ist seine Schrift ein scharfsinniger und gezielter Angriff auf die Bastionen der Egalität, und viele seiner Gedankengänge verdienen immer noch Beachtung; wir werden deshalb noch auf sie zurückkommen.
Der dritte Autor, der die gleiche Überschrift benutzte, war wieder ein Biologist, der sich jedoch in vielerlei Hinsicht außerordentlich von T. H. Huxley unterschied: J. B. S. Haldane schrieb einen Essay über »The Inequality of Man«, den er 1932 – zusammen mit anderen Arbeiten – in einem Buch unter demselben Titel veröffentlichte. Während aber Huxley konservativ war (ohne Parteizugehörigkeit), war Haldane ein führender Kommunist (als aktiver Politiker); Huxley waren die Prinzipien der Genetik unbekannt, Haldane war eine weltweit anerkannte Autorität auf diesem Gebiet. Das Interessante aber ist, daß trotz dieser weitreichenden Verschiedenheit beide zu sehr ähnlichen Schlußfolgerungen kamen. Haldane stellte seinen Respekt für wissenschaftliche Tatsachen vor seine politischen Überzeugungen, und wenn es zwischen ihnen zu einem Konflikt kam, dann nahm die Politik stets den zweiten Platz ein.
Haldane erklärte die faktischen menschlichen Intelligenz- und Persönlich-

keitsunterschiede natürlich auf der Grundlage der ihm geläufigen Untersuchungsmethoden. Heute wissen wir viel mehr als er, dank der großen Fortschritte, die seit seinen Tagen gemacht worden sind; aber im Prinzip gilt das, was er damals schrieb, immer noch. Ein großer Forscher erspürt die Wahrheit selbst aus partiellen und oftmals mangelhaften Zeugnissen. Haldane erkannte jede Tatsache, der er begegnete, rückhaltlos an, und er versuchte niemals, die Fakten seinen eigenen Lieblingsideen anzupassen. Er war zudem ein bedeutender Schriftsteller – nur wenige können es in dem Bemühen, Wissenschaft populär zu machen, mit ihm aufnehmen, und seinen Essay zu lesen ist auch heute noch eine reine Freude.

Doch zurück zu Huxleys Ausführungen:

> »Unzweifelhaft haben Rousseaus äußerst fesselnde und viel gelesene Schriften in großem Ausmaß dazu beigetragen, den Prinzipien von 1789, die selbst nach Ablauf eines Jahrhunderts von vielen Leuten als die Magna Charta der menschlichen Rasse angesehen werden, einen Anstrich von Rationalität zu geben. ›Freiheit, Gleichheit und Brüderlichkeit‹ ist immer noch die Parole derer – und es sind nicht wenige –, die mit Rousseau davon überzeugt sind, daß die Leiden der Menschheit eine Folge der unnatürlichen Einrichtung der Gesellschaft sind und daß sie sämtlich durch politische Veränderungen gelindert, wenn nicht aufgehoben werden können.«

Huxley fährt fort:

> »Ich habe sehr lange die Überzeugung aufrechterhalten, daß die Wiedergeburt des Rousseauismus in unseren Tagen ernsten Schaden anrichte, da er all jene vom rechten Weg abführt, die nicht die Zeit haben – selbst wenn sie die Fähigkeiten dazu besäßen –, bis zu den Wurzeln der unter ihnen ausgestreuten und auf den ersten Blick plausiblen Lehren zurückzugehen.«

In der Tat beginnt Rousseau seinen *Discours* mit der Unterscheidung von zwei Arten von Ungleichheit (genau wie später Huxley und Haldane):

> »...die eine, welche ich *natürlich* oder *physisch* nenne, weil sie von der Natur eingerichtet ist, und die in der Verschiedenheit von Alter, Gesundheit, körperlicher Kraft und intellektuellen oder spirituellen Qualitäten besteht; die andere, welche *moralisch* oder *politisch* genannt werden mag, weil sie sozusagen von der Konvention abhängt und durch den Konsensus der gesamten Menschheit wenn nicht eingerichtet, so doch zumindest autorisiert ist. Diese letztere Ungleichheit besteht in den verschiedenen Privilegien, die einige – zum Nachteil der übrigen – genießen, wie reicher, angesehener, mächtiger zu sein oder den anderen ihren Gehorsam aufzuzwingen.«

So weit, so gut: man beachte, daß Rousseau die Intelligenz in die natürlichen bzw. physischen Unterschiede einreiht; im Gegensatz zu modernen Egalitaristen zieht er für die unterschiedliche Ausbildung der Intelligenz keine politischen oder anderen sozialen Ursachen in Betracht.
Nachdem er so einsichtsvoll begonnen hat, verläßt Rousseau jedoch bald den Pfad der Vernunft, was auch Huxley klar erkennt:

»Natürlich drängt sich sogleich die Frage auf: Müßte man nicht, bevor eine solch scharfe Trennungslinie zwischen natürlicher und politischer Ungleichheit gezogen wird, untersuchen, ob beide nicht eng miteinander verknüpft sind, in der Weise, daß die letztere wesentlich eine Folge der ersteren ist? Diese Frage hat in der Tat Rousseau selbst aufgeworfen; da aber seine einzige Antwort hierauf ein Stück banale und unernste Rhetorik darüber ist, daß dies lediglich ein Problem sei, das Sklaven in Gegenwart ihrer Herren diskutieren möchten, werden wir wohl fairerweise schließen müssen, daß er sehr gut wußte, warum er sich darauf nicht weiter einließ. Der einzig sichere Kurs für ihn war, einen großen Bogen um dieses heiße Eisen zu machen; und so trieb er in seinen übrigen Schriften mit den beiden Begriffen von Ungleichheit ein recht zweideutiges Spiel, geradeso, wie die Umstände es geraten erscheinen ließen.«

Das Problem soll und wird uns noch in einem beträchtlichen Ausmaß beschäftigen; allerdings müssen wir es in unsere moderne Terminologie übersetzen. Es liest sich dann so: Sind die Klassenstrukturen der modernen Gesellschaft im wesentlichen eine Funktion der von Geburt aus verschiedenen intellektuellen und sonstigen Qualitäten der Menschen, welche diese Klassen konstituieren? Ist der Status, den eine Person in der Gesellschaft – als eine Funktion ihres Berufes – genießt, von denselben angeborenen Eigenschaften und Fähigkeiten bestimmt? Wenn wir vollständige oder zum mindesten größere Gleichheit anstreben, als sie gegenwärtig besteht – was müssen wir tun, um dieses Ziel zu erreichen, oder widerspricht ein solches Vorhaben etwa völlig der biologischen Realität?
Wie interpretiert Haldane die Entdeckungen der modernen Psychologie und Genetik im Zusammenhang mit jenen von Rousseau und Huxley angeschnittenen Problemen? Er beginnt mit der Bemerkung, daß »in der Gegenwart die bewunderungswürdige Institution des allgemeinen Wahlrechts ... von dem verwunderlichen Dogma der Gleichheit aller Menschen getragen wird«. Er sagt des weiteren, daß »die menschliche Ungleichheit aus zwei Quellen entspringt, den Anlagen und der Erziehung *(nature and nurture)* ... Eine gewisse Ungleichheit ist unvermeidlich, schon von den unterschiedlichen Umwelteinflüssen her, und sei es auch nur aufgrund

der geographischen Gegebenheiten. Aber in größerem Umfange bedeutet sie eine immense Verschwendung menschlicher Möglichkeiten, und jeder fortschrittliche Staat wird Chancengleichheit für alle anstreben«. Nach diesem Statement versäumt er nicht, mit Nachdruck darauf hinzuweisen, daß »die Menschen nicht von Geburt gleich sind«. Haldane zitiert zur Bekräftigung so gegensätzliche »Autoritäten« wie Napoleon *(La carrière ouverte aux talents)* und Jesus (»der das Wort ›Talent‹ als Bezeichnung für eine Menge Geldes in einen Ausdruck für angeborene menschliche Fähigkeiten – deren Existenz er sehr wohl erkannte – übertrug«). Sonderbarerweise bringt Haldane nicht das kommunistische Schlagwort »Für jeden nach seinen Bedürfnissen, von jedem nach seinen Fähigkeiten!«; denn dieses anerkennt ebenfalls ererbte menschliche Unterschiede sowohl in bezug auf Bedürfnisse als auf Fähigkeiten. (Die Redensart bezieht sich auf die Verhältnisse im utopischen Endstadium einer kommunistischen Gesellschaft, in der alle verbleibenden Unterschiede nicht länger Umweltfaktoren zugeschrieben werden können, da diese ja der [ideale] Kommunismus eliminieren soll.)

Haldane diskutiert dann die Argumente für die genetischen Ursachen der unterschiedlichen Intelligenz, und zwar anhand einiger der frühesten Studien über Pflegekinder (deren IQs denen ihrer natürlichen Mütter ähnlicher waren als ihrer Pflegemütter) und über getrennt aufgezogene eineiige Zwillinge (die nichtsdestoweniger sehr ähnliche IQs zeigten). Er benutzt diese Befunde dazu, um beide möglichen extremen Erklärungsweisen zu relativieren: »Heutzutage proklamieren extreme Eugeniker, daß die Umwelt einen sehr geringen Einfluß hat, extreme Behavioristen dagegen, daß nichts außer ihr eine Rolle spielt.«

Beide Ansichten hält er für falsch, und er glaubt, daß »der Fortschritt der Biologie in den nächsten hundert Jahren zu einer angemessenen Berücksichtigung der angeborenen Ungleichheit der Menschen führen wird«. Er stellt heraus, daß »dies heute am offensichtlichsten in den Vereinigten Staaten ist, wo die erzieherischen Möglichkeiten viel weitreichender sind als sonstwo. Allumfassende Erziehung führt gerade nicht zur Gleichheit, sondern zu einer auf reale Unterschiede der Begabung gegründeten Ungleichheit«.

Nach einem kurzen Bericht über die Befunde der Intelligenzmessung sowie einigen Bemerkungen zum Wesen der Intelligenz als solcher macht Haldane einige Prophezeiungen, welche sich für seine politischen Gesinnungsgenossen merkwürdig anhören werden:

> »Es müßte möglich sein, bei Kindern von etwa sieben Jahren eine ziemlich genaue Vorstellung von ihren Fähigkeiten zu erhalten, denen

entsprechend sie dann ausgewählt werden. Derzeit haben wir häufig Spezialschulen für geistig minderbemittelte Kinder und gelegentlich auch für sehr begabte. Dieses System wird sicherlich noch sehr ausgebaut werden. Denn wenn Kinder aller Begabungsstufen in einer Klasse vereint sind, lernen die intelligenten bloß faul zu sein, während die Unbegabten hoffnungslos entmutigt werden. Und der Versuch, diesen Mangel dadurch zu beheben, daß man Kinder mit sehr großen Altersunterschieden in dieselbe Klasse steckt, ist ebenfalls wenig erfolgversprechend.«

Soviel über Einheitsschulen im »sozialistischen Zeitalter«! Haldanes Fazit aber lautet:

»In einer nach wissenschaftlichen Gesichtspunkten geordneten Gesellschaft würde angeborene menschliche Verschiedenheit als ein natürliches Phänomen akzeptiert wie das Wetter – vorhersagbar in einem beträchtlichen Ausmaß, jedoch sehr schwer zu kontrollieren.«

Haldane glaubt nicht,

»daß eine Anerkennung der Ungleichheit unter den Menschen ein Schlag gegen die Demokratie ist (oder vielmehr gegen eine auf das allgemeine Wahlrecht gegründete repräsentative Regierungsform)... Natürlich ist es irrational, daß jedermanns Stimme den gleichen Wert besitzen sollte. Aber die Alternativen, soweit sie bisher versucht oder vorgeschlagen worden sind, sind noch weniger rational. Gewöhnlich tendieren sie dazu, die politische Macht jener zu vergrößern, die aufgrund ihres Reichtums sowieso schon die Politik beeinflussen«.

Und er schließt mit einem weiteren Ausblick in die Zukunft:

»Eines Tages mag es möglich sein, eine wissenschaftliche Methode zu ersinnen, welche die politische Entscheidungsfähigkeit des einzelnen *(the voting power)* richtig einzuschätzen vermag. Man kann ziemlich sicher sein, daß dieser Tag noch mehr als ein Jahrhundert vor uns liegt. In jener fernen Zukunft ist die Menschheit vielleicht in Kasten geteilt, wie die Hindus oder die Termiten. Heute aber sollte die Anerkennung angeborener Ungleichheit nicht zu geringerer, sondern zu vermehrter Chancengleichheit führen.«

Was Haldane – wie Huxley vor ihm – herauszustellen versucht, ist, daß Gleichheit vor dem Gesetz, Gleichheit der Entfaltungsmöglichkeiten sowie Gleichheit der staatsbürgerlichen Rechte und Pflichten nicht von einer *Identität* der genetischen Ausstattung abhängen; sie sind *Menschenrechte, von universaler Gültigkeit, unabhängig von biologischen und anderen wissenschaftlichen Befunden.* In der Tat würde es äußerst gefährlich sein zu argumentieren (wie es einige moderne Theoretiker tun), daß alle Menschen die gleichen Rechte beanspruchen können, *weil* sie genetisch gleich sind; denn wenn die Wissenschaft beweisen sollte, daß eine derartige genetische Identität keine Tatsache, sondern ein Mythos ist, dann würde das ganze Plädoyer für die Egalität als ein Menschenrecht zusammenbrechen. Wie in diesem Buch gezeigt ist, beweist die Wissenschaft tatsächlich, daß Erbgleichheit ein Mythos ist; das aber führt in keiner Weise zu einer Argumentation zugunsten der Ungleichheit vor dem Gesetz, der Ungleichheit der Lebenschancen oder der Ungleichheit der politischen Rechte.

Die Anerkennung der »Inegalität«, der menschlichen Verschiedenheit, bezieht sich lediglich auf spezifische Eigenarten, Fähigkeiten und Verhaltensweisen; sie impliziert keineswegs generelle Superiorität oder Inferiorität. Extrovertierte, zum Beispiel, sind verschieden von Introvertierten; sie sind deswegen aber weder unter- noch überlegen. Was im Kontext unserer Zivilisation als nützlich angesehen wird, kann im Kontext einer zukünftigen (oder vergangenen) durchaus anders bewertet werden. Urteile in bezug auf »höher« oder »niedriger« sind hauptsächlich kulturell determinierte Aussagen auf der Basis von Prämissen, die keinen wissenschaftlichen Status beanspruchen können. Eine mögliche Ausnahme zu dieser Regel stellen die zahlreichen körperlichen und geistigen Krankheiten dar, insoweit sie eine starke genetische Grundlage haben; aber man kann immer noch argumentieren, daß nicht selten Genie und Irrsinn nahe beieinander liegen, wie der Dichter meinte. Als eine offensichtliche Ausnahme schließlich mag die Intelligenz erscheinen, aber selbst hier braucht die Gesellschaft die Verschiedenheit, um überleben zu können; eine Nation von lauter Einsteins oder Newtons wäre nicht lebensfähig!

Ohne jeden Zweifel sind die Menschen in dem Sinne ungleich beschaffen, daß ihre Gene die Determinanten für eine unterschiedliche Erscheinung und Entwicklung enthalten; es verbleibt der Forschung die Aufgabe, den genauen Modus der Wechselwirkung zwischen Anlage und Umwelt herauszufinden sowie die Grenzen zu bestimmen, welche – in einem gegebenen Zeitpunkt – die eine dem Einfluß der anderen setzt. Egalitarismus ist eine Wunschvorstellung, kein Faktum; es ist eine bedeutungsvolle Aufgabe zu fragen, in welchem Ausmaß sie mit den biologischen Erkenntnissen vereinbar ist, und – sollten wir herausfinden, daß sie es nicht ist – in welchem Maße sie noch mit Freiheit vereinbar ist; denn um einem variierenden biologischen Substrat Egalität aufzuerlegen, müßten wir unter Umständen die Freiheit der betroffenen Individuen beschneiden und sie mit Gewalt in eine gleichmacherische Uniform stecken.

Wir müssen das sachliche Problem in den Griff bekommen, in welchem Grade die Erbanlage unsere Fähigkeiten formt, welcherart diese Fähigkeiten sind und inwieweit sie gemessen werden können. Und wir müssen ebenfalls versuchen, uns mit dem noch viel schwerer zu fassenden Problem der sozialen Auswirkungen dieser faktischen Entdeckungen einzulassen. Führen sie wirklich zu vermehrter Gleichheit und nicht zu geringerer? Wie können wir das erlangte Wissen am besten zum Nutzen unserer Kinder verwenden – und zwar nicht nur einiger allein, sondern aller Kinder? Kann man die Weigerung unserer Erziehungs- und Bildungsplaner, auch genetische Befunde in Rechnung zu stellen, noch als vernünftig ansehen, zumal sie sich *a priori* auf egalitäre Meinungen stützt? Gibt es Methoden, die genetische Variation durch Umweltmanipulationen zu vermindern? Offensichtlich sind die faktischen und die politischen Probleme eng miteinander verknüpft und verflochten. Auf die ersteren gibt es natürlich wissenschaftliche Antworten, denen ein beträchtlicher Grad von Gewißheit anhaftet; die letzteren jedoch wird jeder Leser für sich selbst beantworten müssen.

Es ist bedauerlich, aber vielleicht auch nicht zu vermeiden, daß die unterstellte enge Relation von verhaltensgenetischen Fakten und sozialpolitischen Einstellungen eine ausgesprochen polemische und unproduktive Diskussion zwischen Anhängern der extremen Positionen auf beiden Seiten hervorgerufen hat. Diese Diskussion zwischen »Environmentalisten« und »Hereditaristen« hat natürlich eine bemerkenswerte Tradition; Philosophen werden sich beispielsweise des Lockeschen Tabula-rasa-Prinzips wie auch des Kantischen Nativismus entsinnen. Gegenwärtig wird diese Debatte hauptsächlich in der Psychologie weitergeführt, wenn auch in mannigfaltiger Verkleidung. So legte die Wahrnehmungstheorie traditionellerweise den Akzent auf das Lernen und die Umwelteinflüsse, bis die Gestaltpsychologie den Reifungsprozeß und genetische Faktoren hervorhob. Im Bereich sozialen Verhaltens maß W. McDougall den Instinkten eine große Bedeutung bei, für die er natürlich eine starke genetische Basis annahm; seine späteren Kritiker dagegen leugneten die Existenz der Instinkte überhaupt und postulierten statt dessen die ausschließliche Wirksamkeit sozialer Lernprozesse. In beiderlei Hinsicht stehen wir heute über jenen einseitigen Pendelausschlägen; wir haben jetzt genügend unbezweifelbare Tatsachen gesammelt, um zu wissen, daß sowohl Umwelt- als auch Erbfaktoren bei der Erzeugung der Wahrnehmung und des sozialen Verhaltens, wie wir sie kennen, zusammenwirken. D. H. Hubel und T. N. Wiesel haben spezifische neurale Elemente isoliert, welche bestimmten Wahrnehmungstypen dienen, und die Ethologie hat eindeutig die Existenz »instinktiver« Verhaltensweisen bei vielen verschiedenen Tierarten aufgezeigt. Diese Entdeckungen versöhnen nicht nur jene extremen Ansichten, sondern übersteigen sie schlechthin; was die Verhaltensforscher gefunden haben, ist durchaus nicht dasselbe wie McDougalls Instinkte; und die Gestalttheoretiker haben zwar einiges, aber nicht alles von dem vorweggenommen, was Hubel und Wiesel beschreiben.

Auf diesen Gebieten hat denn auch das Pendel aufgehört, jene wilden und übertriebenen Ausschläge zu machen, die so charakteristisch für die jüngste Vergangenheit waren. Was aber Intelligenz und Persönlichkeit anbelangt, so sind wir unglücklicherweise inmitten eines dieser »Schwünge«, und ein volles Verständnis des hier diskutierten Materials ist nicht möglich ohne einige Kenntnis der Entwicklungen, die zu der gegenwärtigen Lage geführt haben. Wir können zweckmäßigerweise mit der Situation zur Zeit des Ersten Weltkrieges und kurz danach beginnen; ein weiter zurückgehender geschichtlicher Überblick ist für unsere Belange nicht erforderlich. In jener Zeit gab es eine enge Verbindung zwischen der Soziologie und der Genetik bzw. dem, was damals dafür stand; es wurde weithin angenommen, daß Geisteskrankheit, Schwachsinn, Verbrechen und andere Abweichungen vom Normalen von Mißbildungen (oder Schädigungen) des Gehirns und des Zentralnervensystems herrührten und, da diese physiologische Ursachen hätten, weitgehend durch die Erbanlagen determiniert wären. Die Beweiskette, die zu diesen Annahmen führte, war äußerst dürftig, gemessen an modernen Standards, und man würde wohl nicht zu viel sagen, daß keines ihrer Glieder für heutige Wissenschaftler noch akzeptabel wäre. Daß sie damals so universell akzeptiert wurde, mag mit der vorherrschend rassistischen und nativistischen Grundhaltung der Amerikaner zusammenhängen, die auf diesen Gebieten die meiste Arbeit taten.

Die Errungenschaften Amerikas wurden allein dem Genius der angelsächsischen Rasse zugeschrieben, und Madison Grants Buch *The Passing of the Great Race* aus dem Jahre 1916 stellt so etwas wie die Apotheose jenes unreifen pronordischen, gegen Juden und Neger eingestellten Zeitgeistes dar; man sollte eigentlich diese Ungeheuerlichkeit gar nicht erwähnen, wäre sie nicht gerade überwiegend in den Kreisen gebilligt worden, die wir als akademisch und wissenschaftlich bezeichnen. Eine auf diesen primitiven Hereditarismus gründende »Eugenik« war selbst in Regierungskreisen weithin angenommen, und es wurden Gesetze zur Sterilisation von Kriminellen, Geisteskranken und Schwachsinnigen in Kraft gesetzt; darüber hinaus erließ der Kongreß Einwanderungsbestimmungen, welche das Einströmen von Gruppen, die als »rassisch minderwertig« *(racial inferior)* angesehen wurden, in die USA beschränkten. Die Art von Lehre, die auf diese Exzesse hinauslief, zeigt das Beispiel einer Rede von C. B. Davenport, dem einflußreichsten Humangenetiker Amerikas, welcher erklärte, daß soziale Reformpolitik wirkungslos und »der einzige Weg, die angeborenen Fähigkeiten zu sichern, ihre Züchtung« sei. Und McDougall gar verlangte die Abschaffung der Demokratie zugunsten eines Kastensystems auf der Grundlage biologischer Kapazität, mit legalen Beschränkungen der Fortpflanzung der niederen Kasten sowie der Mischehen zwischen Angehörigen verschiedener Kasten.

Nach und nach erzeugten die Exzesse der hereditaristischen Einstellung eine mächtige Opposition, die viel Unterstützung fand durch die heftigen Reaktionen der gesamten westlichen Welt auf den Rassismus und die Unmenschlichkeiten der Nazis. Man begann dogmatisch zu verkünden, daß eine Beweiskette, die mit dem Organismus anfing, unweigerlich in einer verbrecherischen Moral enden müßte. Außerdem tauchten politische Affinitäten auf: Pastore entdeckte 1949 bei vierundzwanzig Partizipanten an der Anlage-Umwelt-Kontroverse, daß von den Hereditaristen nur L. M. Terman, der durch seine Nachuntersuchung der Entwicklung »hochbegabter Kinder« (mit IQs über 140) in Kalifornien bekannt geworden war (und über die wir später noch mehr zu sagen haben), als ein Liberaler angesehen werden konnte, während unter den Environmentalisten der einzige Konservative J. B. Watson war, der Begründer des Behaviorismus. Gleichermaßen fand man, daß der Nachdruck auf Vererbung gewöhnlich damit verbunden ist, daß seine Verfechter auf einer der Prestige-Universitäten *(›ivy league‹ universities)* erzogen worden waren, während die Betonung der Umwelteinflüsse häufiger bei Studenten der Staatsuniversitäten *(state universities)* angetroffen wurde. Diese Ergebnisse sind oft zitiert worden, um die Ansicht zu stützen, daß die eine wie die andere Seite ihre wissenschaftlichen Überzeugungen auf Vorurteilen aufbauen, die von ihren politischen und sozialen Anschauungen erzeugt waren. Aber es ist auch die andere Erklärung möglich: Vielleicht haben die in Frage stehenden Autoren – oder zumindest einige von ihnen – ihre politischen Ansichten erst aufgrund bestimmter wissenschaftlicher Resultate angenommen? Es fällt schwer, zwischen diesen gegensätzlichen Antworten zu entscheiden; in jedem Fall aber sind es *argumenta ad hominem,* welche in der wissenschaftlichen Diskussion nicht benutzt werden sollten; denn was einzig zählt, sind die Fakten. Auf dieser Grundlage aber gibt es keinen Zweifel, daß die Hereditaristen in dem, was sie behaupten, weitgehend schief lagen. Und selbst in den wenigen Punkten, in denen sie recht hatten, geschah das mehr durch Zufall als auf der Basis von reiner, wissenschaftlich zulässiger Beweisführung.

Jedoch ist es eine unglückliche Tatsache in bezug auf wissenschaftliche Auseinandersetzungen, daß der Vertreter einer extremen Ansicht nicht gerade der integerste und zuverlässigste Kritiker des anderen Extrems ist; das Pendel hat die Tendenz, zu weit nach der Gegenseite auszuschlagen, und wir gelangen in eine Position, die allenfalls geringfügig besser ist als der Ausgangspunkt. Extremer Hereditarismus wurde durch extremen Environmentalismus ersetzt; vom Sozialen her mag dies durchaus akzeptabel sein, aber wissenschaftlich gesehen bedeutet es eine Abkehr von den experimentell begründeten Fakten. Soziologie, Kriminologie, Psychiatrie und Pädagogik sind so auf dem unsicheren Treibsand eines doktrinären Environmentalismus etabliert, welcher zwar gelegentlich einen Lippendienst gegenüber dem möglichen Einfluß genetischer Faktoren leisten mag, in der Praxis aber deren Mitwirkung vollständig, ja beinahe verächtlich übersieht. Experimente werden so angelegt, daß es geradezu unmöglich ist, den Einfluß der Vererbung herauszufinden; kausale Erklärungen von Funden aller Art werden ausschließlich in milieutheoretischen Begriffen gesucht, ohne auch nur die Möglichkeit in Erwägung zu ziehen, daß Vererbung dieselben Resultate produziert haben könnte: die genetischen Theorien werden ohne die geringste Kenntnis moderner Methoden und Resultate kritisiert. Sehr oft werden Forschungsergebnisse akzeptiert, weil sie in Übereinstimmung mit dem Geist der Zeit stehen, obwohl die verwendete experimentelle Methodik zweifelhaft ist, die Statistiken falsch sind und die Schlußfolgerungen in keiner Weise durch die Zeugnisse gestützt werden.

Fakten sind natürlich zuweilen recht unsichere Dinge; es ist nicht immer offensichtlich, was wirklich Fakten sind und was nur Artefakte. Mehrere Beispiele werden in diesem Buch dafür gegeben, daß angebliche Fakten sich bei näherer Betrachtung als Phantasiegebilde herausstellen. Es braucht oft eines sehr erfahrenen Auges, um in einer sonst vorzüglich ausgeführten Studie den Irrtum zu entdecken.

Man nehme zum Beispiel eine kürzlich in Amerika durchgeführte großangelegte Studie über die Beziehungen zwischen Unterleibskrebs und der – Zirkumzision. Die Hypothese lautete, daß Frauen von Beschnittenen mit größerer Wahrscheinlichkeit von dieser Krankheit verschont blieben, weil ihre Männer zwangsläufig eine größere Hygiene praktizierten. Es wurden viele tausend Frauen untersucht und dabei nach der Beschaffenheit des Penis ihrer Ehemänner befragt; Hunderte von Stunden investierte man am Computer, die Daten in lesbares statistisches Material umzusetzen. Als man aus den Resultaten schon weitreichende Schlüsse gezogen hatte, fragte ein Psychologe in aller Unschuld, ob viele dieser Frauen denn eigentlich genau wüßten, daß ihre Männer tatsächlich beschnitten waren oder nicht. Nachdem viel Spott über seinen Kopf gehäuft worden war, wurde schließlich doch eine besondere Untersuchung zur Beantwortung dieser neuen Frage abgehalten, die es dann an den Tag brachte: »Nein!« Eine ganze Reihe von Frauen hatten nur eine vage Vorstellung davon, was Zirkumzision überhaupt bedeutete – einige glaubten gar, es handelte sich um vollständige Amputation. Viele Frauen hatten nie ihren Ehemann nackt gesehen und deshalb auch keine Ahnung, welches Prädikat dem betreffenden Penis zukam. In der Tat standen die »Fakten« dieser Untersuchung auf einer sehr heiklen und unsicheren Basis. –

Moderne Humangenetiker werden sich ganz gewiß weigern, das Weltgeschehen als einen Wettkampf zwischen Anlage und Umwelt anzusehen. Um J. M. Thoday (1965) zu zitieren:

> »Jeder Charakter ist sowohl genetisch als auch vom Milieu her determiniert ... Der Genotyp enthält Potentialitäten eines Organismus. Die Umwelt bestimmt, welche oder wie viel von diesen Möglichkeiten während der Ontogenese verwirklicht werden. Die Doktrin ein für allemal festliegender Fähigkeiten ist Nonsens ... Wenn man die Frage nach den Erb- oder Umweltfaktoren stellt, welche die Intelligenz beeinflussen oder auch irgendeine andere Eigenschaft, so fragen wir nach den Ursachen der Verschiedenheit in einer Population und ... vorausgesetzt, daß nicht durch ein spezielles Zuchtprogramm die genetische Varietät innerhalb einer Population künstlich eliminiert ist, liegen die Ursachen für die Variation immer sowohl bei Vererbung als auch bei der Umwelt. Die Varianz kann also in drei Komponenten aufgeteilt werden: die genetische, die umweltbedingte und jene, die sich aus der Wechselwirkung von Anlage und Umwelt ergibt.«

Die Genetik ist seit den Tagen von Davenport einen weiten Weg gegangen, genauso wie die Psychologie. Wir wissen jetzt viel mehr als seinerzeit über Intelligenz wie auch über Persönlichkeit. Heute ist eine Neueinschätzung jener verhärteten Positionen der Hereditaristen der zwanziger Jahre und der Environmentalisten der fünfziger und sechziger Jahre möglich; keine taucht mit großer Auszeichnung auf. Die einzig haltbare Ansicht heute (und eigentlich schon seit vielen Jahren) ist eine des Interaktionismus *(interactionism)*, d. h. jene Ansicht, die für die individuellen Unterschiede von Intelligenz und Persönlichkeit sowohl nach Ursachen der Vererbung wie auch der Umwelt Ausschau hält und die außerdem die Interaktion, die Wechselwirkung zwischen diesen beiden Variablen in Rechnung stellt. – Wir wollen dieses Kapitel damit beenden, indem wir auf die Bedeutung der Individualität des Menschen sowie seiner differierenden Bedürfnisse hinweisen. Vielleicht kann diese Diversität am besten an einem Beispiel illustriert werden.

Es ist sehr wohl bekannt, daß Männer und Frauen im Hinblick auf viele sexuelle Fragen abweichende Haltungen einnehmen; außerdem bestehen innerhalb eines gegebenen Geschlechts noch enorme Unterschiede zwischen den »femininsten« und den »maskulinsten« Individuen – wobei diese Begriffe rein deskriptiv in bezug auf die eingenommenen Grundhaltungen zu verstehen sind und nicht als synonym mit weiblicher und männlicher Homosexualität. Tab. 1 gibt eine Liste von Fragen, die etwa vierhundert Männern und einer gleichen Anzahl von Frauen vorgelegt wurden; bei jeder dieser Fragen gab es große Unterschiede im Verhältnis der Ja- und Nein-Antworten beider Geschlechter. Diagr. 1 zeigt die Verteilung der von den Teilnehmern unserer Probe erzielten Werte, wenn jede Antwort in der »maskulinen« Richtung mit einem Punkt versehen wurde und in der »femininen« Richtung mit keinem Punkt. Es dürfte klar sein, wie schwierig es sein würde, all diese verschiedenen Stellungnahmen innerhalb einer staatlich verfügten Moral einander anzupassen und welche Einschränkungen und emotionalen Störungen für das Individuum eine solche aufgezwungene Uniformität bedeutete. Ähnliche individuelle Unterschiede kann man aber in nahezu all jenen Bereichen des Gemeinschaftslebens finden, die allesamt die Privatsphäre konstituieren; je weniger der Staat sich in diese Aspekte des menschlichen Verhaltens einmischt, um so größer ist die tatsächliche Freiheit, die eine Person genießt (natürlich innerhalb der Grenzen, welche durch dieselben Freiheiten der anderen gegeben sind). Die Ungleichheit der Menschen erstreckt sich nicht nur auf seine sexuellen Voreingenommenheiten und Vorlieben, wie wir sie in Diagr. 1 sehen können, sondern auch auf seine Intelligenz oder seine Extravertiertheit: individuelle Unterschiede gibt es in jedem Bereich. Je mehr dieses Faktum durch die Regierungen akzeptiert wird, desto weniger wahrscheinlich ist es, daß sie Gesetze zur Gleichschaltung der Menschen erlassen.

Manche Leute glauben ernstlich, daß nur eine dieser zwei Grundeinstellungen »richtig« ist, die andere »falsch«; gewöhnlich bezieht sich das Argument darauf, was »natürlich« ist und was »unnatürlich«. Für den Mann müßten demnach Heirat und Einehe unnatürlich sein und alle Mittel und Wege, die sexuellen Impulse zu befriedigen, gleichermaßen natürlich. Die typisch weibliche Ansicht würde darauf hinauslaufen, daß »unpersönlicher Sex« und Perversionen unnatürlich sind und nur die Liebe zu einem Mann natürlich. Beide Stellungnahmen berufen sich auf die »Natur«, aber solche Appelle bringen uns nicht sehr weit. In der Tat sind Krabben und Tauben monogam, Ratten und Tintenfische aber nicht. Sind wir nun mehr den Krabben oder den Tintenfischen ähnlich? Man braucht die Frage nur auf-

a)	Sex ohne Liebe (»unpersönlicher Sex«) ist höchst unbefriedigend. [einverstanden/nichteinverstanden]	–
b)	Es muß alles genau stimmen, damit ich sexuell erregt werde.	–
c)	Manchmal kann ich meine sexuellen Gefühle schwer zügeln.	+
d)	Petting oder Koitus setzt bei mir nicht voraus, daß ich die Frau/den Mann achte oder liebe.	+
e)	Es braucht gewöhnlich nicht viel, um mich sexuell zu erregen. [wahr/falsch]	+
f)	Ich denke beinahe jeden Tag an Sex.	+
g)	Der Gedanke einer Sexorgie stößt mich ab.	–
h)	Ich mag gern Sexbilder anschauen.	+
i)	Eine Person nackt zu sehen interessiert mich nicht. [wahr/falsch]	–
j)	Meiner Meinung nach soll man sein Vergnügen holen, wo man es findet.	+
k)	Wenn ich die Gelegenheit hätte, anderen ungesehen beim Geschlechtsverkehr zuzuschauen, würde ich sie wahrnehmen.	+
l)	Pornographische Schriften sollten frei veröffentlicht werden können.	+
m)	Prostitution sollte legal erlaubt sein.	+
n)	Es sollte keine sexuelle Zensur von Schauspielen und Filmen geben. [einverstanden/nicht einverstanden]	+
o)	Lebenslängliche absolute Treue einem Partner gegenüber ist nahezu so unklug wie das Zölibat.	+
p)	Es würde mir Spaß machen, meinen gewohnten Sexpartner mit jemand anderem verkehren zu sehen.	+
q)	Sex ist aufregender mit einem/einer Fremden.	+
r)	Für mich sind wenige Dinge wichtiger als Sex.	+
s)	Gruppensex zieht mich an.	+
t)	Der Gedanke an eine unerlaubte Beziehung erregt mich	+
u)	Die Vorstellung von »Frauentausch« ist äußerst geschmacklos für mich.	–
v)	Ich bin von Sex unabhängig.	–
w)	Einige Formen der körperlichen Liebe stoßen mich ab.	–
x)	Wenn man Sie zu einem »verbotenen« Film einladen würde, würden Sie akzeptieren oder nicht?	+
y)	Wenn man Ihnen ein äußerst pornographisches Buch anbieten würde, würden Sie es annehmen oder nicht?	+
z)	Wenn man Sie einladen würde, an einer Orgie teilzunehmen, würden Sie mitmachen oder nicht?	+

Tab. 1 *Auswahl typischer Testfragen über Maskulinität/Femininität (M-F-Skala) in bezug auf die Einstellung zur Sexualität; die von den Männern häufiger gegebenen Antworten sind im positiven Fall mit »+«, im negativen mit »–« wiedergegeben.*

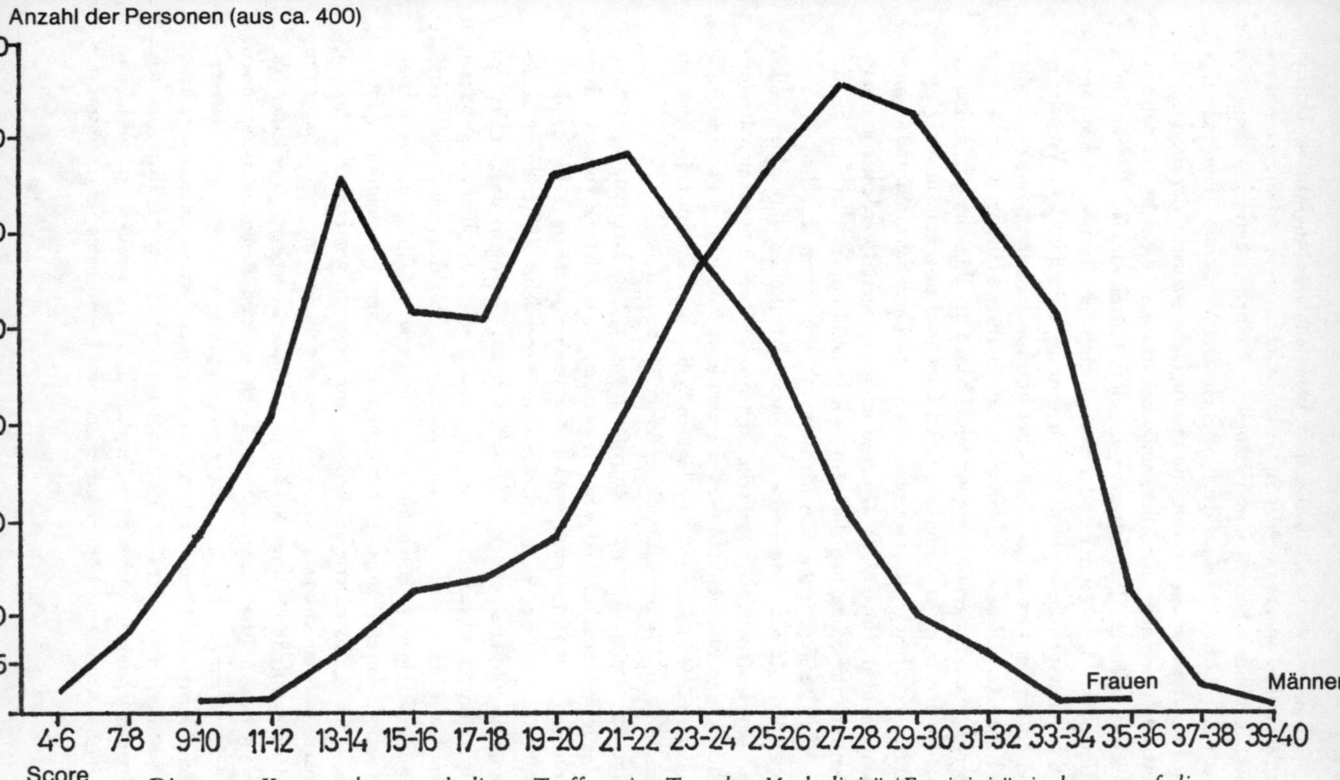

Diagr. 1 *Kurven der »maskulinen Treffer« im Test der Maskulinität/Femininität in bezug auf die Einstellung zur Sexualität von Frauen und Männern*

zuwerfen, um zu sehen, daß die ganze Auseinandersetzung darüber Unsinn ist. Wenn Paviane und Löwen in Gruppen leben, in denen ein männliches Tier über einen Harem von abhängigen Weibchen herrscht, kann man dies nicht für uns als natürlich hinstellen. Die Menschen haben sich über das Primatenstadium so weit und mannigfach hinausentwickelt, daß jede Beweisführung über »natürlich« und »unnatürlich«, die sich auf einen Vergleich mit niederen Tieren stützt, ganz einfach irrelevant ist. Was wir sagen können, ist, daß Männer und Frauen nicht »gleich« sind in dem Sinn, daß sie eine identische physische Ausstattung und identische Verhaltensweisen auf der Grundlage identischer hormonaler Sekretion hätten; aber sie haben das gleiche Recht darauf, daß die in ihren Haltungen implizierten Werturteile ernst genommen werden. Ebenso beruhen die großen individuellen Unterschiede innerhalb jeden Geschlechts, welche unser Diagr. 1 eindringlich belegt, überwiegend auf genetischen Faktoren und können nicht mit dem Hinweis auf »Unnatürlichkeit« abgetan werden. Was immer existiert, muß *eo ipso* natürlich sein – wie sonst könnte es überhaupt existieren? Die Verschiedenheit der Menschen wird in ihrem sexuellen und sonstigen Verhalten so offenbar wie in ihren Fähigkeiten, ihren kriminellen und psychiatrischen Absonderlichkeiten oder ihrer allgemeinen Persönlichkeit; und Normen und Gesetze, die dieses Faktum nicht in Rechnung stellen, müssen unweigerlich zu realen Widersprüchen führen, welche für unzählige Individuen namenloses Unglück bedeuten.

Eine Anerkennung dieser essentiellen menschlichen Diversität, und zwar aufgrund genetischer Faktoren, die zur Zeit noch außerhalb unserer Kontrolle liegen, würde uns aber nicht nur vor unsäglichem Leid bewahren, sondern unsere Energien auch von dem vergeblichen Unterfangen abziehen, das Verhalten anderer Menschen in das Gefängnis unserer eigenen Vorstellungen zu sperren. Es ist sehr schwierig, die Ansicht eines anderen geradewegs als so vernünftig, so einsichtig und so glückverheißend zu halten wie die eigene, wenn beide in Konflikt geraten. Gäbe es nur irgendwelche anerkannten Prämissen, von denen sich unsere Anschauungen mittels logischer Schlüsse herleiten ließen, dann könnten wir immerhin hoffen, unsere Kontrahenten von ihren grundsätzlichen Irrtümern zu überzeugen oder zum mindesten ihren Mangel an Logik aufzudecken. Aber leider gibt es auf den meisten dieser Gebiete keine solchen allgemein akzeptierten Voraussetzungen. Um auf unsere sexuellen Einstellungen zurückzukommen: sie beruhen nämlich teils auf angeborener Variation der Hormonausschüttung, teils auf der Konditionierung während unserer frühen Kindheit. Über irgendeinen dieser Ursachenkomplexe zu streiten ist vollständig nutzlos. Argumente können unser ererbtes hormonales Sekretionsmuster nicht ändern, noch werden sie das Ergebnis der individuellen Reinforcements wesentlich beeinflussen. Religiöse Leute glauben, daß ihre Konfession sie mit einem festen Fundament ausstatte, auf das allgemeine Prämissen konstruiert werden können; aber Anhänger von anderen Religionen oder Freidenker fühlen sich durch diese in keiner Weise gebunden. Die Evolutionstheorie lehrt uns, daß solche genetische Variation durchaus kein Überfluß, ja geradezu ein Segen ist, der gar nicht überschätzt werden kann; Adaption an wechselnde Verhältnisse wird allererst durch die Existenz all jener Gene möglich, die zu einer bestimmten Zeit entweder als nutzlos oder sogar als ein aktives Hindernis der Anpassung erscheinen. Aus diesem Grunde ist Toleranz gegenüber anderen Ansichten, anderen Lebensgewohnheiten und anderen Vorstellungen von Recht und Ordnung nicht nur ein wünschenswerter Aspekt demokratischen Lebens; sie ist von entscheidender Bedeutung dafür, daß wir die spezifisch menschliche Fähigkeit bewahren, in Anpassung an wechselnde Umstände unsere Verhaltensweisen zu ändern. Die Ungleichheit der Menschen braucht als Gegenmittel die Duldsamkeit gegenüber individuellen Unterschieden; sie erfordert außerdem – vom politischen Standpunkt aus – ein besseres Verständnis der Ursachen solcher Unterschiede. Wir lernen allmählich, die richtigen Fragen zu stellen; vielleicht werden wir in Zukunft auch mit den richtigen Antworten überkommen.

Es wird natürlich viele Widerlegungsversuche der in diesem Buch ausgeführten Standpunkte geben, und in der Regel – wenn die vergangene Geschichte ein guter Führer ist – von Leuten, die mit all den in Frage stehenden Fakten und Theorien nicht vertraut sind. Man könnte unsere Situation mit jenen Tagen vergleichen, als die Relativitätstheorie von den Bolschewisten verdammt wurde, weil sie bürgerlich, und von den Nationalsozialisten, weil sie jüdisch war. Einstein gab die klassische Antwort, nachdem in Deutschland ein Buch veröffentlicht worden war, in dem hundert Nazi-Professoren seine Theorie verurteilten: »Wäre ich im Unrecht«, sagte er, »so hätte ein Professor vollkommen genügt.«

Kapitel II
Was messen Intelligenztests eigentlich?

Die Ansicht, daß IQ-Tests tatsächlich die Intelligenz messen, wie ihr Name sagt, war früher nahezu allgemein verbreitet, und die weite Verwendung der Tests in Schulen, in der Industrie und beim Militär einer ganzen Reihe von Ländern machte sie zu unschätzbaren Instrumenten für viele soziale Zwecke. In den letzten Jahren jedoch erhoben sich zahlreiche kritische Einwände, und das Bild wurde ziemlich verschwommen. Kritiker haben darauf hingewiesen, daß schon der Begriff der »Intelligenz« fehlerhaft ist und daß wir statt dessen von vielen verschiedenen intellektuellen Fähigkeiten sprechen sollten; ihrer Meinung nach wäre – wenn »Intelligenz das ist, was Intelligenztests messen« – die in Frage stehende Fähigkeit so unnütz wie Verwegenheit bei der Lösung von Kreuzworträtseln. Andere Kritiker haben die scheinbare Willkür des Testaufbaus und der Bewertungsmaßstäbe beklagt; sie behaupten, daß diese Tests von weißen Mittelstands-Psychologen für weiße Mittelstands-Kinder konstruiert worden seien – und das impliziere, daß die Tests unfair sowohl gegenüber farbigen wie auch Arbeiterklassen-Kindern sind, ja überhaupt gegenüber allen »deprivierten« Gruppen. Rasse und soziale Schicht werden oft als Faktoren angeführt, welche die Messung von »angeborenen Fähigkeiten« unmöglich machen und die Umwelteinflüsse zumindest in unserem Gesellschaftssystem so vorherrschend werden lassen.

Viele Kritiker, auch unter den Psychologen, haben sich über die Schwierigkeiten der Experten bei der Vereinbarung einer Definition von »Intelligenz« lustig gemacht. In der Tat gibt es eine Vielzahl solcher Definitionen, angefangen von »der Fähigkeit, aus Erfahrung zu profitieren« bis zur »Geschwindigkeit intellektuellen Funktionierens« oder von der »Fähigkeit zu denken« bis zur »Lernkapazität«, aber keine ist allgemein akzeptiert worden. Ein paar kenntnisreiche Kritiker haben darauf hingewiesen, daß selbst die mathematischen Werkzeuge, die bei der psychologischen Arbeit auf diesem Gebiet häufig zur Lösung theoretischer Streitfragen verwendet werden (wie etwa die Faktorenanalyse), gerade darin versagt und so Anlaß zu Disputationen über sie selbst gegeben hätten. Paradigmatisch sind die Querelen zwischen den Nachfolgern Spearmans, die einen einzigen, generellen Intelligenzfaktor begünstigen, das heißt eine in allen geistigen Aufgaben angewandte Fähigkeit, und den Anhängern Thurstones, die eine Anzahl von Primärfähigkeiten wie verbaler, numerischer oder räumlicher

Fähigkeiten bevorzugen, welche jeweils in speziellen geistigen Aufgaben benutzt werden. Ohne Zweifel haben diese und viele andere Kritiken – wie z. B.: Kinder können im Hinblick auf IQ-Tests trainiert werden; verschiedene Tests geben keine identischen Werte für dieselben Kinder; einige Tests sind auf Schnelligkeit abgestellt, andere nicht – ein Klima geschaffen, in dem die großen Beiträge der Intelligenzmessung zur psychologischen Theorie und sozialen Praxis übersehen und Intoleranz gegen »geistige Messungen« aller Art genährt wird. Die wirkliche Position ist komplex, und sie erfordert eine detaillierte Diskussion.
IQ-Tests wurden entworfen, um die Intelligenz zu messen; dennoch ist es nicht unvernünftig zu fragen, ob sie es tatsächlich tun. Die meisten Leute erwarten darauf eine klare Antwort; sie denken wahrscheinlich, daß es leicht sein müßte, die IQ-Werte mit einem besonderen Kriterium zu korrelieren. Wenn diese Korrelation*, die von einer echten Stichprobe einer gegebenen Bevölkerung hergeleitet wird, hoch und positiv ist, dann würden sie jene Behauptung wohl bereitwillig akzeptieren. Es ist dies eine der Methoden, mit denen die Validität, die Gültigkeit** eines von Psychologen anerkannten Tests geprüft wird: die sogenannte »prädiktive« Methode (die Prognose) gründet auf der Vorstellung, daß es ein allgemein angenommenes Kriterium für das zu Messende gibt, was immer es auch sei, und daß die Validität des Tests davon abhängt, wieweit er uns in die Lage versetzt, den Meßwert einer Person in bezug auf dieses Kriterium vorherzusagen.

Unglücklicherweise besteht keine Einmütigkeit über ein derartiges Kriterium für die Intelligenz – hätten wir es, würden wir wahrscheinlich überhaupt keine IQ-Tests benötigen! Es ist natürlich eine Anzahl von Kriterien vorgeschlagen worden, aber sie sind alle nur partiell und unbefriedigend. Die Einschätzungen der Lehrer über die Intelligenz ihrer Schüler sind zweifellos wertvoll, aber sie sind alles andere als vollkommen; im übrigen sind sich oft verschiedene Lehrer über ein besonderes Kind durchaus nicht

* Korrelation ist der Grad, in dem statistische Variablen gemeinsam variieren; sie wird durch den Korrelationskoeffizienten gemessen, welcher Werte von 0 (keine Korrelation) zu -1 oder zu +1 (vollkommen negative oder positive Korrelation) annehmen kann.

** Der Ausdruck »Validität« (Gültigkeit) klingt ein wenig technisch; er bedeutet ganz einfach, daß der Test mißt, was er messen soll. Der verwandte Begriff »Reliabilität« (Verläßlichkeit oder Zuverlässigkeit) meint hingegen, daß der Test dasselbe Merkmal bei verschiedenen Gelegenheiten (unter sonst gleichen Bedingungen) mißt. Um brauchbar zu sein, muß ein Test sowohl hohe Reliabilität wie auch hohe Validität haben; allerdings könnte letztere schwerlich hoch sein, wenn erstere niedrig wäre.

einig. Auch der Schulerfolg ist in Erwägung gezogen worden, aber selbst extrem intelligente Leute (wie ihre späteren Karrieren es ausweisen) haben sich oft in der Schule schwergetan – Winston Churchill und Charles Darwin sind nur zwei ins Auge springende Beispiele. Man hat auch die Fähigkeit, Geld zu verdienen, als Kriterium in Erwägung gezogen, aber nur wenige Leute würden diesen Vorschlag heutzutage im Ernst verfolgen. Als weiteres Kriterium könnte lebenslanger Erfolg angenommen werden, aber Faktoren wie Glück, Krankheit oder auch nur der sprichwörtliche silberne Löffel im Mund des Neugeborenen machen ein derartiges Merkmal viel weniger brauchbar, als man es sich wünschen möchte. Obwohl wir nun erwarten würden, daß die Intelligenz mit all diesen »Kriterien« ziemlich hoch korreliere, stellt in Wahrheit doch keines von ihnen ein wissenschaftlich akzeptables Kriterium dar: so müssen wir tatsächlich auf die »prädiktive Validität« als unsere Hauptstütze bei dem Beweis, daß IQ-Tests wirklich die Intelligenz messen, verzichten.

Eine zweite Gültigkeitsprüfung, die »konkurrente Validität« (die Paralleltestmethode) muß ebenfalls ausgeschaltet werden. Diese besteht einfach in dem Nachweis, daß die vorgeschlagene Messung mit einem anderen Maßstab korreliert, dessen Gültigkeit bereits nachgewiesen worden ist. Viele IQ-Tests erklärte man auf solche Weise für »gültig«, nachdem sie einfach mit dem ursprünglichen Binet-Simon-Test aus dem Anfang dieses Jahrhunderts, dem allerersten Intelligenztest überhaupt, korreliert worden waren. Aber selbstredend sagt uns dies nichts über die Validität des originalen Binet-Simon-Tests; wenn wir Grund haben, an seinem vereinbarten Kriterium zu zweifeln, dann verliert die Tatsache, daß unser eigener Test gut mit ihm korreliert, jeglichen Beweiswert.

Wir könnten uns natürlich nach der Decke strecken und den Anspruch aufgeben, daß unsere Tests irgendeine abstrakte Entität messen, genannt »Intelligenz«, und einfach sagen, daß wir so etwas wie »schulische Fähigkeit« testen. Wenn wir das täten, dann würden Korrelationen zwischen unseren Tests und Schulleistungen eine prädiktive Validität konstituieren und darüber hinaus die Tatsache, daß ein gegebener Test mit einem anderen korreliert, dessen prognostische Gültigkeit bereits sichergestellt werden konnte, auch eine konkurrente Validität begründen. Es gibt keinen Zweifel, daß IQ-Tests schulische Leistungen mit beträchtlicher Genauigkeit voraussagen, und das nicht nur in der Schule selbst, sondern auch im Hinblick auf Hochschule und Universität. Diese Korrelationen zeigen gewisse interessante Merkmale: Schüler mit niedrigen IQ-Werten erreichen kaum jemals etwas, aber während Schüler mit hoher Intelligenz in der Regel gut abschneiden, versagen doch überraschend viele von ihnen. Lernfähigkeit ist nicht genug; gewiß brauchen Schüler auch Motivation, Ausdauer und andere Persönlichkeitsattribute, zudem noch gewisse günstige äußere Bedingungen wie z. B. familiäre Unterstützung. Die Korrelation zwischen der Begabung und der tatsächlichen Leistung ist in der Schule viel höher als auf der Universität; dies ist beinahe mit Sicherheit dem Umstand zu verdanken, daß die Begabungsspanne geringer wird, je weiter man die pädagogische Leiter aufwärts klettert – bis zur Universität haben nur die fähigsten überlebt, und es ist viel schwieriger, in dieser Elite noch Unterschiede festzustellen. Wir wollen das hier nicht ausdiskutieren, da es nach unserer Ansicht wissenschaftlich berechtigt ist zu behaupten, daß IQ-Tests »Intelligenz« messen, und daher jene andere mögliche Methode, das Problem zu lösen, nicht notwendig erscheint.

Eine dritte Methode der Prüfung eines Tests auf seine Gültigkeit ist die »inhaltliche« Validität. Diese ist eingerichtet durch den Nachweis, daß die Testaufgaben ein Sample einer Gesamtheit von Fragen darstellen, an denen der Untersucher interessiert ist. Auch hier macht die Schwierigkeit, die Intelligenz zu definieren, den Gebrauch dieser Methode problematisch; wenn wir nicht die Gesamtmenge der Testitems bestimmen können, läßt sich auch nicht demonstrieren, daß unser Test aus einer angemessenen Stichprobe von Items dieses hypothetischen Universums besteht. Allerdings gibt es einen Ausweg aus dieser Schwierigkeit. Britische Bildungsbehörden haben die bei der Schülerauslese verwendeten IQ-Tests in »Verbale Denktests« *(tests of verbal reasoning)* umbenannt, und es ist wahrscheinlich leichter, an ein Universum von Items zu denken, das allgemein anerkannt ist, als dem Anspruch dieser Bezeichnung Genüge zu tun. Wie auch immer, eine Umbenennung dieser Art erscheint als eine Hintertür, auch wenn viele Leute diese Methode angenommen haben. Jedenfalls ist ihr möglicher Beitrag zur Lösung unseres Problems wohl nur rein semantisch und daher von keinem großen wissenschaftlichen Interesse.

Zwei weitere Alternativen bleiben noch übrig. Eine von ihnen brauchen wir nur kurz zu streifen, obwohl sie von behavioristischen Psychologen weitgehend bevorzugt wird. Es ist die Methode der operationalen Definition, ein Ausdruck, der von dem Physiker W. P. Bridgman 1938 in die Wissenschaftstheorie eingeführt wurde. In seinem Buch *The Logic of Modern Physics* unternahm er eine sorgfältige Untersuchung der Verwendung verschiedener Begriffe in modernen physikalischen Theorien, besonders jener, die theoretische Konzepte repräsentierten. Das Heilmittel, das er gegen die zahllosen von ihm ausgemachten Mißbräuche empfahl, war die peinlich genaue Kenntnis der durch den Experimentator im Verlauf seiner Beobachtungen und Messungen durchgeführten Operationen. Eine theoretische Variable zu definieren heißt, die zum Zwecke ihrer Messung ausgeführte experimentelle Handlung zu spezifizieren. Unglücklicherweise, wie C. L. Hull (1943) hervorhob,

> »... hat sein Nachdruck auf die Operationen, welche doch die Mittel sind, durch die die in Frage stehenden Beobachtungen und Messungen möglich werden, viele Psychologen dazu geführt, die Mittel fälschlicherweise für die Zwecke zu halten. Der Punkt..., der betont werden muß, ist nämlich folgender: während Beobachtungen im Zusammenhang der Tätigkeiten betrachtet werden müssen, welche sie möglich machen, ist der zentrale Faktor in der Situation, *was beobachtet wird*... Eine Betonung des Handelns, welche die zentrale Bedeutung der abhängigen Beobachtungen ignoriert, verfehlt vollständig den Wert dessen, was allmählich als Operationismus bekannt wird.«

Es würde gut mit dem Buchstaben des Operationismus übereinstimmen, Intelligenz als das zu definieren, »was Intelligenztests messen«, und diese Definition wird manchmal auch von Psychologen gegeben, die der ewigen Argumentation müde sind; nichtsdestoweniger wäre es gegen den Geist von Bridgmans These. Wir müßten immer noch sorgfältig das untersuchen, *was beobachtet wird*, das heißt die Natur der in Intelligenztests enthaltenen Probleme; die von den Personen bei ihren Versuchen, diese Probleme zu lösen, übernommenen Methoden und die Bedeutung der beobachteten Meßwerte im weiteren Zusammenhang der Prognose. Operationismus ist eine gute Doktrin, aber er reicht für ein richtiges Verständnis nicht aus. Dies läßt nur noch eine Methode der Gültigkeitsprüfung unserer Tests und Begriffe übrig, nämlich die sogenannte »Konstruktvalidation« von L. Cronbach und P. E. Meehl (1955): »Konstruktvalidität muß immer dann ermittelt werden, wenn weder ein Kriterium noch Universum von Inhalten als vollkommen adäquat akzeptiert ist, um die zu messende Qualität zu definieren.« Die anzuwendende Methode besteht im wesentlichen darin, mit einem bestimmten Begriff (wie »Intelligenz« oder »Temperatur«) zu beginnen, für den kein echtes Kriterium existiert; die Natur dieses Begriffes wird verschiedene Voraussagen machen lassen, die getestet werden können und die dazu dienen, den Begriff in seiner ursprünglichen Form für gültig (oder ungültig) zu erklären. Wenn – was höchstwahrscheinlich eintreten wird – einige, aber nicht alle der Prognosen sich herausstellen wie erwartet, muß das Ausgangskonzept geändert und eine neue Testrunde ausgeführt werden, um die Validität des zweiten Begriffs (»$Intelligenz_2$« oder »$Temperatur_2$«) festzustellen; und das geht so weiter, bis wir bei einem Begriff enden, der vorläufig als adäquat angesehen wird (»$Intelligenz_n$« oder »$Temperatur_n$«).

Selbst ein sehr erfolgreicher Begriff kann zu irgendeiner Zeit aufgegeben werden müssen (wie z. B. die Gravitation), weil einige Fakten sich als absolut unvereinbar mit Grundelementen des Begriffs herausgestellt haben und weil ein neuer, adäquaterer Begriff (z. B. das Raum-Zeit-Kontinuum und die Feldtheorie) gefunden worden ist. Zu jeder beliebigen Zeit spezifiziert die einen Begriff einschließende Theorie eine unendliche Zahl von möglichen Experimenten, die ausgeführt werden könnten, um die Angemessenheit des Begriffs zu testen; nur eine sehr begrenzte Zahl von diesen kann empirisch geprüft werden. So läßt sich niemals beweisen, daß eine Theorie richtig ist; wir können höchstens feststellen, daß sie falsch ist. Aber selbst dies ist nicht leicht: Die Geschichte der Wissenschaft zeigt, daß jede weitreichende Theorie in allen Stadien ihrer Existenz von Anomalien umgeben war, ohne daß die auf dem betreffenden Gebiet Arbeitenden dazu gebracht wurden, die Theorie abzuschreiben. Die Vorstellungen vom »Beweis« oder der »einfachen Widerlegung« als der Basis für wissenschaftlichen Fortschritt sind aufgegeben worden, wie Thomas Kuhn und Karl Popper klargestellt haben (in *Criticism and the Growth of Knowledge*, hg. von Lakatos und Musgrave, 1970). Nichtsdestoweniger hat sich diese hypothetisch-deduktive Näherungsweise in den »exakten« Wissenschaften als nützlich erwiesen, und es scheint kein Grund vorzuliegen, warum sie nicht in der Psychologie genauso nützlich sein sollte.

Wie Cronbach und Meehl darlegen, »bedeutet ›erklären, was etwas ist‹ im wissenschaftlichen Sinne, die Gesetzmäßigkeiten aufzuzeigen, denen zufolge es sich ereignet«. Diese Gesetze können deterministische oder statistische sein, und mindestens einige von ihnen müssen beobachtbare Phänomene enthalten. Ein schönes Beispiel dafür, was in der Wissenschaft geschieht, ist die Entwicklung des Konstrukts »Temperatur«. Um zu beginnen: unsere unmittelbare Erfahrung von »heiß« und »kalt« und »lauwarm« ist sehr subjektiv; sie liefert – wegen ihrer offensichtlichen Unzuverlässigkeit – kein echtes Kriterium für wissenschaftliche Messung. Wenn wir erst die rechte Hand in ein Gefäß mit heißem und die linke in eines mit kaltem Wasser halten und dann beide Hände in Wasser einer mittleren Temperatur, so fühlt sich dasselbe Naß rechts kalt, links aber heiß an. In einem Zimmer, in dem ein Engländer fast vor Hitze umkommt, wird ein Amerikaner u. U. erfrieren; usf. Dennoch würden wir jeder Temperaturmessung mißtrauen, die völlig im Widerspruch zur subjektiven Erfahrung stünde, geradeso wie wir jeder »Intelligenzmessung« mißtrauen, die nicht im geringsten mit der Beurteilung der Lehrer oder mit den Ergebnissen der Schulprüfung übereinstimmte.

Als nächstes finden wir, daß die Ausdehnung einer Luftsäule, welche den

Wasserstand in einem Glasbehälter hebt oder senkt, ganz gut subjektiven Schätzungen entspricht; damit sind wir im Besitz eines Thermoskops, allerdings eines, das noch viele Unzulänglichkeiten aufweist. Wir haben keine Mittel, es zu eichen, und schlimmer noch, wir haben versäumt, es oben zu schließen, so daß die Temperaturmessung durch den barometrischen Druck beeinflußt wird. R. Fludd, Santorio und ihre Nachfolger im 17. Jh. stellten bereits einige Skalen auf, aber jener Mangel wurde erst offenbar durch Blaise Pascals berühmten Bericht seiner sorgfältig ausgeführten barometrischen Experimente auf dem *Puy de Dôme*. Wie Pascal sagte, »... ergeben sich viele Konsequenzen wie ... der Mangel an sicherer Anzeige der tatsächlichen Wärmegrade durch das Thermometer (entgegen allgemeiner Auffassung). Sein Wasser steigt manchmal, wenn die Temperatur sich erhöht, und manchmal fällt es, wenn sie abnimmt, obwohl das Thermometer am selben Platz geblieben ist.«
Als erst einmal das Thermometer verschlossen war und nachdem man die Unvollkommenheiten der Luft-Wasser-Methode erkannt hatte, begann die Suche nach einer rationalen Methode, Instrumente zu eichen, wobei eine Skala konstruiert werden mußte, die einen replizierbaren Tiefst- und Höchstpunkt hat. Die lange und oftmals amüsante Geschichte dieser Suche ist schön beschrieben in W. E. K. Middletons *A History of the Thermometer*. So nahm man z. B. früher an, daß alle Höhlen die gleiche Temperatur hätten, so daß Tausende von Thermometern in alle Arten unterirdischer Hohlräume verbracht wurden, um dort geeicht zu werden. Trotz der Tatsache, daß sich viele berühmte Physiker an dieser Arbeit beteiligten, war der Fortschritt nur gering, und die Temperaturmessung blieb für lange Zeit ziemlich willkürlich. Selbst heute noch hat das gewöhnliche Thermometer viele Nachteile: es ist nicht sehr genau; es mißt nur einen winzigen Ausschnitt der gesamten Temperaturskala (von ein wenig unter dem Gefrierpunkt bis etwas über dem Siedepunkt), so daß andere Wege beschritten werden müssen, um näher an den absoluten Nullpunkt heran- oder über den Schmelzpunkt der Metalle hinauszukommen; zudem verändert es sich mit der Zeit.
Diese Bemerkungen über die Temperaturmessung sollen keineswegs von der ernsthaften Erforschung der Frage, ob Intelligenztests die Intelligenz messen, ablenken. Kritiker der Intelligenzmessung verurteilen oft vorschnell Praktiken und Argumente, die als Spiegelbild von Praktiken und Argumenten aus der Geschichte der Temperaturmessung erscheinen. Wenn sie in einem Fall akzeptiert werden können (und die Wissenschaft hat keine Beanstandungen des Weges, auf dem wir lernten, die Temperatur zu messen), warum dann nicht auch in dem anderen Fall? Zum Beispiel

klagen Psychologen oft darüber, daß es kein wirkliches Verständnis der Intelligenz gibt, auf das ihre Messung gegründet werden könnte; aber genau dasselbe galt von der Temperatur – erst im letzten Jahrhundert begannen unsere Vorstellungen von Thermodynamik sich in den Zusammenhang einer annähernd richtigen Theorie zu fügen, und selbst heute noch gibt es bedauerliche Lücken zwischen der Thermodynamik und den kinetischen Theorien der Wärme und Temperatur. In der Tat könnte man sagen, daß die Erfindung des Thermometers die Fortschritte ermöglichte, die schließlich zu unserem gegenwärtigen Verständnis (so unvollkommen es auch sein mag) der Phänomene der Thermodynamik führte; in den Messungen haben wir eine (primitive) Methode der quantitativen Einschätzung, und deren Resultate liefern uns jene Fakten, die der Verbesserung unserer (primitiven) Theorien dienen; umgekehrt setzen uns diese verbesserten Theorien in die Lage, auch die Messungen zu verbessern. Es ist nicht vernünftig, die in irgendeiner Zeit angewandten Meßmethoden zu verurteilen, nur weil sie nicht perfekt sind. Perfektion, selbst wenn sie möglich wäre, kann nicht in einem frühen Stadium der Entwicklung einer Wissenschaft erreicht werden. Unsere Methoden der Intelligenzmessung mögen primitiv sein und mit den Methoden der Temperaturmessung korrespondieren, die im frühen 18. Jh. geläufig waren; dies bedeutet nicht, daß sie nicht wissenschaftlich wären oder daß sie nicht verbessert und vervollkommnet werden könnten. Die vorzeitige Auferlegung von unangemessenen Kriterien der Perfektion würde die Entwicklung einer jeden wissenschaftlichen Disziplin hindern.

Gehen wir zurück auf die Suche nach einer echten Definition der Intelligenz, an der wir unsere Tests prüfen können. Für den Mann auf der Straße scheint das Problem sehr einfach zu sein. Er begeht den schweren Irrtum der Verdinglichung; er denkt von der Intelligenz als etwas Äußerem, das direkt mit den Ergebnissen unserer IQ-Messungen verglichen werden kann. Aber natürlich gibt es nichts dergleichen; Intelligenz ist lediglich ein Begriff, dem gegenüber die Frage nach seiner wirklichen Existenz oder Nichtexistenz oder nach der Angemessenheit bestimmter Tests sinnlos ist. Ein Begriff ist mehr oder weniger nützlich; aber er hat keine physische Existenz. Wir können über den Grad der Brauchbarkeit eines Begriffes geteilter Meinung sein, oder auch darüber, ob die bekannten Fakten besser unter einen anderen Begriff subsumiert werden sollten. Wir können nicht sinnvollerweise darüber streiten, ob die Intelligenz existiert, sowenig wie sich darüber argumentieren läßt, ob die Gravitation existiert. Gewisse existente Phänomene veranlassen uns, Begriffe wie den der Intelligenz oder der Gravitation zu schaffen: einige Leute lösen intellektuelle Probleme;

einige Objekte fallen nach unten. Diese Fakten beruhen auf direkter Beobachtung oder Experimenten; sie statten uns mit der Basis für die Begriffsbildung aus. Aber die Begriffe sind unsere eigenen Erfindungen, und sie müssen beurteilt werden gemäß Kriterien, die mit »Existenz« oder »Nichtexistenz« gar nichts zu tun haben.

Welchen Ursprungs aber ist der Begriff der Intelligenz? Es scheint, daß eine kurze historische Rekapitulation uns helfen kann, seine Natur besser zu verstehen. Solch eine Rückschau kann auch dazu dienen, einigen häufig gehörten Kritiken entgegenzutreten, nach denen Psychologen heimlich und schamlos den Begriff der »Intelligenz« von der Umgangssprache entwendet, ihn mit ihrer eigenen esoterischen Bedeutung ausgestattet und dann versucht haben, ihn sozusagen unter falscher Flagge segeln zu lassen. In Wirklichkeit ist es umgekehrt. Platon hat bereits intellektuell-kognitive Aktivitäten *(noesis)* den emotional-konativen *(poiēsis)* gegenübergestellt, und Aristoteles kontrastierte die aktuelle oder konkrete Aktivität *(enérgeia)* mit einer hypothetischen Fähigkeit, von der jene abhänge, und schuf damit die Vorstellung von einer »Potenz« *(dynamis)*. Cicero übersetzte die originalen griechischen Begriffe ins Lateinische und prägte dabei auch das Wort *intelligentia*. In neuerer Zeit wurde der Begriff »Intelligenz« in diesem Sinn wiederbelebt durch Herbert Spencer in seinen 1870 veröffentlichten *Principles of Psychology*. Er definierte sie als eine Fähigkeit, die einen in die Lage versetzt, sich selbst mit größerem Effekt an eine komplexe und stets wechselnde Umwelt anzupassen. (Der traditionelle und damals weitverbreitete Gebrauch des Wortes »Intelligenz« war gleichbedeutend mit »Information« oder »Wissen«.) Sir Francis Galton (1822–1911) stellte den Begriff auf eine mehr empirische Basis, und dies vor allem durch seine Studien über berühmte Männer und ihre Ahnenschaft, durch seine Verfechtung mentaler Tests und durch seine Entdekkung der Zwillingsmethode für die genetische Analyse; zudem war er an der Entwicklung der Korrelationsstatistik beteiligt. Nach dem ersten, griechischen Stadium, das die Loslösung der kognitiven von der non-kognitiven Seite der menschlichen Natur brachte, bestimmte dieses zweite Stadium das Hypothetische in der intellektuellen Komponente näher und begann mit der Suche nach Wegen ihres empirischen Studiums.

Das dritte Stadium sah die Arbeiten solcher Männer wie Alfred Binet in Frankreich und Charles Spearman und Cyril Burt in England. Sie arbeiteten in den ersten Jahren dieses Jahrhunderts, schufen echte Testpläne, stellten auch schon quantitative Theorien auf und schlugen Mittel und Wege vor, um diese zu prüfen. Der Intelligenzbegriff, der aus all dieser Arbeit erwuchs, wurde sehr schön von Burts berühmter Definition der Intelligenz als einer *angeborenen, allgemeinen, kognitiven Fähigkeit* eingefangen. Viel Mühe ist auf detaillierte Messungen dieser drei Eigenschaften des hypothetischen Begriffs verwandt worden; Kritiker versäumen oft, diese Studien in Rechnung zu stellen, wenn sie bereits den Begriff der Intelligenz verurteilen. Die Erblichkeit der Intelligenz werden wir im nächsten Kapitel diskutieren: in diesem Kapitel wollen wir auf ihre Allgemeinheit zu sprechen kommen. Es sind dies die zwei Punkte, welche die stürmischen Kontroversen erzeugte; der dritte Punkt gab keinen Anlaß zu viel Diskussionen, wenn auch nur deshalb, weil die meisten der auf diesem Gebiet Tätigen über den Typus eines als »kognitiv« oder »intellektuell« anzusprechenden Problems sich weitgehend einig sind. Spearman (1927) versuchte, in seinen »noogenetischen Gesetzen«* das Wesen dieser »kognitiven Fähigkeit« darzulegen, und diese Gesetze sind es wert, wiederholt zu werden, da es viele Zeugnisse dafür gibt, daß sie gültige Prinzipien der Testkonstruktion enthalten.

Das erste, sog. Gesetz des Begreifens *(apprehension)* lautet, daß eine Person mehr oder weniger genau sowohl die äußere Realität als auch innere Bewußtseinszustände zu erfassen vermag; in modernerer Sprache würde dies heißen, daß jemand die Fähigkeit besitzt, Informationen zu verschlüsseln und zu übermitteln. – Das zweite Gesetz handelt von der Herausarbeitung von Beziehungen *(eduction of relations):* »Wenn eine Person zwei oder mehr Ideen (im Sinne des Inbegriffs aller Gegenstände geistigen Inhalts, wahrgenommener wie vorgestellter) gefaßt hat, so ist sie mehr oder weniger in der Lage, alle zwischen ihnen bestehenden wesentlichen Relationen aufzudecken.« Und das dritte Gesetz, das sich auf die Auffindung von Korrelaten *(eduction of correlates)* bezieht, besagt, daß »... eine Person, die für irgendeine Idee eine zugehörige Beziehung kennt, mehr oder weniger die Möglichkeit hat, die korrelative Idee zu entdecken«. Spearmans Definition der Intelligenz liegt in Form dieser drei Gesetze vor: eine Handlung wird als intelligent angesehen, wenn sie Apprehension und die Eduktion von Relationen sowie von Korrelaten einschließt, und darüber hinaus in dem Ausmaß, in dem sie dies tut. IQ-Aufgaben sind fast ausnahmslos in einer Weise konstruiert, die diese Fähigkeiten verlangt.

Um die Bedeutung dieser drei Gesetze zu exemplifizieren, wollen wir ein sehr einfaches, aber typisches IQ-Testitem betrachten:

Schön verhält sich zu häßlich wie stark zu ———?

Hierbei müssen wir zuerst die gegebenen Fundamente verstehen, das sind die betreffenden Worte und ihre Bedeutung. Als nächstes müssen wir die

* Noogenese ist die Schaffung neuer geistiger (mentaler) Inhalte.

Relation zwischen schön und häßlich herausfinden, nämlich die des »(polaren) Gegensatzes«, und schließlich müssen wir diese besondere Opposition auf den Begriff »stark« anwenden, um den korrelativen Ausdruck, nämlich »schwach«, zu finden. Testaufgaben können natürlich viel komplexer als diese sein, aber das Wesen der involvierten geistigen Prozesse, wie sie durch das gestellte Item definiert sind, bleibt identisch. Zum Vergleich betrachte man die im folgenden abgedruckten Testaufgaben, welche eine typische Auswahl darstellen. (Die Probleme Nr. 5 bis 10 sind meinem Buch *Intelligenztest*, Reinbek 1972 [rororo 6878] entnommen, wo auch die Lösungen kontrolliert werden können.)

(1) *Unterstreichen Sie die richtige Antwort:*
Hoch verhält sich zu niedrig wie groß zu: klein – breit – unten – schön

(2) *Unterstreichen Sie das Wort, das nicht zu den anderen paßt:*
Schaf – Trompete – Kuh – Löwe – Tiger

(3) *Schreiben Sie den nächsten Buchstaben hin:*
a d g j m –

(4) *Schreiben Sie die nächste Zahl hin:*
10 21 43 87 –

(5) *Setzen Sie die fehlenden Buchstaben ein:*
A F – J I
D C – G L

(6) *Setzen Sie das Wort ein, das in der Klammer fehlt:*
SCHICKSAL (LOS) LOTTERIESCHEIN
TANZ (....) KUGEL

(7) *Vervollständigen Sie das Wort in der Klammer:*
NA (VORHANG) RO
NU (H..Z..G) IE

(8) *Setzen Sie die fehlende Zahl ein:*

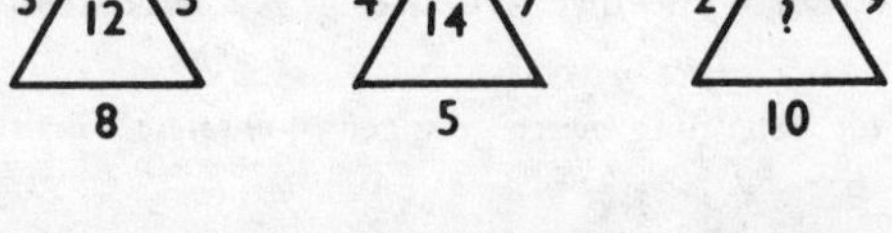

(9) *Suchen Sie unter den numerierten Figuren die richtige heraus:*

(10) *Suchen Sie unter den numerierten Figuren die richtige heraus:*

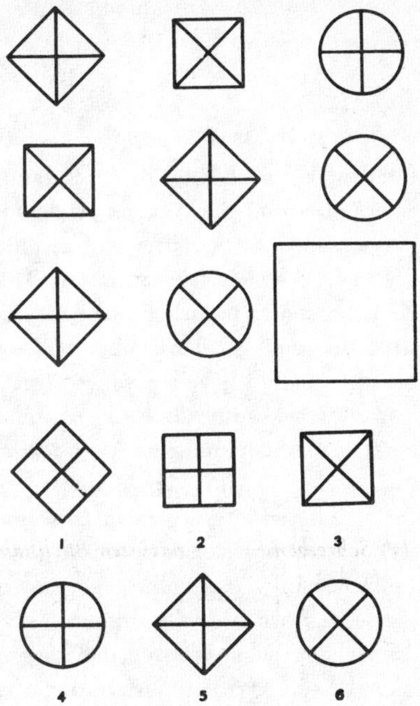

Man wird sehen, daß die gezeigten Aufgaben alle neben ihrem »Verstehen« die Eduktion von Beziehungen zwischen den enthaltenen Elementen erfordern und dazu noch die Ableitung von Korrelaten. Die »Fundamente« oder Elemente können alles mögliche sein – Zahlen, Buchstaben, Linien, Worte –, solange sie einfach genug sind, als daß sie keine Spezialkenntnisse voraussetzen. Spearman nennt diese simple Regel »die Indifferenz des Indikators«, was bedeutet, daß die genaue Natur der Fundamente irrelevant gegenüber der Messung der Intelligenz ist. Probleme können natürlich so formuliert werden, daß sie zwar wie IQ-Items aussehen, aber – wie das folgende Beispiel zeigt – nichtsdestoweniger bloß Maßstäbe für spezielles Wissen sind:

	Mozart		
	Puccini	*(Kreuzen Sie*	
Rigoletto : La Bohème = Verdi :	*Wagner*	*die richtige*	
	Bizet	*Antwort an)*	
	Strauss		

Hier spielt die Auffindung der Relationen und Korrelate eine ganz unwichtige Rolle, und das Wissen, welcher Komponist jedes der aufgeführten Werke schrieb, bedeutet einfach alles. Diese Unterscheidung zwischen »reinen« oder »kulturneutralen« Tests und Messungen von spezifischen Kenntnissen ist natürlich nicht absolut, und sie sollte nicht dahin interpretiert werden, daß Tests über Spezialwissen nicht mit »reinen« Tests in bezug auf die bisweilen sogenannte »flüssige Intelligenz« *(fluid ability)* korrelieren könnten (sie tun es manchmal sogar sehr). Wir werden auf diese Unterscheidung gleich noch zurückkommen.

Neben der Klärung der Grundlage »intelligenter Leistung« und den an ihr beteiligten kognitiven Prozessen stellte Spearman (1927) eine Theorie auf, welche mit Recht berühmt geworden ist, obwohl sie in den letzten Jahren oft ins Lächerliche gezogen worden ist – gewöhnlich von Kritikern, die seine Position vollkommen mißverstanden. Auch ist er aufgrund der Tatsache kritisiert worden, daß jüngere Untersuchungen seine Voraussagen nicht bestätigt haben: wir werden noch sehen, ob diese Kritik aufrechtzuerhalten ist. Doch halten wir uns zunächst an Spearman selbst. Kurz gesagt, behauptete er, daß alle Intelligenztests dieselbe generelle mentale Fähigkeit messen (gewöhnlich abgekürzt *g*), d. h. eine Fähigkeit, die in alle geistigen Probleme eingeht, und zwar in verschiedenem Umfang; jeder Test messe darüber hinaus etwas spezifisch ihm selbst Zugehöriges (abgekürzt *s*). Diese spezifischen Faktoren und die ihnen zugrunde liegenden Fähigkeiten seien untereinander und ebenfalls gegenüber dem allgemeinen Faktor völlig unkorreliert. Er konnte nun zeigen, daß bei Geltung dieser sehr einfachen Hypothese gewisse statistische Beziehungen unter den Korrelationen zwischen einer Anzahl solcher Tests bestehen müssen.* Innerhalb der unvermeidlichen zufälligen Meßfehler schienen die von ihm und seinen Schülern produzierten Korrelationstabellen diesem Ideal sehr nahe zu kommen, und er schloß daraus, daß seine Hypothese verifiziert worden sei.

* In der Terminologie der modernen Mathematik wird diese Klasse von Relationen so ausgedrückt, daß die durch sie produzierte Matrix Einheitsrang *(unit rank)* hat, d. h. ein bestimmtes reguläres Muster zeigt.

Kritiker, welche die Arbeiten und Theorien Spearmans als durch spätere Autoren überholt ansehen, versäumen gewöhnlich, seine ausgezeichnete Schrift zu lesen. Unter den beachtenswerten Punkten sind die folgenden:
1. Die Subjekte des Experiments sollten die ganze Spanne von Fähigkeiten in der Population repräsentieren. Denn soviel ist klar: wenn wir nur eine begrenzte Stichprobe von überragenden Studenten nehmen, die alle einen sehr hohen IQ haben, dann wird offensichtlich die Variation der IQs zu gering sein, um bedeutungsvolle Korrelationen entstehen zu lassen. Analog dazu würden wir die Hypothese, daß die »Körpergröße« eine wichtige Variable zur Unterscheidung der Menschen sei, nicht zu stützen versuchen, indem wir nur Londoner Polizisten messen, die alle über 1,83 m (i. e. *six feet*) hoch sind (oder waren).
2. Jeder Test sollte aus ähnlichen Items aufgebaut werden, die sich nur im Hinblick auf die Schwierigkeit unterscheiden. Dies liegt auch wieder auf der Hand; wenn wir einen Test aus Aufgaben konstruierten, von denen jede ein anderes *s* repräsentiert, dann handelte es sich nicht um einen Test in Spearmans Sinn; der Test müßte also in solche Teile zerlegt werden, die wirklich homogen sind.
3. Verschiedene Tests dürfen nicht zu ähnlich sein, andernfalls würde der *s*-Faktor überlappen. Natürlich, wenn ein Test in folgender Form konstruiert wäre: *»Libertät« bedeutet dasselbe wie: Pusteln – Freiheit – Bücherwurm – Steuer – Papier –*, während ein anderer die Form (hätte): *Definiere das folgende Wort: »Freiheit« = ...*, dann würden die beiden Tests – obwohl sie scheinbar verschieden sind – tatsächlich denselben *s* teilen, in diesem Fall »Wortwissen«. Zugegeben, der Begriff »zu große Ähnlichkeit« ist kein sehr exakter, aber seine Bedeutung ist unmißverständlich und Spearman hoffte, daß die empirische Forschung diesen Begriff verdeutlichen und präzisieren würde.
4. Wo Überlappungen zwischen den *s*-Faktoren vorkamen, konzedierte Spearman, daß »Gruppenfaktoren« auftauchen könnten, so z. B. ein verbaler Faktor oder auch eine »Flüssigkeit« *(fluency)*. Zwar zögerte er, die Existenz solcher Faktoren zuzugeben – mehr als Burt, der in den ersten Jahrzehnten des Jahrhunderts bei einer Anzahl von Tests, die alle von verbalem Material abhingen, gezeigt hatte, daß sich ein verbaler Gruppenfaktor zusätzlich zu g isolieren ließ, genau wie bei einer Vielzahl von auf numerischem Material gründenden Tests ein numerischer Gruppenfaktor etc. Aber deshalb Spearman als einen einfältigen Befürworter einer übervereinfachten Hypothese hinzustellen, der keine Notiz von widersprechenden Fakten nahm, gibt alles andere als das genaue Bild eines Mannes ab, der zu den Vätern der modernen Theorien über die Intelligenz gehört.

Burt und Spearman stimmten über die Wichtigkeit des generellen Intelligenzfaktors überein; sie waren gegensätzlicher Ansicht über die Rolle von Gruppenfaktoren wie verbaler, numerischer, räumlicher Fähigkeiten etc.: Burt schrieb ihnen große Bedeutung und Nutzen zu, während Spearman ihre Existenz nur ungern und auch erst spät zugab. Aber im Jahre 1938 veröffentlichte L. L. Thurstone von der Chicagoer Universität die bei weitem umfangreichste empirische Untersuchung, die jemals ausgeführt worden war: er verwendete insgesamt 57 Tests, interkorrelierte sie und machte über der Matrix der Korrelationen eine Faktorenanalyse. Seine Folgerungen schlugen wie eine Bombe ein: er hatte keine Spur von g entdeckt, sondern nur eine Anzahl von »Primärfähigkeiten« *(primary abilities)*, wie er die Burtschen Gruppenfaktoren nannte. Gerade diese Studie wird immer noch häufig von Kritikern zitiert, in dem Glauben, daß Thurstone ein für allemal das Gespenst der Vorstellung von »Intelligenz« als einer allgemeinen kognitiven Fähigkeit gebannt hätte. Das ist jedoch nicht der Fall – wie Thurstone selbst nur drei Jahre später zugeben mußte.

Warum aber konnte er so gänzlich andere Funde machen als Spearman? Es gibt dafür zwei Hauptgründe. Spearman und seine Mitarbeiter hatten gewöhnlich Schulkinder getestet, die alle Abstufungen der Begabung repräsentierten; Thurstone arbeitete mit einer speziell selegierten Gruppe von Universitätsstudenten, die nur eine geringe Streuung der Intelligenz untereinander aufwiesen. Damit verstieß er gegen die erste Regel von Spearmans Prozedur, und dies allein würde seine Resultate als Widerlegung von g ausschalten. Der zweite Grund ist statistischer Natur: in seiner Analyse stellte er die methodische Regel auf, daß alle von der Matrix der Interkorrelationen extrahierten Faktoren unabhängig und unkorreliert sein müssen. Dies ist die berühmte Regel der »orthogonalen Einfachstruktur« *(simple orthogonal structure)*. Aber damit schloß er die Entdeckung von g von vornherein willkürlich aus; die Daten hätten selbst ein möglicherweise vorhandenes g nicht ans Licht bringen können, weil die Regeln der Faktorenextraktion es verboten! Dies scheint ein ziemlich eigenmächtiger Weg zu sein, den Gordischen Knoten zu lösen, und obendrein einer, der kaum allgemeine Zustimmung erlangen konnte. Und in der Tat, als andere Psychologen Thurstones Matrix noch einmal analysierten, ohne diese willkürliche Vorschrift zu akzeptieren, fanden sich genügend Zeugnisse sowohl für einen generellen Faktor als auch eine Anzahl von Gruppenfaktoren.

Im Jahre 1941 veröffentlichten L. L. und T. G. Thurstone eine ähnliche Studie, in welcher sie Schulkinder auf Primärfähigkeiten hin getestet hatten, diesmal in einer relativ unausgewählten Stichprobe. Sogleich wurden

Schwierigkeiten offenbar, die Thurstone vormals durch die Verwendung eines sehr beschränkten Samples von ausschließlich intelligenten Studenten umgangen hatte; es stellte sich heraus, daß seine Methode der orthogonalen Einfachstruktur nicht funktionierte. Entweder mußte er den Begriff der Einfachstruktur aufgeben (was er aber nicht wollte), oder er mußte seine Faktoren so auswählen, daß sie interkorrelierten. Er entschied sich für die letztere Möglichkeit und schloß nun zu Recht, daß Spearmans g sich in den Interkorrelationen seiner Primärfaktoren manifestierte. Tab. 2 zeigt, wie weit die Primärfaktoren von einer Unabhängigkeit entfernt sind, einige von ihnen korrelieren so hoch wie 0,55, 0,54 und 0,47.

Thurstone berechnete ebenfalls die Korrelationen einer jeden Primärfähigkeit mit g; diese Werte sind in der untersten Reihe angegeben. Wie Spearman erwartet haben würde, hat »schlußfolgerndes Denken« die höchste Korrelation mit g, »Raumvorstellung« und »mechanisches Gedächtnis« die niedrigste.

Primärfähigkeiten		N	W	S	R	M	D
Rechengewandtheit *(Numerical ability)*	N	—	0,47	0,38	0,26	0,19	0,54
Wortflüssigkeit *(Word fluency)*	W	0,47	—	0,51	0,17	0,39	0,48
Sprachbeherrschung *(Verbal ability)*	S	0,38	0,51	—	0,17	0,39	0,55
Raumvorstellung *(Spatial ability)*	R	0,26	0,17	0,17	—	0,15	0,39
Mechanisches Gedächtnis *(Rote memory)*	M	0,19	0,39	0,39	0,15	—	0,39
Schlußfolgerndes Denken *(Reasoning)*	D	0,54	0,48	0,55	0,39	0,39	—
Korrelationen mit g:		0,60	0,69	0,68	0,34	0,47	0,84

Tab. 2 *Korrelationen zwischen verschiedenen Primärfaktoren und zwischen jedem Faktor und* g

All dies stimmt vollkommen mit der Theorie von g und s überein – vorausgesetzt, wir sind gewillt, mit Spearman das Überlappen der speziellen Faktoren für die verschiedenen Primärfähigkeiten verantwortlich zu machen. So hat uns Spearmans kenntnisreichster Kritiker mit der stärksten Unterstützung für die Existenz eines generellen Faktors der intellektuellen Fähigkeit beliefert! Thurstone, der nicht nur ein großer Wissenschaftler, sondern auch ausgesprochen vorurteilsfrei war, erkannte die Wahrheit dieser Beobachtungen selbst an:

> »Dieser Befund (von Korrelationen zwischen den Primärfähigkeiten, die eine Matrix von nahezu Einheitsrang ergaben) wirft die interessante Frage auf, ob ein einziger genereller Faktor bestimmt werden kann. Er müßte hierbei so interpretiert werden, daß die primären geistigen Fähigkeiten mit einem allgemeinen Faktor korreliert sind, der in ihnen allen wirksam wird. Jeder der Primärfaktoren kann als eine Zusammensetzung von unabhängigen primären und einem generellen Faktor angesehen werden, den jener mit anderen Primärfaktoren teilt.«

Man kann sehen, daß die vorherrschende Meinung, Thurstone hätte in gewisser Weise Spearman »widerlegt« (und folglich sei die Theorie von g bloß eine Chimäre) reine Einbildung ist. Nicht nur, daß Thurstone nichts dergleichen getan hat, er trat auch ausdrücklich dieser Unterstellung entgegen, ausgenommen eine sehr kurze Zeit nach Veröffentlichung seiner ersten Monographie.

Die Irrtümer in Thurstones frühen Arbeiten, die er selbst zugegeben hat, kommen in den jüngeren Studien von J. F. Guilford (1967) erneut zum Vorschein. Guilford vertritt ein theoretisches Konzept der Struktur der Intelligenz *(SI)*, das drei Hauptdimensionen postuliert, in welchen Intelligenztests differieren können. Die erste Dimension ist die der Operationen *(operations)*, die an dem Testmaterial durchgeführt werden – hiervon gibt es fünf. Die zweite Dimension enthält die Produkte *(products)* solcher Operationen – sechs an der Zahl. Und schließlich besteht die dritte Dimension aus den Inhalten *(contents)* des Testmaterials, an dem die Operationen vorgenommen werden – es gibt davon vier Arten: figurale, symbolische, semantische und verhaltensbezogene. Jede der 5 x 6 x 4 = 120 Zellen des *SI*-Modells soll einen Faktor ergeben; und in ihrem neueren Buch (1971) behaupten Guilford und Hoepfner bereits die Identifikation von 84 Fähigkeits-Faktoren, die 79 der Zellen ausfüllen, wobei ein paar Zellen zwei oder mehr Faktoren haben. Es gibt, wie im Fall des frühen Thurstone, keinen g, und viele Psychologen, die nicht mit den Komplikationen der statistischen Analyse vertraut sind, haben dies so aufgefaßt, als sei der Leichnam von Spearman, den schon Thurstone erschlagen hatte, nun noch gezogen, gevierteilt und mit einem Pfahl durch das Herz endgültig erledigt und dann an einer einsamen Wegkreuzung begraben worden.

Doch leider begeht Guilford dieselben Fehler, die Thurstone ursprünglich unterlaufen waren. Seine Gruppen sind fast immer stark ausgewählt, d.

h. die Subjekte alle sehr aufgeweckt oder ziemlich dumm, womit die Begabungsspanne äußerst eingeschränkt ist; und die Methodik seiner Analyse erzwingt geradezu die Unabhängigkeit seiner vielen Faktoren. Er hat diese Sünden auf die Weise begangen, daß er die Lage seiner Rotationen nicht etwa durch wirkliche, empirisch gefundene Relationen unter seinen Variablen bestimmte, sondern sie einfach in die engste Übereinstimmung mit den Details seines Schemas brachte! Kein Wunder, daß sein Konzept zwar den Beifall der statistisch Naiven gefunden hat, aber universell von den Experten der Psychometrie und Statistik mit dem schwersten Mißtrauen aufgenommen worden ist. Es gibt selbstverständlich viel Interessantes in seiner Arbeit; das allgemeine Schema – rein deskriptiv betrachtet – hat den Auftakt zu vielen wichtigen neuen Tests gegeben. Aber als eine Theorie der Intelligenz scheitert es bereits an der allereinfachsten Tatsache, daß nämlich all seine Tests positiv interkorreliert sind, wenn man die Restriktion der Begabung in seinen Populationen berücksichtigt. Die Existenz dieses – technisch gesprochen – »positiven Mehrzwecks« *(positive manifold)* klingt wie eine Totenglocke für alle Theorien, die auf *g* verzichten. Mehrere Autoren (e. g. J. L. Horn) haben versucht, die Daten von Guilford noch einmal zu analysieren, ohne die Resultate in ein vorbestimmtes Schema zu zwängen; und was dabei herauskam, ähnelt in wesentlichen Zügen den Ergebnissen aus Thurstones späterer Arbeit. In der Rückschau auf Spearman und in dem Versuch, seine Position in der Geschichte der Wissenschaft zu bewerten, würde ich einen Vergleich mit John Dalton wagen, dem Entdecker des Atoms und Begründer der modernen atomistischen Chemie: obwohl im Grunde genommen jedes Detail seiner diesbezüglichen Hypothesen sich schließlich als falsch erwiesen hat, entsprachen seine groben Vereinfachungen den Bedürfnissen der Chemie des 19. Jh. sehr gut, zumal sie der Wahrheit sehr nahe waren. Atome sind zwar nicht, wie Dalton dachte, unzerstörbar, aber die dafür nötigen Energien sind hunderttausendmal so groß wie chemische Reaktionen. Atome desselben Elements müssen nicht identisches Gewicht haben, wie er lehrte; heute kennen wir die Isotope, jedoch sind diese in der Natur so gut gemischt, daß große Proben beinahe immer ein konstantes Durchschnittsgewicht zeigen. Dalton dachte, daß Atome sich in einfachen ganzzahligen Verhältnissen miteinander verbinden; dies ist ebenfalls nicht wahr, aber die Annahme war zulässig für die einfachen Substanzen, welche die frühen Chemiker zu entschlüsseln suchten. Selbst seine Zahlen für die relativen Atomgewichte sowie die molekularen Zusammensetzungen waren zum größten Teil unrichtig. Und doch war es Dalton – mehr als irgendein anderer Wissenschaftler –, der die moderne Chemie auf ihre Reise zu den Sternen schickte. Wie man so schön gesagt hat: »Bei dem Entwurf einer allgemeinen wissenschaftlichen Theorie ist das Wichtigste nicht, recht zu haben; denn dies – in einem endgültigen und absoluten Sinn – liegt jenseits der Grenzen menschlichen Strebens. Wichtig ist allein, die rechte Idee zu haben.« Es kann kaum bezweifelt werden, daß Spearman die richtige Idee hatte, wieviel auch immer wir an den Details seines Systems auszusetzen haben. Mehr als jeder andere Autor legte er die Fundamente für die Studien der Intelligenz als einer allgemeinen geistigen Fähigkeit; er war im Unrecht, genauso wie Dalton im Unrecht war, indem er seine Konzeption grundsätzlich für »unzerstörbar« hielt. Genau wie das Atom gespalten worden ist, so ist es *g*; dies ändert um kein Iota die Bedeutung des Begriffs des Atoms noch jenes von *g*.

Die erste Methode der Aufspaltung von *g* haben wir schon beschrieben; sie arbeitet mit den von Burt und dann von Thurstone und Guilford entdeckten verschiedenen Primärfähigkeiten. Obwohl Gründe vorliegen, sie als bloß zusammengesetzte *s*-Faktoren zu betrachten, ist dies nicht der zur Zeit brauchbarste Weg, den wir gehen können; eine bessere Konzeption ist das hierarchische Modell, das ursprünglich von Burt vorgeschlagen wurde und bei dem wir zunächst von den diversen einfachen Tests ausgehen, deren beobachtete Korrelationen die Primärfähigkeiten entstehen lassen, während *g* sich schließlich von den vorhandenen Korrelationen zwischen den Primärfähigkeiten abhebt. Diese Ansicht ist vor allem deshalb vorzuziehen, weil genetische Studien gezeigt haben, daß nicht nur individuelle Unterschiede in *g* weitgehend durch die Erbanlage determiniert sind, sondern daß auch bei einer Reihe von primären geistigen Fähigkeiten genetische Ursachen bei der Herausbildung individueller Variation wirksam sind. Diese Primärfähigkeiten sind wahrscheinlich viel weniger von sozialer Bedeutung, als es Unterschiede in *g* sind, aber man würde nicht gut daran tun, sie vollständig außer acht zu lassen; jedenfalls müssen wir noch viel über ihre Natur und Relevanz in bezug auf gesellschaftliches Verhalten lernen.

Der zweite Weg der »Atomspaltung der Intelligenz« führt zur Trennung von »flüssiger« und »kristallisierter« Intelligenz *(»fluid« and »crystallized« intelligence)*, wie R. B. Cattell (1971) die zwei Konstituenten so treffend nannte. Die Ursprünge dieser Begriffe gehen zumindest bis zu E. L. Thorndikes Unterscheidung zwischen »Höhe« und »Weite« des Intellekts *(»altitude« and »width« of intellect)* aus dem Jahre 1927 zurück. »In der Lage sein, schwerere Dinge zu tun als ein anderer« ist seine informale Definition der Höhe; klarerweise schloß dies die Problemstellung der Skalierung ihrer Schwierigkeit ein. In der gleichen Weise definiert er die Weite: »Mehr wissen als jemand anderer und in der Lage sein, mehr Dinge als ein anderer zu tun«; dies setzt die frühere Anwendung der geistigen Fähigkeit voraus, welche in Wissen oder Fertigkeiten feste Form angenommen, sich kristallisiert hat:

> »Die zwei Dinge sind ein wenig in der allgemeinen Diskussion und bei der Konstruktion von Meßinstrumenten durcheinander gebracht worden, weil im großen und ganzen eine Person die Anzahl der Dinge, die sie tun kann, durch Hinzufügen schwererer Dinge erhöht, und außerdem, weil eine Person, die schwerere Dinge tut, im Durchschnitt auch jene lernen kann, welche die dümmere viel schneller als sie lernt, wodurch sie am Ende auch insgesamt mehr kann. Was wir also das Niveau oder die Stufe oder Höhe des Intellekts nennen können und was seine Weite oder sein Bereich oder Umfang auf demselben Niveau – beide sind korreliert, und der eine ist jeweils der Indikator des anderen. Dennoch wird es am besten sein, sie in unserem Denken getrennt zu halten.«

Thorndike dachte zuerst, daß die Grenzen der Höhe viel stärker durch die Vererbung festgesetzt sein würden als die der Weite, aber er gelangte durch seine empirische Arbeit zu der Überzeugung, daß dies nicht so sei, und spätere Studien haben ihm darin recht gegeben: das »flüssige« Vermögen ist durch die Anlage nicht mehr determiniert, als es die »kristallisierte« Fähigkeit ist. Dies gilt wahrscheinlich nicht universell, sondern ist nur in einer Kultur wie der unseren wahr, wo es eine universelle Schulpflicht gibt und deshalb auch kaum noch Analphabeten; noch mag es wahr gewesen sein in unserer Kultur in der Mitte des letzten Jahrhunderts. Aber derzeit gibt es kaum Zweifel, daß diese »Arten« der Intelligenz durch die Vererbung in gleichem Ausmaß determiniert sind. Dies ist ausgesprochen günstig, weil die für die Bestimmung der Erblichkeit der Intelligenz verwendeten Tests diese zwei Komponenten in verschiedenen Verhältnissen kombiniert haben; wären ihre Erblichkeiten sehr unterschiedlich gewesen, dann hätten verschiedene Prüfer ganz voneinander abweichende Ergebnisse berichtet. Wir werden auf diesen Punkt noch in einem späteren Kapitel zurückkommen.

Der Begriff der »flüssigen« Intelligenz beruht auf der Abwesenheit von speziell erlernten, »kristallisierten« Kenntnissen und Informationen (neben solchen allgemein vorhandenen erworbenen Fähigkeiten wie »einen Bleistift halten«, »auf Papier Zeichen machen« etc.) und ist eng verbunden mit der Idee von »kulturfreien« *(culture-free)* oder »kulturneutralen« *(culture-fair)* Intelligenztests. Der Unterschied zwischen solchen Tests und dem mehr gewöhnlichen Typ von IQ-Test ist natürlich nicht absolut, genauso wie der Unterschied zwischen kristallisierter und flüssiger Fähigkeit nicht absolut ist; diese zwei Faktoren korrelieren ziemlich hoch miteinander, und selbst der »kulturneutralste« Test ist nicht wirklich kulturfrei, sondern nur relativ. Nichtsdestoweniger hat uns die Konstruktion solcher Tests in Nachfolge der theoretischen Vorstöße von Spearmans Gesetzen der Noogenese sehr nützliche Werkzeuge gegeben, um viele Probleme zu untersuchen, die vorher große Schwierigkeiten bereitet haben. Kulturneutrale Tests bestehen wesentlich aus einfachen Figuren aus Geraden (oder einfachen Kurven) von der Art des Problems Nr. 10 auf Seite 71; kein früheres Wissen von Worten oder anspruchsvollen Begriffen ist nötig, um die involvierten Relationen zu entdecken oder die Korrelate zu finden. Die Hypothese, daß solche Tests weniger von kulturellen Faktoren abhängen als verbal orientierte Tests, wird durch die Tatsache gestützt, daß selbst so benachteiligte Gruppen wie Indianer, Eskimos, Portorikaner und andere in ihnen viel besser abschneiden als in jenen traditionelleren. (Einige Details dieser Untersuchungen sind in meinem Buch *Vererbung, Intelligenz und Erziehung* gegeben.) Es sollte angemerkt werden, daß für Forschungszwecke nicht unbedingt reine, kulturneutrale Tests verwendet werden müssen; es genügen schon Tests, die sich im Grad der Abhängigkeit von kristallisierten Fähigkeiten stark unterscheiden. Die aus ihnen genommenen Resultate erlauben, über den Bereich der existierenden Tests in Richtung auf »kulturfreie« zu extrapolieren.

Ein wichtiger Punkt muß in diesem Zusammenhang noch erwähnt werden. Im Idealfall sollte ein echter Intelligenztest so kulturneutral sein wie nur möglich; in der aktuellen Praxis jedoch sind viele selbst der bekannteren IQ-Tests weit davon entfernt. Warum ist dies so? Die Antwort ist natürlich ganz einfach. Praktisch sind alle publizierten Tests für bestimmte Gebrauchszwecke entworfen worden, wie die Auswahl von Kindern, die für höhere Schulbildung geeignet sind, von Abiturienten für das Universitätsstudium, von Soldaten für die Offiziersausbildung etc. In diesen Situationen nimmt die Reinheit der Maßstäbe gegenüber ihrer Effizienz den zweiten Platz ein; und eine reine Messung von *g* ist vielleicht nicht das beste prognostische Instrument für die zu lösenden Aufgaben. Damit ein Schüler auf dem Gymnasium Erfolg hat, muß er eine gewisse Menge an Wissen mitbringen, außerdem fließend lesen und schreiben können, einen guten Wortschatz haben und so weiter; folglich muß der Psychologe beim Entwurf von Auswahltests, d. h. bei der Konstruktion seiner Testaufgaben, diesen mannigfaltigen Kenntnissen Rechnung tragen.

Dies gilt für die meisten Auswahltests; die für eine Voraussage besten Items sind gewöhnlich jene, welche flüssige und kristallisierte Fähigkeiten in einem gewissen Grad vereinigen. Eigentlich dürften diese für den Gebrauch bestimmten Tests nicht »Intelligenz«-Tests genannt werden: es wäre besser, diesen Titel für Tests zu reservieren, die dem Ideal einer reinen g-Messung näher kommen und die, wenn nötig, durch andere Tests ergänzt werden, um speziell auf die Auswahlsituation bezogenes Wissen und Fertigkeiten zu messen. Es ist leider so, daß die meisten Leute nur IQ-Tests im Gewand von Selektionsinstrumenten kennen; vieles von der Kritik, die sich zu Recht gegen deren Anspruch als reine Maßstäbe für g richtet, findet auf echte g-Tests keine Anwendung. Eine eindeutige Unterscheidung sollte also zwischen reinen Forschungs- und angewandten Meßinstrumenten gemacht werden; letztere haben vielfache Zwecke, und dies darf bei der Formulierung von Einwänden nie vergessen werden. Ein Test kann weit von der Idealvorschrift für einen guten g-Test abweichen und trotzdem in einer besonderen Situation eine vollkommen adäquate Auswahlmethode liefern; jedoch sollte man es vorziehen, ihn dann nicht als IQ-Test zu bezeichnen.

Wir haben zwei verschiedene Wege der »Atomspaltung« angeführt; es gibt noch einen dritten, und dieser ist vielleicht weit wichtiger als die beiden anderen. Normalerweise benutzen Psychologen bei der Durchführung ihrer statistischen Analysen als Einheiten die Werte aus vollständigen Tests; ist dies aber wirklich zulässig? Die echte Einheit ist sicher nur das individuelle Item; die Gesamtwerte, berechnet aus einer Vielzahl von Aufgaben, können sehr irreführend sein. Nehmen wir z. B. Tab. 3, in der die Leistungen von vier imaginären Personen aus sechs ebenfalls imaginären Items genau aufgeführt ist. In dieser Tabelle bedeutet R eine richtig und F eine falsch gelöste Aufgabe, V steht für eine Aufgabe, deren Lösung versucht, jedoch als zu schwierig aufgegeben wurde, O schließlich ist eine Aufgabe, die gar nicht behandelt wurde. Man beachte, daß jedes Subjekt des Experi-

	Problem:						
	1	2	3	4	5	6	Score
EGON	R	R	R	O	O	O	3
INGE	F	R	F	R	F	R	3
KARL	R	V	R	V	R	V	3
ELKE	R	R	V	R	V	O	3

Tab. 3 *Hypothetische Leistung von vier Personen in fingierten Testaufgaben*

ments denselben Gesamtwert hat, nämlich drei, daß aber die Art der Entstehung des Ergebnisses sich von Person zu Person drastisch unterscheidet. Egon geht methodisch vor, indem er die drei leichtesten Aufgaben richtig löst, aber auch keine falsch macht und keine aufgibt; er ist mäßig begabt, ausdauernd und sorgfältig in seiner Arbeit. Inge löst einige leichte Aufgaben falsch und einige schwierige richtig, sie ist intelligent, aber oberflächlich und nachlässig. Karl ist ebenfalls intelligent, aber er gibt zu schnell auf; er verläßt einige leichte Aufgaben, die er bei längerem Bemühen richtig hätte lösen können. Elke ist weniger aufgeweckt, und ihr fehlt es auch an Ausdauer, obwohl vielleicht nicht so sehr wie Karl.

Dies ist eine etwas subjektive, interpretatorische Darstellung dessen, was vor sich gegangen ist; dennoch bleibt das beobachtbare Faktum bestehen, daß Individuen, die in einem IQ-Test ganz unterschiedliche Einzelleistungen bringen, oft dieselben Gesamtwerte erzielen. In welcher Weise kann man sagen, daß solche identischen zusammengesetzen Scores, die in recht divergierender Weise entstehen, statistisch äquivalent sind? Wir könnten in der Tat einen Schritt weiter gehen und behaupten, daß es falsch ist, einfach eine gegebene Testaufgabe entweder mit »richtig« zu bewerten und einen Punkt dafür zu berechnen oder mit »falsch«, »aufgegeben« oder »nicht versucht« und dafür keinen Punkt zu geben; wir sollten die Zeit eines Individuums messen und herausfinden, wie lange es brauchte, um eine Aufgabe zu lösen, oder wie lange es an ihr arbeitete, bevor es sie aufgab. Geschwindigkeit ist ein wichtiger Aspekt der intellektuellen Arbeit; kann es überhaupt sinnvoll sein, von dieser so leicht zu messenden Variable keine Notiz zu nehmen?

Dieser Gedankengang ist in unseren Laboratorien über mehrere Jahre hinweg verfolgt worden, und das allgemeine Forschungsergebnis ist ganz eindeutig. Es zeigt sich, daß IQ-Testleistungen mit Hilfe dreier Hauptmechanismen erklärt werden können: geistiges Tempo *(mental speed)*, Fehlersuche *(error-checking)* und Ausdauer oder Beständigkeit *(persistence or continuance)*. Diese Mechanismen sind voneinander unabhängig, obwohl das in einem gewissen Ausmaß von den gegebenen Anweisungen abhängt, daneben von der vorhandenen Motivation und anderen äußeren Variablen, welche experimentell manipuliert werden können. Genau wie die Analyse des Atoms Protonen und Elektronen und viele andere Elementarteilchen ergibt, kann der IQ in jene drei Hauptkomponenten zerlegt werden; für eine ernsthafte theoretische Arbeit und, wie ich glaube, für viele praktische Zwecke ebenfalls scheint es unumgänglich, daß wir in Begriffen von Schnelligkeit, Fehlerkontrolle und Ausdauer denken, statt immer nur vom IQ zu sprechen. Diese Schlußfolgerung könnte wichtige soziale Konsequenzen haben, und ich werde auf diese Frage in einem späteren Kapitel zurückkommen.

Bevor wir dieses Thema der möglichen Unterteilung des IQ verlassen, müssen wir kurz auf zwei solcher vermeintlicher Komponenten eingehen, die nach Ansicht einiger Kritiker wahrscheinlich den IQ gänzlich verdrängen werden. Diese zwei Komponenten sind Originalität und Kreativität; beide Begriffe wurden von Piaget eingeführt. Zunächst zu dem ersteren, wobei es nützlich sein mag, kurz auf die Geschichte dieses Begriffs zu blicken. Es war R. S. Woodworth, der im Jahre 1918 auf den Unterschied zwischen den von ihm so genannten »konvergenten« und »divergenten« Formen der Problemlösung aufmerksam machte. Die oben gezeigten IQ-Testitems sind alle konvergent, das heißt die in jedem Problem implizierten Beziehungen konvergieren in einer und nur einer richtigen Lösung. Aber es ist möglich, an andere Aufgaben zu denken, die nicht auf eine einzige richtige Lösung hinauslaufen. Wir könnten die Frage stellen: *Wie viele Verwendungsmöglichkeiten kennen Sie für einen Ziegelstein?* Dies Problem fällt auch unter Spearmans noogenetische Gesetze bezüglich der Eduktion von Relationen und Korrelaten, aber es gibt einen Überfluß an »richtigen« Antworten. Und zugleich ist nicht immer klar, welches eine »richtige« Antwort ist, oder wie viele es davon geben mag. Die meisten Leute würden die Antwort »einen Nagel hineinzuschlagen« akzeptieren; aber wären sie auch damit einverstanden: »auf ihm zu sitzen« ? Offensichtlich differiert die Qualität der verschiedenen Antworten sehr, die Bewertung dieser Tests aber besteht gewöhnlich auf der Addition der gesamten Zahl der gegebenen Antworten, ohne den Versuch zu machen, sie auf ihre Relevanz zu prüfen.

Es gibt natürlich noch andere Schwierigkeiten; oft kann man eine Antwort in unzählige Unterantworten aufsplittern. »Ein Tier damit zu töten« ist in Ordnung; aber angenommen man finge an, all die kleinen Tiere, die man mit einem Ziegelstein töten kann, zu spezifizieren – sollten sie getrennt zählen? Die Spearmansche Schule experimentierte tatsächlich mit Tests dieser Art und zeigte, daß ein Faktor von »Flüssigkeit« involviert war; dieser schien z. T. aus g zu bestehen und z. T. aus gewissen extrovertierten Persönlichkeitszügen. Guilford nahm diese Idee einige Zeit nach dem Zweiten Weltkrieg auf und machte »divergente Tests« populär. Seinem Beispiel folgten diverse Psychologen (die meisten von ihnen pädagogisch orientiert), deren Enthusiasmus für den »neuen« Testtyp nur noch ihr Mangel an wissenschaftlicher Sorgfalt gleichkam.

Die Vordersten aus dieser Gruppe waren zwei Amerikaner, J. W. Getzels und P. W. Jackson, deren Buch *Creativity and Intelligence* (1962) ziemli-

ches Aufsehen erregte. In ihm behaupteten sie (und glauben anscheinend auch, es bewiesen zu haben), daß Kreativität und Intelligenz, wie sie durch IQ-Tests gemessen werden, zwei verschiedene und nicht aufeinander bezogene Dinge seien. Weiterhin gaben sie zu verstehen, daß westliche Schulsysteme, indem sie sich auf IQ und konvergentes Denken konzentrierten, die möglicherweise viel wichtigere »Kreativität« der Schüler vernachlässigten, ja unterdrückten. Vielleicht waren am Ende die Aufgeweckten und Vielwissenden nicht das Salz der Erde?
Aber bieten die Daten tatsächlich irgendeine Stütze für diese revolutionäre Doktrin? Man beachte zuerst einmal, daß die fünf benutzten Tests der »Kreativität« ganz signifikant mit IQ-Tests korrelierten; sie geben also keinen Hinweis auf die behauptete Unabhängigkeit der Intelligenz und der Kreativität. Die Korrelationen lagen durchschnittlich bei etwa 0,3 für die Jungen und Mädchen, die an der Studie teilnahmen. Aber vielleicht bildeten die »Kreativitätstests« einen Gruppenfaktor innerhalb der generellen Intelligenz, eine Primärfähigkeit im Thurstoneschen Sinn? Selbst dies scheint kontraindiziert durch die Zahlen: Die »Kreativitätstests« korrelieren untereinander nicht mehr, als sie es mit traditionellen Intelligenztests tun! Auch ist dieses Ergebnis nicht eigentümlich für die Studie von Getzels und Jackson; es scheint universell zu sein. Wieder und wieder hat sich bei Nachprüfungen gezeigt, daß angebliche Tests der »Originalität« oder »Kreativität« so hoch mit dem IQ korrelieren wie untereinander. Noch könnte man sagen, daß jemals die Validität dieser »Kreativitätstests« bestätigt wurde, im Sinne, daß anerkanntermaßen kreative Erwachsene, die tatsächlich etwas Bedeutendes in der Wissenschaft, Medizin oder Kunst geschaffen haben, in diesen Tests höhere Werte erzielen als ganz unkreative Leute mit ähnlichem IQ. Es gibt einige Anzeichen dafür, daß diese Tests wirklich gewisse Persönlichkeits-Variablen messen, die unter Umständen die Art und Weise mitbestimmen, in welcher eine Person ihre vorhandene Intelligenz ausnutzt; M. Wallach und N. Kogan haben darüber gearbeitet und in ihrem Buch *Modes of Thinking in Young Children* (1965) geschrieben. Auch hierin scheint Spearman recht zu behalten: wenn passende »Flüssigkeitstests« verwendet werden, d. h. Tests, die eine beträchtliche Überlappung von *s*-Faktoren zeigen, können diese vielleicht einen Gruppenfaktor hervorrufen, welcher merklich von Persönlichkeitsvariablen belastet und zugleich mit dem IQ korreliert ist. Sicherlich rivalisiert dieser in keiner Weise mit g, noch verdrängt er es von seiner Stellung als dem zentralen allgemeinen Faktor der Intelligenz.
Während somit die Resultate dieser Studien für jene enttäuschend sein müssen, welche die Bedeutung und Universalität von g zu schmälern su-

chen, haben sie uns doch einige interessante Lektionen zu lehren. Wie ist es möglich, daß die nicht überzeugenden und weitgehend negativen Ergebnisse dieser schlecht ausgearbeiteten und mangelhaft analysierten Untersuchungen einen so weithin akzeptierten Mythos entstehen lassen konnten, einen Mythos, der ganz ungewöhnlich resistent ist gegenüber gelehrter Kritik und faktischer Widerlegung? Pädagogen auf der ganzen Welt haben die Vorstellung der »Kreativität« als unabhängig oder geradezu entgegengesetzt von der orthodoxen »Intelligenz« akzeptiert, und überall sind Forderungen nach einer grundlegenden Reform unseres Bildungssystems laut geworden, welche dieser wundervollen neuen Entdeckung mehr Rechnung trägt. Der Geist von Rousseau ist offensichtlich immer noch äußerst lebendig, und keine noch so große faktische Forschungsarbeit kann gegen ihn an; gläubige Anhänger pflegen einfach die Tatsachen, die ihren Lieblingsideen widersprechen, zu ignorieren, nach dem wohlbekannten Motto: wenn immer Fakten gegen eine hochgehaltene Theorie stehen, dann »um so schlimmer für die Fakten!« All das soll natürlich nicht heißen, daß es überhaupt so etwas wie »Kreativität« nicht gebe oder daß zukünftige Forschung sie niemals mit Erfolg messen könne. Ausgeklügeltere Entwürfe und angemessenere Experimente mögen andere Funde produzieren. Bis dieser Tag kommt, müssen wir wohl die Vorstellung, daß »divergente Test« eine besondere Magie haben, als unbewiesen fallenlassen.

Wenn wir uns nun dem Werk von J. Piaget (1950) zuwenden, so finden wir einen bemerkenswerten Szenenwechsel; es wäre ganz unmöglich, das langandauernde, wichtige und schöpferische Werk, das seinen Namen trägt, aus den nämlichen Gründen abzuweisen. Es muß hier diskutiert werden, weil viele Leute geglaubt haben, daß Piagets Theorien und die aus ihnen erwachsenen Testformen der Analyse der Intelligenz viel angemessener seien als traditionelle IQ-Tests. So schreibt ein Enthusiast, daß »Piagets Annäherung nicht nur ein Verständnis dessen erlaubt, wie die Intelligenz funktioniert, sondern er beschreibt es auch. Da das Interesse von Piagets Tests in der Beschreibung der Mechanismen des Denkens liegt, erlauben sie eine individuelle, personalisierte Abschätzung von weiteren kulturunabhängigen Potentialitäten.« Wenn dies wahr wäre, wenn Piagets Auffassung uns in die Lage versetzte, die intellektuellen Fähigkeiten eines Kindes unabhängig von der Kultur zu untersuchen, und wenn die resultierenden Maße auch unabhängig vom IQ wären, dann müßten wir in der Tat sagen, daß eine echte Alternative zur Intelligenzmessung entdeckt worden sei. Aber ist all dies wahr?

Nach Piaget durchläuft die Entfaltung der kognitiven Funktionen bestimmte Stufen – die sensomotorische, präoperationale, konkret operationale und formal operationale; Piaget hat eine große Zahl von raffinierten »Tests« oder klinikartigen Prozeduren für die Einschätzung der geistigen Entwicklung eines Kindes in jedem dieser Stadien und den verschiedenen Unterstadien, in die sie zerlegt werden können, abgeleitet. Diese Tests sind sicherlich »kulturneutral«, etwa im selben Umfang wie Ravens Matrizen oder Cattells Tests; arktische Eskimos übertreffen die weißen kanadischen Stadtkinder ungefähr in dem gleichen (leichten) Ausmaß, als sie es in den Matrizen tun, und kanadische Indianer schneiden beinahe genauso gut ab wie Eskimos. Weiterhin hat formeller Unterricht keinen Effekt auf das Alter, in welchem die verschiedenen in jenen Entwicklungsstufen eingeschlossenen Teilstrukturen und Fertigkeiten erreicht werden. Jedoch kann man von diesen Tests nicht sagen, daß sie etwas ganz anderes messen als das durch normale IQ-Tests definierte *g*. P. E. Vernon und R. D. Tuddenham (in: Dockrell, 1970) haben gezeigt, daß die Korrelationen zwischen IQ-Testitems und Aufgaben nach Art der Tests von Piaget hoch sind. Tatsächlich haben Piaget-Items sehr hohe *g*-Ladungen und scheinen außer *g* wenig mehr zu messen; dies spricht gleich gut für Piagets Einsicht in die Psychologie des Kindes wie für die Spearmansche Theorie der Noogenese, welche der Schaffung »kulturneutraler« Tests des traditionellen Typus mit hoher *g*-Ladung zugrunde liegt. Auf ganz verschiedenen Wegen konvergieren also diese zwei Annäherungen in einem identischen *g*. Weit davon entfernt, eine Kritik der gewöhnlichen Intelligenzmessung zu sein oder eine Alternative zu ihr zu liefern, bestätigt die Arbeit mit Piagetschen Tests den Wert des originalen Musters. In allen untersuchten Bereichen (einschließlich der Erblichkeit) verhalten sich Testaufgaben nach Piaget genauso, wie man nach der Hypothese, sie seien gute Maßstäbe für *g*, erwarten würde; wenn sie in der Tat »die Mechanismen des Denkens beschreiben« und »unabhängig von der Kultur« sind, dann muß dasselbe von jener Intelligenz gelten, die von IQ-Tests gemessen wird.

So können wir diesen Abschnitt damit beenden, ganz kategorisch zu sagen, daß die Suche nach Alternativen zum generellen Intelligenzfaktor genauso fehlgeschlagen ist wie der Versuch, die Intelligenz in *unabhängige* Teile aufzuspalten. Die Idee der »Kreativität« oder »Originalität« hat versagt, weil es wenig Zeugnisse für ihre Lebensfähigkeit gibt oder dafür, daß sie mit unseren heutigen Tests gemessen werden kann. Piagets Schema liefert keine Alternative, nicht wegen irgendwelcher inhärenter Fehler, sondern gerade weil es so vorzüglich ist; am Ende befindet es sich in vollkommener quantitativer Übereinstimmung mit Spearmans Konzept. So scheint es, daß wir gegenwärtig den Begriff von g als den Fakten angemessener akzeptieren müssen denn irgendeinen anderen.

Es gibt zur Position der »Intelligenz« eine interessante Parallele im Bereich der Physik, nämlich im Begriff der »Härte«. Wenige Leute, die jemals auf blanken Brettern geschlafen haben, werden leugnen, daß diese in einem gewissen Sinn »härter« sind als ein Federbett; dennoch gibt das Konzept der »Härte« den Physikern Schwierigkeiten auf, welche denen ähnlich sind, die den Psychologen durch die »Intelligenz« erstehen. Der Härtebegriff selbst ist offensichtlich von unserer faktischen Erfahrung hergeleitet, daß ein gegebenes Material mit mehr oder weniger großer Leichtigkeit gebohrt, gesägt, eingekerbt oder abgerieben werden kann. Auch ist intuitiv einleuchtend, daß die härtere von zwei Substanzen die andere ritzen kann, besser der Abnutzung widersteht oder weniger Schaden nehmen wird, wenn man mit einem dritten, noch härteren Material auf sie schlägt. Und doch enthalten diese Begriffe tatsächlich nicht eine einzige physikalische Qualität, sondern diverse Kombinationen verschiedener Eigenschaften. Infolgedessen gibt es mehr als eine Art von Härte. Abriebfestigkeit hängt z. B. zu einem großen Teil von der Beschaffenheit der Oberfläche ab, so daß sowohl die Präparierung des Materials als auch die Korrosionswirkungen der Atmosphäre von Bedeutung sind. Ritzhärte schließt die Vereinigung von plastischer Strömungsfähigkeit und Brucheigenschaften ein; zudem spielt die Form des Kratzwerkzeugs eine wichtige Rolle. Formbarkeit oder ihr Mangel bestimmen weitgehend die Kerbfähigkeit, obwohl das Einschneiden auch durch Sprödigkeit erleichtert wird. So sind Blei und Talk beides weiche Materialien, aber aus verschiedenen Gründen. Blei strömt bereits, wenn es geprägt wird; Talk bietet dem Brechen wenig Widerstand und zerkrümelt leicht. Die Spanne der oberflächlich als »Härte« bezeichneten Eigenschaften ist so weit, daß eine genaue Definition, welche alle Charakteristiken umfaßt, unmöglich ist. Jede präzise Begriffsbestimmung der Härte hängt von einem besonderen Maßstab zur Einschätzung ab. So ist also Härte das, was Härtetests messen – wir sind anscheinend zu unserem Ausgangspunkt zurückgekommen! Doch beachte man, daß kein Physiker sagen würde, daß es wegen dieser definitorischen Schwierigkeiten sinnlos sei, von Härte überhaupt zu sprechen, oder unwissenschaftlich, verschiedene Materialien im Hinblick auf ihre Härte zu erforschen. Die Härteskala (»Was ritzt Was«), die 1822 durch den Geologen F. Mohs eingeführt wurde, ist seither viel benutzt worden, und sie wird es immer noch – in Verbindung mit anderen physischen Charakteristiken – bei der vorläufigen Identifikation der Mineralien. IQ-Tests haben vom Standpunkt der Metrologie (der Maß- und Gewichtskunde) viel gemeinsam mit Mohs' Skala; dies soll weder Lob noch Tadel sein, sondern einfach eine sachliche Feststellung.

Kritiker haben viele Jahre lang beklagt, daß der Gebrauch des Terminus »Intelligenz« für das mathematisch abgeleitete Konzept von *g* irreführend sei und einen Halo-Effekt von irrelevanten und wahrscheinlich falschen Bedeutungen bei einem ansonsten sterilen Begriff erzeuge. Auch einige Psychometriker teilen dieses Bedenken, und sie ziehen es vor, über Faktoren im Sinn von einfachen klassifikatorischen Schemata zu reden, indem sie entweder die Buchstaben des Alphabets verwendeten – *g* für generell *(general)*, *n* für numerisch *(numerical)*, *f* für flüssig *(fluency)*, *v* für verbal *(verbal)* etc. – oder eine Serie von Zahlen. Dies zu tun heißt einfach, einem sehr realen und bedeutungsvollen Problem aus dem Wege zu gehen; die Frage bleibt bestehen, ob das *g*, von dem die Psychometrie redet, in einer wesentlichen Beziehung der Intelligenz ähnelt, mit welcher der Mann auf der Straße zu tun hat. Newton kam auf dasselbe Problem, als er sich in seinen *Principia Mathematica* mit der Masse beschäftigte; er wies darauf hin, daß, was der Physiker mit diesem Begriff meint und was der Laie, zwei sehr verschiedene Dinge sind. Er fügte hinzu, daß es ein »vulgärer Irrtum« sei, beides zu vermischen, aber er verteidigte sich in bezug auf seine »Masse« nicht durch einen einfachen Buchstaben *m*. Wie wir gesehen haben, hat der Ausdruck Intelligenz seinen Ursprung in der Psychologie und Philosophie; es ist keineswegs einleuchtend, warum wir seinen Gebrauch aufgeben sollten, nur weil angeblich der Mann auf der Straße ihn in einem ganz anderen Sinn verwendet. Aber ist es überhaupt wahr, daß er das Wort in einem anderen Sinn als dem hier gegebenen benutzt? Dies ist wirklich ein schwieriges Thema; niemand hat jemals eine repräsentative Umfrage in der Bevölkerung darüber gemacht, was »Intelligenz« für den einzelnen bedeute oder wie er sie definieren würde. In einem kleinen Sample habe ich einmal folgende Bestimmungen häufig erhalten: aufgeweckt, klug, klar denken, nicht dumm, gescheit, begabt, gut in der Schule, tüchtig, vielseitig befähigt, erfolgreiche Einfälle haben, kenntnisreich, voller guter Ideen. Man kann nicht behaupten, daß diese Ansichten in irgendeiner Weise mit der von Spearman oder Burt gegebenen Definition in Widerspruch stehen; vielmehr scheinen sie einander stark zu überlappen. Gewiß assoziieren die meisten Leute Intelligenz mit Erfolg in der Schule oder beim Lernen; und wie gesagt, gibt es keinen Zweifel, daß IQ-Tests den Erfolg in der Schule oder im Studium sehr gut voraussagen. Auch wenn Lehrer gebeten werden, die Intelligenz ihrer Schüler zu bewerten, korrelieren diese Einschätzungen ziemlich hoch mit IQ-Maßzahlen; es gibt gelegentlich Diskrepanzen, aber im ganzen sind die Korrelationen positiv und sehr hoch. Insoweit sehen wir also keinen Grund, den Terminus aus unserem wissenschaftlichen Vokabular zu streichen.

Aber wir können noch weiter gehen. Es ist möglich, die beruflichen Tätigkeiten nach ihrer sozialen Anerkennung in eine Rangordnung zu bringen. An der Spitze stehen dann solche, die die Leute hochschätzen, entsprechend bewerten und auch ihren Kindern wünschen; gewöhnlich meint man, daß sie »Köpfchen« erfordern. Ähnlich finden wir am unteren Ende Beschäftigungen, welche die Leute als weniger wertvoll anzusehen pflegen, geringer achten und es lieber sehen, wenn ihre Kinder nicht in sie eintreten; sie werden gewöhnlich so eingeschätzt, als erforderten sie mehr »Muskeln« als »Gehirn«. Viele verschiedene Untersucher haben listenweise Beschäftigungen aufgeführt und dann Zufallsstichproben aus der Bevölkerung gebeten, diese nach Prestige, sozialem Wert oder ihrer Bedeutung zu ordnen; diese Reihen hatten in vielen unterschiedlichen Ländern eine bemerkenswerte Ähnlichkeit. Wir können nun Leute aus diesen verschiedenen Berufen testen und beobachten, ob in der Tat jene, die nahe der Spitze der Prestigeleiter stehen, höhere IQs haben als jene, die weiter unten sind. Wenn g wirklich viel mit »Intelligenz« zu tun haben sollte, wie sie populär verstanden wird, dann müßte es ein gut Teil an Übereinstimmung geben.

140	Höhere Berufsstände, Spitzen(verwaltungs)funktionäre, Professoren und Forschungswissenschaftler.
130	Akademiker, Ärzte, Juristen, (Diplom-)Ingenieure (Bau- und Maschinen-).
120	(Volks-)Schullehrer, Apotheker, Buchprüfer, gehobene (Kranken-)Pflegeberufe, Stenographen, Geschäftsführer.
110	Vorarbeiter, (Büro-)Angestellte, Telefonisten, Verkäufer, Polizisten, Elektriker, Feinmechaniker.
100+	Maschinisten, Krämer, Schlachter, Schweißer, Metallarbeiter.
100−	Lageristen, Tischler, Köche, Bäcker, (Klein-)Bauern, Kraftfahrer.
90	Arbeiter, Gärtner, Polsterer und Tapezierer, Knechte und Mägde, Bergleute, Fabrikpacker und -sortierer.

Tab. 4 *Mittlerer IQ von verschiedenen Berufs- und Beschäftigungsgruppen. [Die Bezeichnungen sind in einigen Fällen den deutschen Arbeits- und Ausbildungsverhältnissen angeglichen; im übrigen repräsentieren sie selbstredend nicht alle beruflichen Tätigkeiten; d. Ü.]*

Tab. 4 zeigt die Resultate einer Anzahl von empirischen Studien, die in diversen Ländern durchgeführt wurden; in der Regel besteht beträchtliche Einigkeit im Ergebnis zwischen den Investigatoren, so daß keine weitere detaillierte Ausbreitung erforderlich ist. Es gibt eine grobe 50-Punkte-

Spanne von der höchsten Gruppe – höhere Berufsstände, Spitzenfunktionäre, Professoren und Forschungswissenschaftler, die im Durchschnitt IQs um 140 haben – zu der niedrigsten – Arbeiter, Bauern, Bergarbeiter, ungelernte Arbeiter, mit durchschnittlichen IQs von 90. – (Man könnte noch eine andere Gruppe unterhalb der zuletzt genannten hinzufügen, welche aus nicht verwendbaren Leuten, Entwurzelten, Insassen von Anstalten etc. besteht, mit einem IQ von 60–70, aber dies erschien als eine für unsere Belange nicht wesentliche und darob überflüssige Mehrarbeit.) Der Hauptpunkt ist sicherlich klar; es gibt eine beinahe perfekte Übereinstimmung zwischen dem Sozialprestige eines Berufs und dem mittleren IQ der hierin Beschäftigten. Dies kommt vielleicht nicht überraschend; an der Spitze der Skala stehen Berufe, welche hohe Intelligenz und lange Schulung und Ausbildung erfordern; und wie wir schon gesehen haben, hängen gute Schulleistungen sehr von einem hohen IQ ab. Noch ist diese Verknüpfung zwischen Intelligenz, Ausbildung und Beruf mit einem hohen sozialen Status der Aufmerksamkeit des kleinen Mannes entgangen; der weitverbreitete Wunsch nach einer besseren Bildung und die großen Hoffnungen, die mit einem erfolgreichen Schulabschluß verbunden sind, liefern ein wohlbekanntes Merkmal der zeitgenössischen Szene.

Es ist leicht, die in der Tabelle gegebene Skala des Sozialprestiges mißzuverstehen oder mit Argwohn auf jene Art von Schichtung zu schauen, welche eine Elite an die Spitze der Hackordnung stellt. Man muß es einmal sagen, daß dies nicht eine Skala der sozialen Nützlichkeit ist; die Gesellschaft könnte nicht ohne Bergleute oder Krankenschwestern, Bauern oder Schreibkräfte existieren, während sie es sehr gut ohne Forschungswissenschaftler könnte (zumindest für eine Zeit)! Noch ist es eine Skala des monetären und finanziellen Erfolgs; so kann z. B. in den USA ein Universitätsprofessor schlechter bezahlt werden als ein Klempnermeister, und selbst in Großbritannien mag eine Sekretärin, Krankenschwester oder ein Lehrer weniger erhalten als ein Bergmann, Schlachter oder Zimmermann.

In seinem Buch *Passion to Know* berichtet M. Wilson eine interessante Beobachtung: Als während des Krieges die Atombombe gebaut wurde und in Los Alamos die fähigsten und brillantesten Physiker, die jemals in einem Team vereint waren, in Tag- und Nachtarbeit die Myriaden von Problemen lösen mußten, die im Verlauf der Zurückdrängung der Grenzen zum Unbekannten auftauchten, »erhielten die Wissenschaftler mit ihrem Universitätsgehalt nur halb so viel wie die gewerkschaftlich organisierten Techniker, die unter ihnen arbeiteten«.

Die Korrelation zwischen IQ und Bezahlung ist weniger eng als die zwischen IQ und Sozialprestige; diese Situation ist wahrscheinlich in der

UdSSR anders, wo Forschungswissenschaftler und Professoren nicht nur ein hohes Ansehen genießen, sondern auch Gehälter beziehen, die mehr zu ihren IQs passen (zumindest unter den wirklich erfolgreichen). Doch wie auch immer, ohne Zweifel ist der Erfolg im Leben, definiert entweder durch das Einkommen oder das Sozialprestige (und so tut es im wesentlichen der Mann auf der Straße), ziemlich hoch mit dem IQ korreliert (wenngleich nicht vollkommen, wie wir gesehen haben); daher mißt der IQ eindeutig genau jenes Etwas, das der einfache Mensch unter Intelligenz versteht.

Dies sind Korrelationen zwischen Berufen. Man würde erwarten, daß eine beträchtliche Streuung des IQ *innerhalb* jeder Beschäftigungsart bestehe und daher eine etwas niedrigere Korrelation zwischen den IQs der Individuen und ihrem beruflichen Status. Es gibt keinen Zweifel über die markante Variation des IQ innerhalb der Berufe; diese ist viel stärker unter den niedrigen als den höheren – nicht unerwartet, da es leichter für eine intelligente Person ist, eine anspruchslose Tätigkeit aufzunehmen (z. B. aus Trägheit, wegen Krankheit oder durch Pech) als für eine unbegabte Person, die vielen Hürden zu überwinden, welche die Gesellschaft in Form von Prüfungen und dem Sich-hocharbeiten-Müssen etc. eingebaut hat. Grob gesagt liegen die Korrelationen zwischen den IQs von Schülern und ihrem späteren Berufsstatus bei 0,6 bis 0,7.

Selbst bei Samples, deren Teilnehmer dieselbe schulische Ausbildung hatten und in demselben Arbeitsbereich tätig waren, korrelierte der IQ immer noch mit dem Einkommen, obwohl natürlich nicht so hoch. Er korreliert auch mehr mit dem Typus der Arbeit, der schließlich erreicht wurde, als mit dem Verdienst innerhalb dieses besonderen Tätigkeitsbereichs. Dies liegt zum Teil an der offensichtlichen Restriktion der IQ-Spanne; die Leute in einer gegebenen Beschäftigung rangieren um das allgemeine Mittel und weichen gewöhnlich nicht weit von ihm ab. Natürlich haben auch Gewerkschaften und andere Verhandlungskörperschaften einen gewissen Einfluß, bevorzugen sie doch einheitliche Löhne und Gehälter für alle, die »dieselbe« Arbeit tun, ohne Rücksicht darauf, wie gut oder wie schlecht sie ausgeführt wird.

All diese Zahlen passen sehr gut zu der Hypothese, daß der IQ bei der Bestimmung der sozialen Stellung einer Person von Wichtigkeit und daß sein Haupteinfluß auf den Status ein indirekter ist, das heißt über die Bildung. Wie wir später sehen werden, ist der Ausbildungsstatus selbst sehr stark vom IQ bestimmt und zu einem großen Teil unabhängig von der sozialen Schicht.

Man kann dies in numerischer Form darstellen. Nehmen wir z. B. die

Barrsche Berufsskala; sie wurde von einer Anzahl von Psychologen aufgezeichnet, welche 120 repräsentative Berufe im Hinblick auf den für einen normalen Erfolg in ihnen erforderlichen Grad der Intelligenz einschätzten. Daneben gibt es die Resultate einer umfangreichen öffentlichen Umfrage durch *NORC*, das (britische) Nationale Meinungsforschungszentrum *(National Opinion Research Centre)*, in der die Prestigeeinschätzungen einer großen Zahl von Beschäftigungen enthalten sind. Schließlich haben wir Beurteilungen des sozio-ökonomischen Status, wie sie offiziell in der britischen Volkszählung von 1960 zu jedem von Hunderten von aufgeführten Berufen auf der Basis des Durchschnittseinkommens und des in ihnen vorherrschenden Bildungsniveaus angegeben wurden. Prestigeratings *(NORC)* und intellektuelle Anforderungen *(Barr scale)* korrelieren 0,91; Prestige und Einkommen *(GB-Zensus)* 0,90; intellektuelle Anforderungen und Einkommen 0,81. Somit ergibt sich eine enge Relation zwischen der für einen Beruf benötigten Intelligenz, seinem sozialen Prestige und dem Einkommen und der Ausbildung der in ihm Tätigen. Wenn wir dem Einkommen und dem Prestige überhaupt einige Bedeutung beimessen, dann ist zweifellos die Intelligenz, die doch die Berufswahl mitbestimmt, als kausaler Faktor in den anderen zwei Variablen impliziert.

Vielleicht den eindruckvollsten Beweis, daß das (in bezug auf den IQ) hochbegabte Kind in der Regel auch als Erwachsener erfolgreich ist (im Sinn der oben angesprochenen finanziellen und Prestigekriterien), gibt Termans berühmte Studie über hochintelligente Kinder in den Vereinigten Staaten (definiert empirisch als Kinder mit IQs von 140 oder darüber). Termans Gruppe bestand aus 857 Jungen und 671 Mädchen, deren Karrieren mehr als 35 Jahre lang verfolgt wurden; ein großer Teil ihrer Erfolge ist dadurch bekanntgeworden. Der tatsächliche Durchschnitts-IQ für die beiden Geschlechter lag in den ursprünglichen Messungen bei 151; darüber hinaus wurde eine Menge weiterer Informationen über jedes Kind gewonnen, einschließlich seines familiären Hintergrunds, der häuslichen Umgebung etc. Die Nachuntersuchungen zeigten, »daß das überlegenere Kind mit wenigen Ausnahmen der fähige Erwachsene wird, der in fast jedem Aspekt der Allgemeinheit überlegen ist«.

Wiederholte Tests während dieser Jahre zeigten, daß die hochbegabten Kinder dahin tendierten, ihren höheren IQ zu behaupten. Ihre Schulleistungen waren außergewöhnlich; mehr als 85 % traten in das College ein, und nahezu 70% graduierten. Ihr Berufsregister erweist sich ebenfalls als weit überlegen; natürlich müssen wir hier zwischen Männern und Frauen unterscheiden, da der Status der letzteren gewöhnlich zu einem beträchtlichen Ausmaß durch die Wahl ihres Ehepartners bestimmt wird. Dennoch haben die Frauen einen eindeutigen Beweis der höheren Leistung geliefert: sieben sind unter den *American Men of Science* aufgeführt, zwei im *Directory of American Scholars* und zwei in *Who's Who in America* (alle vor Vollendung des 43. Lebensjahres!). Sie haben 5 Romane veröffentlicht, 5 Gedichtbände und etwa 70 an verschiedenen Stellen edierte Gedichte; 32 technische, fachliche oder gelehrte Bücher, etwa 50 Kurzgeschichten, 4 Theaterstücke, mehr als 150 Essays, Kritiken und Artikel und mehr als 200 wissenschaftliche Abhandlungen; wenigstens 5 Patente sind von den hochbegabten Frauen angemeldet worden. Was die Männer angeht, so sind 86% in den zwei höchsten Berufskategorien (akademische und sonstige höhere Berufe) anzutreffen; 11% finden sich in kaufmännischen, geistlichen und gelernten Berufen; landwirtschaftliche und verwandte Beschäftigungen erreichen nicht ganz 2%, und die restlichen 1% verbleiben für angelernte Arbeiten. Die Liste der Erfolge dieser Männer in der Wissenschaft, dem Geschäftsleben und den Künsten würde viele Seiten füllen. Es kann gar kein Zweifel darüber bestehen, daß in bezug auf jeden der geläufigen sozialen Leistungsmaßstäbe die hochbegabten Kinder sich als die besten erwiesen. Es gab wenige Versager, aber noch diese könnten weitgehend durch den Mangel an geistiger Gesundheit, emotionaler Stabilität und sozialer Anpassung erklärt werden – immerhin eine Erinnerung zur rechten Zeit, daß der IQ – wenngleich extrem wichtig bei der Entstehung des Erfolges – doch nicht der einzige entscheidende Faktor ist: neben der Intelligenz erscheinen Persönlichkeitsvariablen auf dem Plan.

Wir könnten leicht viele Seiten fortfahren, die Beweise für die Relation zwischen IQ und Erfolg in den verschiedensten Lebensbereichen zu zitieren, aber Überfluß erscheint wenig sinnvoll; die Zeugnisse sind so überwältigend, daß wohl niemand die Bedeutung des Zusammenhangs bezweifeln kann. Die Studie von Terman ist auch nicht so sehr erwähnt worden, weil sie die interessanteste und gelehrteste ihrer Art ist, sondern vielmehr, weil sie uns Gelegenheit gibt, eine Hypothese zu prüfen, an die wahrscheinlich viele Leser selbst gedacht haben: Ist es nicht möglich, daß diese hochbegabten Kinder hohe IQs hatten und erfolgreich waren infolge des von ihren Eltern bereitgestellten sozialen Milieus? Die Eltern dieser Kinder waren doch sicherlich intelligenter und gesellschaftlich erfolgreicher als der Durchschnitt (wenn auch viel weniger als ihre Kinder!); was also könnten wir von unserer Begabtengruppe anderes als Erfolg erwarten, wo wir doch sehen, daß ihre Eltern gleichfalls begünstigter waren? – All diese Fragen sollen in einem späteren Kapitel noch eingehend diskutiert werden.

Viele Leute meinen, daß das psychometrische Modell der Intelligenz der körperlichen Grundlage ermangele; es scheint intuitiv leichter, die Länge eines Tisches oder die Temperatur eines Raumes zu messen als etwas Unsubstantielles wie die Intelligenz. Doch gibt es mehr Ähnlichkeiten als Unähnlichkeiten zwischen der Messung der Intelligenz und der Messung etwa der Temperatur; in beiden Fällen haben wir es mit einem Verhalten zu tun – im ersten mit dem Verhalten menschlicher Subjekte in einer problemlösenden Situation, im anderen mit dem Verhalten von Molekülen, die einander mit variierenden Geschwindigkeiten anstoßen. Auch kann man nicht sagen, wie einige Kritiker es getan haben, daß die Fälle verschieden sind, weil wir in bezug auf die Intelligenz keine gute Theorie haben, auf der die Meßmethoden gegründet sind. Wie wir gesehen haben, gab es auch keine adäquate Theorie für die Temperaturmessung, als deren traditionelle Methoden entwickelt wurden. Dennoch: wenn Intelligenz wirklich als eine biologische Größe betrachtet werden müßte, die den wohlbekannten Gesetzen der Vererbung unterliegt, dann würden wir erwarten, daß sie »einen lokalen Sitz und eine Bezeichnung« hätte – mit anderen Worten, wir müßten in der Lage sein, gewisse Eigenschaften des ZNS oder des Kortex zu entdecken, welche mit der Intelligenz korrelieren und welche theoretisch als Substrat für die intelligente Aktivität angesehen werden könnten. Die vergangenen Jahre haben uns in der Suche nach solch einem biologischen Unterbau dem Punkt, an dem wir behaupten können, zumindest einen ersten Schritt gemacht zu haben, viel näher gebracht.

Von allem Anfang der Intelligenztest-Bewegung sind Bemühungen angestellt worden, die gemessenen IQs zu Gehirnmerkmalen in Beziehung zu setzen, welche als Ursachen bei der Produktion intelligenten Verhaltens in Frage kommen könnten. Die Gehirngröße selbst ist natürlich die erste, weil naheliegendste Variable, und in der Tat scheint eine leichte, aber bestimmte Relation zu existieren. Etwa ein Dutzend Studien ist durchgeführt worden, um das Verhältnis zwischen Intelligenz und Schädelkapazität zu messen. In allen Fällen waren die Korrelationen positiv, wenn auch klein, und zwar 0,08 bis 0,34. Natürlich ist die Kopfgröße ein sehr grober Hinweis auf die Gehirngröße (wegen der verschieden starken Schädeldecke, unterschiedlicher Relationen von weißer und grauer Masse, differierender Körpergrößen, verschiedener Strukturen der Gehirnwindungen etc.); und selbst die Gehirngröße stellt nicht die Zahl der Zellen pro Volumenseinheit und andere mikro- und makroskopische Details des Kortex in Rechnung. Man könnte sagen, daß keine wirklich ernsthaften Versuche unternommen worden sind, um die tatsächlichen Beziehungen zwischen IQ und Gehirnanatomie festzustellen, so daß die bisher gefundenen leicht positiven Korrelationen zwar ermutigen, aber nicht ausreichen, um uns mehr als die aller indirektesten Hinweise auf das reale Ausmaß irgendwelcher möglicherweise vorhandenen Relationen zu geben. Vielleicht ist es die Forderung nach interdisziplinären und Längsschnittuntersuchungen, welche die Forscher davon abgehalten hat; doch wie immer die Gründe liegen mögen, es ist noch sehr wenig über diesen Aspekt der Leib-Seele-Beziehung bekannt.

Eine andere physiologische Variable, der man einen Zusammenhang mit der Intelligenz unterstellte, ist die Geschwindigkeit der neuralen Erregungsleistung, und frühe Investigatoren versuchten sie durch die Latenz* von gewissen Reflexen, wie dem Patellarsehnenreflex, zu bestimmen – ohne großen Erfolg. Die Messung der Reaktionszeit stellte sich als zu unproduktiv heraus, da die Geschwindigkeit, mit der eine Person auf ein Signal reagieren konnte, nur gering mit dem IQ korrelierte. Wenn man jedoch das Experiment auf mehrere Signale und verschiedene als Antwort niederzudrückende Tasten ausdehnte, so veränderte sich die Reaktionszeit gegenüber der einfachen Reaktion auf einen einzigen Reiz in einer gewissen Proportion zum IQ; je intelligenter eine Person war, um so weniger erhöhte eine Mehrleistung in der Informationsverarbeitung die Reaktionszeit. Es schien, als ob die Reaktionszeit selbst keine Relation zum IQ hatte, aber wenn einmal das Kodieren und Verwerten der Information ins Bild kam, konnten Individuen mit höherem IQ damit schneller fertig werden als welche mit niedrigem IQ. Dies gibt theoretisch durchaus einen Sinn, und es steht auch im Einklang mit dem gesunden Menschenverstand. Es stimmt auch gut mit der Arbeit über die »evozierten Potentiale« am Elektroenzephalographen überein, auf die wir nach der Betrachtung eines anderen neueren Forschungsergebnisses zurückkommen wollen.

Während des Zweiten Weltkriegs fand sich ein britischer Armeetester im Unteroffiziersrang, dessen Aufgabenbereich die statistische Analyse von Testdaten war, einmal ohne Beschäftigung. Folgend der Kommißregel, daß man zumindest den Anschein erwecken müßte, etwas zu tun, für den Fall, daß irgend jemand an der Muße Anstoß nehmen könnte und einem eine noch unangenehmere Arbeit gäbe, begann er alle möglichen Gruppen von Daten zu korrelieren, die ihm in die Hände fielen. Zu seiner Überraschung entdeckte er plötzlich unter diesen zusammenhanglosen Daten eine signifikante Korrelation, und als er daran ging herauszufinden, was er eigentlich kombiniert hatte, da war es auf der einen Seite der IQ und auf der anderen – die Anzahl von fehlenden Zähnen. Die errechnete Korrelation von – 0,63 wurde schnell verifiziert, indem man dieselben Variablen

* Latenz kann definiert werden als die Zeit, die zwischen der Reizdarbietung *(stimulus)* und der Reizantwort, der Reaktion *(sensory response)* verstreicht.

von anderen Stichproben maß, und noch immer ist sie die höchste Korrelation zwischen Intelligenz und einem physischen Merkmal des menschlichen Organismus, die jemals entdeckt wurde. Unglücklicherweise ist es nicht wahrscheinlich, daß eine Kausalkette vom Gebiß zur Intelligenz geht. Die Zahnpflege wurde (zumindest zu jener Zeit, d. h. bevor der Nationale Gesundheitsdienst in Großbritannien eingerichtet worden war) weitgehend von der gesellschaftlichen Schicht bestimmt; und, wie wir gesehen haben, ist die soziale Klassenzugehörigkeit einer Person auch hoch mit ihrer Intelligenz korreliert. Es könnte natürlich auch sein, daß intelligentere Leute überhaupt – ohne Rücksicht auf die Klasse – besser auf ihre Zähne achten.

Von größerem Interesse für viele Forscher sind die elektrischen »Gehirnwellen« gewesen, welche mittels eines Elektroenzephalographen aufgezeichnet werden, und unter ihnen insbesondere die Alpha-Wellen. Die traurige Wahrheit ist jedoch, daß es bei Erwachsenen keine einfache Beziehung zwischen dem Alpha-Rhythmus und Messungen des Leistungsniveaus gibt. Bei Kindern sind Korrelationen von 0,3 bis 0,6 vorhanden, aber diese beziehen sich eher auf das Intelligenzalter denn auf den IQ, d. h. sie scheinen auf die Reife bezogen zu sein. Dies ganze Feld harrt noch intensiverer Untersuchung.

Ein Aspekt der Arbeit mit EEGs, den Elektroenzephalogrammen, verspricht jedoch mehr und ist auch in den letzten Jahren stärker entwickelt worden, nämlich die sogenannten evozierten Potentiale, das sind Wellen negativer und positiver Elektrizität, die durch einen plötzlichen Reiz ausgelöst werden. (Diagr. 2 gibt ein typisches Beispiel dafür.) Diese Schwingungen sind ganz charakteristisch für eine bestimmte Person, sowohl in der Form als auch in bezug auf die Latenz, die Reaktionszeit, und man hat vermutet, daß sie mit den Eingabedaten *(input)* von analysierenden Mechanismen und mit der Einrichtung von Gedächtnisengrammen zusammenhängen; möglicherweise sind sie Maße für die »Geschwindigkeit der Verarbeitung« von Bits, den Informationseinheiten, wenn diese vom Kortex aufgenommen werden. Cattell (1971) stellt es so dar:

> »Es scheint vernünftig anzunehmen, daß sie [die evozierten Potentiale] nicht nur mit Erinnern zu tun haben, sondern auch mit der Auswertung des Stimulus, seinem Bezug zur Ordnung im sensorischen Bereich und auch mit der Eduktion von Relationen. Denn sie erscheinen, wenn auch andere Sinnesgebiete in Anspruch genommen werden, etwa, wenn eine normale wahrnehmungsabhängige Intelligenzaufgabe präsentiert wird. Nun kann man erwarten, daß ein kleinerer kortikaler Gesamtapparat – wie ein kleinerer Computer – länger braucht, um

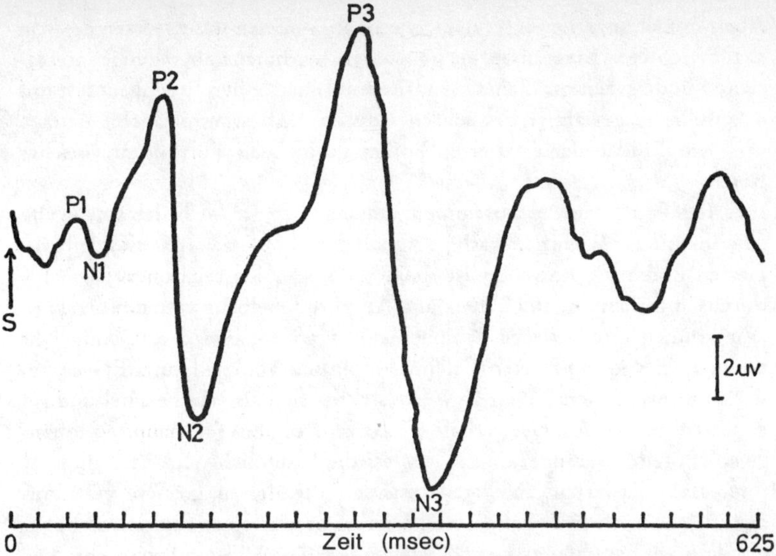

Diagr. 2 *Beispiel für evozierte Potentiale im EEG*

eine bestimmte Anzahl von Relationen auf die für eine Lösung erforderliche Ebene zu bringen, wie sie durch eine Standard-Testaufgabe gegeben ist.«

J. P. Ertl, ein kanadischer Psychologe, berichtete über Beobachtungen, welche in der Tat eine Korrelation von ungefähr −0,7 zwischen Intelligenz und einer Latenzmessung (über die Zeit von der Präsentation eines Stimulus bis zum dritten Wellengipfel) erbrachte; mit anderen Worten, schnellere Wellen charakterisierten intelligentere Subjekte. Trotz der hohen Reliabilität der evozierten Potential-Latenzen ist eine solch hohe Verwandtschaft eigentlich unwahrscheinlich, und die ursprüngliche Beobachtung wurde mit Ungläubigkeit aufgenommen. Doch spätere Arbeiten zeigten, daß Korrelationen von bescheidenerer Größe (d. h. in der Nähe von −0,3) mit einiger Verläßlichkeit reproduziert werden können. Nach diesen Resultaten ist ziemlich sicher, daß wir nun zumindest eines der physiologischen Merkmale, die mit der Intelligenz korreliert sind, identifizieren können; die hohe Reliabilität dieses Maßes in Verbindung mit der von Ertl berichteten Schwierigkeit der Änderung der Latenz durch irgendwelche Umweltmanipulationen läßt vermuten, daß das EEG-Muster wahrscheinlich eine starke erbliche Komponente hat. Eine unveröffentlichte Arbeit von J. Rust hat diese Vermutung bestätigt.

Auch Forschungen in unseren eigenen Laboratorien unterstützen die von Ertl berichteten Ergebnisse; sie haben darüber hinaus noch einige interessante Funde gezeitigt. Elaine Hendrickson führte einen Intelligenztest mit 93 zufällig ausgewählten Erwachsenen durch; sie bestimmte auch Latenzen und Amplituden der evozierten Potentiale in Beantwortung akustischer Reize.

Ihre Resultate – um es zusammenzufassen – zeigen, daß die Intelligenz sowohl mit der Latenz (negativ) als auch der Amplitude (positiv) der evozierten Potentiale korreliert ist; beide Sets von Korrelationen lagen bei durchschnittlich 0,4, und Latenz und Amplitude selbst waren unkorreliert. Wir können ihre Beiträge dahingehend ergänzen, daß der IQ ungefähr 0,6 mit einer kombinierten Latenz-Amplitude-Maßzahl am EEG korreliert. Die evozierten Potential-Werte stellten sich als sehr reliabel und reproduzierbar heraus. Der verbale IQ korrelierte besser mit den reizabhängigen Potentialveränderungen, als es der räumliche IQ tat; dies ist interessant, da verbale Intelligenztests dahin tendieren, größere g-Ladungen zu haben als räumliche Tests. Diese Korrelationen sind etwas höher als die zuvor berichteten; was wahrscheinlich dem Umstand zuzuschreiben ist, daß mehr auditive als visuelle Stimuli benutzt wurden und man guten Grund zu dem Verdacht hat, daß visuelle Reize weniger verläßlich sind und mehr Artefakten bei der EEG-Arbeit produzieren.

Was aber mißt eigentlich das am EEG evozierte Potential genau? Man hat gemeint, daß Unterschiede in der Latenz insbesondere ein Maß der »neuralen Effizienz« sind; auch ist in Erwägung gezogen worden, daß solche Latenzen die Geschwindigkeit der Informationsverarbeitung oder auch der -verschlüsselung messen. Wahrscheinlich steckt in jeder dieser Vorstellungen einige Wahrheit; zur Zeit läßt sich nicht mit Bestimmtheit sagen, welche von ihnen richtiger ist. Natürlich geht die Arbeit auf diesem Gebiet weiter, und wir dürften bald zu einem besseren Verständnis des dem IQ zugrunde liegenden physiologischen Prozesses kommen. Doch selbst so, wie die Dinge stehen, sind jene Studien in zweierlei Weise bedeutsam. Zunächst einmal demonstrieren sie ohne jede Frage, daß Intelligenz eine physische Grundlage hat, die weitgehend der Vererbung unterliegt. Zweitens lassen sie stark vermuten, daß g mehr ist als ein statistischer Begriff; Tests von vielen verschiedenen »Primärfähigkeiten« sind nachweislich mit der Latenz von evozierten Potentialen korreliert, was der von Guilford vertretenen Auffassung zu widersprechen scheint, daß es einige 120 unabhängige intellektuelle Faktoren geben könnte. Wenn diese Faktoren wirklich unabhängig wären, dann dürfte nur einer von ihnen mit evozierten Potential-Latenzen korrelieren; praktisch konnte man aber von allen getesteten Faktoren zeigen, daß sie solche Korrelationen haben, und diese pflegen (grob gesprochen) den g-Ladungen der Tests proportional zu sein. Hier also haben wir eine weitere Stütze für die Theorie einer generellen, kognitiven Fähigkeit, welche intelligentem Verhalten zugrunde liegt. –

In diesem Kapitel haben wir einiges Beweismaterial bezüglich des Problems aufgerollt, ob IQ-Tests wirklich die Intelligenz messen, so wie der Ausdruck gewöhnlich verstanden wird. Wir haben die Aufmerksamkeit auf die irrigen Annahmen gelenkt, welche von vielen Leuten im Zusammenhang mit dieser Frage gemacht werden; »Intelligenz« ist nicht irgendein Ding der Außenwelt, an das wir unsere Maßstäbe anlegen und entscheiden können, ob beide korrespondieren oder nicht. Eine solche Reifikation von wissenschaftlichen Begriffen ist unzulässig; alles was wir tun können, ist eine Theorie oder ein Modell der »Intelligenz« zu konstruieren – vorzugsweise ein quantitatives – und von diesem Modell prüfbare Ableitungen vorzunehmen. Wenn diese Deduktionen mit den experimentellen Messungen in Einklang stehen, dann können wir sagen, daß unsere Theorie oder unser Modell anscheinend auf der richtigen Linie liegt. Das Spearman–Burt–Thurstonesche Modell ist nun in der Tat ein quantitatives; woher allerdings auch einige seiner Schwierigkeiten rühren. Die meisten Soziologen, Psychiater, Pädagogen und Psychologen sind weitgehend unmathematisch (Lord Snow nannte sie *»innumerate«*, »zahl[en]los«), sie neigen ausschließlich zum Denken in verbalen Begriffen und versäumen, das Modell auf der für seine Korrektheit einzigen wirklich relevanten Grundlage, nämlich der quantitativen, zu kritisieren. Einige Kritiker sind auch noch stolz auf ihre Ignoranz, genau wie die französischen Physiker, die Newtons Arbeit kritisierten, ohne sich mit dem Erlernen seines Kalküls abzugeben. Solche verbalen Kritiken sind ziemlich bedeutungslos; die einzige Möglichkeit, ein quantitatives Modell zu widerlegen, besteht darin, quantitative Deduktionen von ihm zu machen, sie zu testen und entweder zu zeigen, daß sie falsch sind, oder zu beweisen, daß die einzelnen Teile des Modells unverträglich sind, d. h. verschiedene quantitative Werte erfordern. Keine dieser beiden Methoden hat das Modell bislang in irgendeine ernstliche Schwierigkeit gebracht. Andererseits ist es interessant zu sehen, daß sich die meisten der lautschreienden Kritiken nicht in seriösen wissenschaftlichen Publikationen fanden, sondern in Zeitungen, Zeitschriften und populären Büchern.

Umgekehrt ist es sehr schwierig, eine allgemeine Darstellung des Modells zu liefern, welche für Nichtexperten verständlich ist und dennoch auch einen gewissen Eindruck von dem zugrunde liegenden quantitativen Sy-

stem von Beweis und Deduktion gibt. Ich habe hier und da versucht, mit Worten die Art des quantitativen Denkens anzudeuten, das die Theorien, Deduktionen und Argumente der Konstruktionen des in Rede stehenden Modells bestimmt, aber Worte sind kein wahrer Ersatz für Zahlen. Wie der große Lord Kelvin sagte: »Die Kenntnis der Wissenschaft beginnt, wenn jemand messen kann, worüber er spricht, und es in Zahlen ausdrückt.« Oder wie Clerk Maxwell es beschrieb: »Wir verdanken all die großen Fortschritte in der Erkenntnis jenen, die sich mühen herauszufinden, wieviel es von irgend etwas gibt.« Dies ist die wahre Leistung der frühen Forscher in diesem Bereich; sie zeigten uns einen Weg herauszufinden, »wieviel es gibt« von der Intelligenz. Unsere Meßmethoden sind noch weit von der Perfektion entfernt, und viele Verbesserungen können und werden auch zweifellos an ihnen vorgenommen werden; nichtsdestoweniger sind die Fundamente solide gelegt. Der Nichtmathematiker aber kommt nicht um die wenig schmackhafte Wahl herum, entweder Schlüsse aus zweiter Hand zu akzeptieren oder aber selbst tüchtig in die Statistik einzusteigen. Sich rein semantischer und gewöhnlich irrelevanter Kritik an einem nur dunkel verstandenen Modell hinzugeben und die große Zahl von Fakten, welche es stützen, ja selbst die bei der Konstruktion verwendeten Methoden zu ignorieren, erscheint ziemlich verantwortungslos; es ruft jene Aristoteliker in Erinnerung, welche sich weigerten, durch Galileis Fernrohr zu schauen – aus Angst vor dem, was sie sehen könnten.
Das oben Gesagte gilt natürlich nicht für konstruktive Kritik; denn man kann nicht beweisen, daß das Modell in seiner derzeitigen Konstitution vollkommen ist und jenseits jeglicher Kritik. Ohne Zweifel hat Thurstone in beträchtlichem Umfang die Präzision erhöht, mit der *g* in einen multifaktoriellen Raum gestellt werden kann; zweifellos hat Burt das einfache Spearmansche Modell verbessert, indem er auf der Bedeutung von Gruppenfaktoren und einer hierarchischen Anordnung insistierte; es gibt auch keinen Zweifel, daß Guilford wertvolle Informationen über mögliche weitere Faktoren auf der Ebene der Primärfähigkeiten beitrug. Aber diese sind alle konstruktive Beiträge, die das Modell verbessern; sie eliminieren es nicht oder setzen ein anderes an seine Stelle. Viele Vorschläge werden gegenwärtig überprüft, in der Hoffnung, die Meßmethoden präzisieren zu können; aber diese dienen wiederum nur der Verbesserung, nicht der Zerstörung des Modells.
Als ein Beispiel betrachte man die sog. »Tests nach Maß« *(tailored testing)*. Diese Methode ist auf die Tatsache gegründet, daß der typische IQ-Test mit der Information sehr verschwenderisch umgeht. Ein Test mit – sagen wir – 100 Items, die stark im Schwierigkeitsgrad differieren, wird etwa

90 Aufgaben enthalten, die für ein jedes Subjekt irrelevant sind; viele Items werden zu leicht sein, als daß sie der Unterscheidung dienen können, und zahlreiche andere sind sicherlich zu schwer. Eine echte Messung findet nur durch ein paar Aufgaben in dem Schwierigkeitsbereich statt, wo die Chancen für eine richtige Lösung ungefähr 50% sind. Wenn wir nun eine große Zahl von Problemen mit bekanntem Schwierigkeitsgrad in die Gedächtnisspeicher eines Computers eingeben, so kann dieser programmiert werden, sie einer Versuchsperson zu präsentieren und die Reaktionen, das Niederdrücken einer numerierten Taste, zu kontrollieren: der Computer bestimmt dann, ob die Antwort richtig oder falsch ist. Die erste gestellte Aufgabe liegt genau in der Mitte der Schwierigkeitsskala; wenn sie gelöst ist, wird als nächstes ein Problem auf der 75%-Ebene der Schwierigkeit präsentiert, während im Falle des Versagens das nächstgezeigte Item auf dem 25%-Niveau liegt. Je nachdem, ob die zweite Aufgabe gelöst ist oder nicht, wird die dritte schwieriger oder leichter sein, und der Computer wird fortfahren, Items derart auszuwählen, daß er auf die kritische Problemgruppe, welche tatsächlich den IQ des Probanden mißt, zusteuert, wobei er alle die nutzlosen Aufgaben vermeidet, welche unter oder über seinem wirklichen Niveau liegen. In dieser Weise, durch individuelles Zuschneiden des Tests auf jedes Individuum, könnten wir verläßlichere Informationen in viel kürzerer Zeit erhalten, als es gegenwärtig möglich ist. Unser Modell ist also weit davon entfernt, perfekt zu sein, und somit offen jeder konstruktiven Kritik; ähnlich können die benutzten Testmethoden beträchtlich verbessert werden durch »Tests nach Maß« und andere Methoden. Weiterhin gibt es unzweifelhaft Anomalien in dem präsenten Modell; aber keine wissenschaftliche Theorie oder Modell ist jemals ohne Anomalien gewesen. Das Modell ist immer noch das einzige, das die bekannten Fakten zu erklären vermag. Solange nicht ein besseres aufgestellt ist, welches nicht nur wie das bestehende die anerkannten Tatsachen erklärt, sondern auch andere Fakten, die derzeit nicht von dem Modell erfaßt werden, oder Fakten voraussagt, welche gegenwärtig nicht vorausgesagt werden können, haben wir keine Wahl, als unser Modell beizubehalten und zu versuchen, es in Übereinstimmung mit unserem wachsenden Wissen zu verbessern. Das ist der übliche Weg in der Wissenschaft, und es ist kaum einzusehen, warum wir von ihm im Fall der Intelligenz abweichen sollten.

Kapitel III
Intelligenz und Vererbung

Was wir am Ende des letzten Kapitels sagten, findet mit gleich triftigen Gründen auf den Hauptpunkt dieses Kapitels Anwendung. Wir haben ein Modell der Vererbung der Intelligenz (und der Persönlichkeit), welches zwar alles andere als vollständig, vollkommen oder allumfassend ist, das aber einer großen Zahl von anscheinend disparaten Fakten Rechnung trägt: konstruktive Kritik dieses Modells ist mehr als willkommen, und in der Praxis hilft sie fortwährend, es zu verbessern. Unser Modell ist quantitativ, und im weiteren Verlauf werde ich versuchen zu illustrieren, was genau damit gemeint ist und in welcher Weise diese Eigenschaft das Modell unermeßlich stärkt, so daß wir es mit viel mehr Vertrauen benutzen, als es jemals bei einem rein semantischen System der Fall sein könnte. Die häufig gehörten Kritiken des Modells – oder vielmehr einiger Schlußfolgerungen, zu denen es hinführt – zollen diesen quantitativen Eigenschaften wenig oder gar keine Aufmerksamkeit: man möchte sagen, daß die Kritiker sich tatsächlich überhaupt nicht an das Modell wenden, sondern im rechten Winkel zu ihm reden.

Die eigentliche Natur des Problems wird häufig mißverstanden. Wir haben bereits Thodays Bemerkung in Kap. 1 zitiert, daß »jeder Charakter... sowohl genetischen Ursprungs als auch vom Milieu her determiniert ist.
... Der Genotyp enthält die Potentialitäten eines Organismus. Die Umwelt bestimmt, welche oder wieviel von diesen Möglichkeiten während der Ontogenese verwirklicht werden«.

Unsere Sorge ist nicht die Existenz solcher Charaktere, sondern die Ursachen der Varietät in einer Population. Wir fragen, wie die Diversität im Ausdruck des Charakters, welche in der Bevölkerung beobachtet werden kann, zu erklären ist. Es gibt offensichtlich beträchtliche individuelle Unterschiede in allen z. Z. meßbaren psychologischen Variablen; die Frage ist, in welchem Grade diese Differenzen von genetischen oder Umweltfaktoren verursacht werden.

Oft wird der Ausdruck »Varianz« gebraucht, um der Vorstellung von Variabilität, individuellen Unterschieden etc. eine größere Genauigkeit zu geben; er hat eine präzise technische Bedeutung. Man betrachte Diagr. 3, eine schematische Zeichnung der IQ-Verteilung in der Bevölkerung. (Die wahren Werte differieren etwas von denen in der Zeichnung, besonders am linken Ende, wo es unter dem IQ von 50 eine Ausbuchtung gibt, die

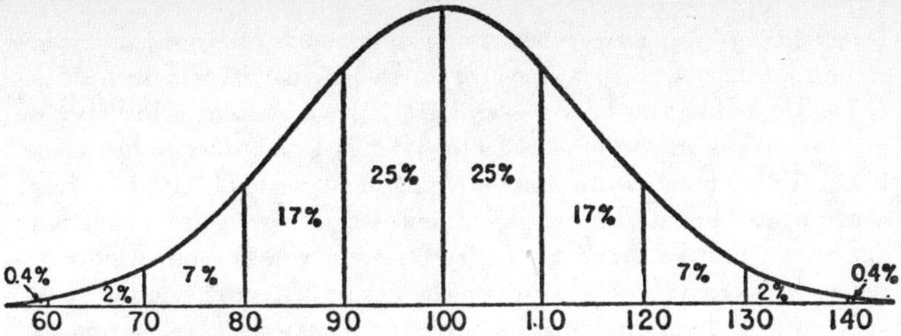

Diagr. 3 *Normalkurve der Verteilung der Intelligenz*

durch gewisse Typen geistiger Defekte erzeugt wird.) Die idealisierte Kurve ist auch als die Gaußsche Normalverteilung bekannt, und sie zeigt ungefähr die Anzahl der Menschen eines beliebigen IQ, die in der Bevölkerung angetroffen werden kann – so gibt es etwa 50% zwischen 90 und 110, 2 % zwischen 130 und 140 usw.

Die glockenförmige Kurve ändert ihre Richtung jeweils auf halber Höhe, wobei ihre Krümmung links von konkav zu konvex übergeht, rechts umgekehrt; wenn wir den genauen Punkt lokalisieren, wo dieser Wechsel stattfindet, können wir eine der zwei Variablen identifizieren, welche einer mathematischen Beschreibung der Kurve dienen. Im Fall des IQ liegt dieser Punkt bei 115 (oder 85 auf der anderen Seite), und der Abstand dieses Punktes von der Mitte (15 IQ-Punkte) wird als die Standardabweichung (s oder σ) bezeichnet. Die Varianz ist das Quadrat dieses Wertes (s^2; in unserem Fall 225) und dient als Maß für die gesamte Variabilität im IQ, die wir berücksichtigen müssen.

Diese totale Varianz kann in die erbbedingte und die umweltbedingte Varianz gespalten werden; die erstere wird oft »Heritabilität« (Erblichkeit) genannt und mit h^2 symbolisiert (weil sie das Quadrat des erblichen Anteils der Standardabweichung ist). Diese kann offensichtlich nicht für ein einzelnes Individuum bestimmt sein, da sie als ein Teil der Gesamtvarianz begriffen wird und die Varianz selbst von einer Gruppe von Individuen hergeleitet ist – gewöhnlich nicht die ganze Bevölkerung, sondern nur eine Stichprobe aus ihr. Charakteristisch für eine Population ist die Unwahrscheinlichkeit, daß h^2 konstant ist; sie kann von Zeit zu Zeit und von Ort zu Ort variieren. Wenn man zum Beispiel Schulbildung im Sinne größerer Gleichheit für alle zugänglich macht, wird es die Wirkung der Heritabilität auf *g* in demselben Verhältnis vergrößern, wie der Umwelteinfluß abnimmt; beschränkt man dagegen die Bildung auf wenige Begünstigte, so stellt sich der gegenteilige Effekt ein.

Daher kann h^2 für eine gegebene Population zu einer gegebenen Zeit bestimmt werden. Wir haben eine gute Vorstellung davon, wie hoch sie gegenwärtig in England oder in den USA ist; wir wissen nichts über sie in diesen Ländern vor hundert Jahren oder in China oder Indien heute. Natürlich könnten wir die Antworten auf den zweiten Teil dieser Frage experimentell herausfinden und auch eine brauchbare Approximation an den ersten Teil der Frage durch Extrapolation von bekannten oder geschätzten Werten gewinnen. Aber nicht dies ist der entscheidende Punkt, sondern daß die Heritabilität ein Gruppencharakteristikum ist und daß sie von der jeweils untersuchten speziellen Population abhängt. Im folgenden beschäftigen wir uns mit der Erblichkeit in der westlichen Welt, und die unten zitierten Zahlen sollten nicht auf Länder hinter dem Eisernen Vorhang oder auf Entwicklungsländer bezogen werden.

Es gibt viele Elemente, die in eine Gleichung zur Bestimmung von h^2 eingehen, und man muß sich klarmachen, daß bis vor ganz kurzer Zeit mehrere Ausdrücke in dieser Gleichung weder gemessen noch geschätzt werden konnten. So haben einige an diesen Fragen interessierte Genetiker und Psychologen gemeint, daß die verfügbaren Zeugnisse zwar ganz eindeutig die Bedeutung der Vererbung bei der Determination der individuellen IQ-Differenzen zeigten, aber uns keinesfalls befähigten, irgendwelche quantitativen Werte für den Grad der Erblichkeit abzuleiten; und doch waren sie nicht etwa Obskurantisten, sondern drückten einfach ihren Unwillen aus zu glauben, daß Teile der Gleichung, die sie nicht messen konnten, tatsächlich unwichtig und klein in ihrem Wert sein müßten.

Ein Ausdruck wie die Interaktion zwischen genetischen und Umweltfaktoren war in den ursprünglichen Formeln nicht enthalten; wie die Dinge liegen, erweist sie sich als nicht sehr bedeutsam, und in dieser Hinsicht wurden jene Genetiker und Psychologen gerechtfertigt, welche die anfänglichen, auf die älteren Formeln gegründeten Schätzungen zu akzeptieren bereit waren. Aber glücklicherweise brauchen wir uns nicht länger für die eine oder andere Deutung zu entscheiden; wir haben jetzt mathematische Formeln, die uns in die Lage setzen, die verschiedenen Komponenten der totalen Varianz zu messen, und wir können ein echtes Modell der erblichen Determination des IQ konstruieren – eine Leistung, die selbst zur Zeit, als Jensen (1969) seine berühmte Abhandlung schrieb, außerhalb unserer Möglichkeiten lag. Kritiker zitieren manchmal mit Genugtuung bekannte Genetiker oder Psychologen, die mehr oder weniger explizit feststellen, daß es unmöglich oder bedeutungslos sei, eine präzise quantitative Schätzung der Heritabilität zu geben; selten sehen sie, daß diese Ansprüche zu jener Zeit, in der sie geschrieben wurden, vollkommen gerechtfertigt waren; aber sie reflektieren eben nicht das gegenwärtige Wissen oder derzeitige Bedingungen. Es ist wichtig, die Änderungen zu verstehen, welche in diesem Gebiet in den allerletzten Jahren stattgefunden haben, hauptsächlich durch die Arbeit von J. L. Jinks und D. W. Fulker (1970) an der Universität von Birmingham. Es wäre nicht zuviel gesagt, daß ihre Forschungen das ganze Gebiet revolutioniert haben.

Die einzigen Formeln für die Ableitung der Erblichkeitsindizes, die den meisten Psychologen geläufig sind, wurden ursprünglich durch K. J. Holzinger im Jahre 1937 aufgestellt für ein weithin bekanntes Buch – Koautoren waren H. H. Newman und F. N. Freeman – mit dem Titel *Twins – a study of heredity and environment.* Diese Formeln sind sehr viel benutzt worden, aber sie konstituieren kein angemessenes Modell der Vererbung, und sie lassen auch viele wichtige Variablen außer acht. Hier ist, was Arthur Jensen (1973) darüber zu sagen hat: »Dank Holzingers einfachen und oft zitierten, aber theoretisch unsinnigen Erblichkeitsindizes sind alle in Newman *et al.* berichteten Erblichkeiten schlicht und einfach falsch, d. h. sie repräsentieren alles andere als Schätzungen dessen, was irgendein Genetiker jemals mit Heritabilität gemeint hat.« So sind die Kritiken an Untersuchungen, die diese Formeln verwendeten, vollkommen gerechtfertigt; aber dies sollte uns nicht zu der Meinung verleiten, daß jüngere Formeln und Modelle denselben Schwächen unterliegen. Insbesondere sind die sorgfältig durchgeführten Analysen von Jinks und Fulker (1970) und ihrer Kollegen in Birmingham Beispiele dafür, wie genetische Arbeit aussehen sollte. Kritiken, die sich auf die älteren Studien beziehen, sind irrelevant gegenüber diesen jüngeren oder auch gegenüber den neuen Analysen über einige ältere Arbeiten; falsch waren die Analysen in diesen Studien, nicht die Methode, Daten zu sammeln. Es sind gerade diese ganz jungen Methoden und Modelle, die uns befähigen, direkt solche Variablen wie assortative Paarung*, Dominanz**, Anlage-Umwelt-Interaktion etc. zu prüfen und welche uns

* *Assortative Paarung (assortative mating)* ist eine nicht zufällige Wahl des Sexualpartners. Bei positiv assortativer Paarung tendieren die Partner dazu, einander ähnlicher zu sein, als der Zufall es erlaubte; negativ assortative Paarung findet statt, wenn die Partner sich weniger gleichen, als durch zufällige Faktoren erklärbar ist. Assortative Paarung für die Intelligenz ist stark positiv, die Gatten korrelieren ungefähr +0,5 miteinander.

** *Dominanz* ist ein Ausdruck der Genetik. Die Menschen besitzen 23 Chromosomenpaare, welche die Träger von Genen, der Erbeinheiten, sind. Die zwei Gene an identischen Orten auf einem Chromosomenpaar werden Allele genannt; oft sind ihre Wirkungen einfach additiv. Manchmal ist ein Allel *dominant* über das andere, das dann *rezessiv* genannt wird; solch eine Dominanz kann vollständig oder teilweise sein. Die dominante Form findet ihren Ausdruck in dem physischen oder geistigen Merkmal, das sich bei der Nachkommenschaft zeigt. (S. auch Fußnote S. 118.)

recht geben in der Behauptung, daß die Erblichkeit der Intelligenz annähernd 80% beträgt. Kritiker dieser Zahl müßten eigentlich mit Genetikern rechten, welche diese Revolution der Analyse ausgearbeitet haben, und nicht mit Psychologen, die vielleicht behaupten, diesen wichtigen Fortschritt zu verstehen, nicht aber, ihn erfunden zu haben.

Wir müssen nun die vielen verschiedenen Wege erörtern, auf denen die Hypothese geprüft werden kann, daß die Vererbung genauso wie die Umwelt eine bedeutsame Rolle bei der Erzeugung der Intelligenzunterschiede spielt. Man wird sehen, daß diese Methoden ganz stark variieren, indem sie die unterschiedlichsten Annäherungen versuchen; dies ist natürlich eine der Stärken der Theorie, daß sie uns erlaubt, das Phänomen von vielen verschiedenen Standpunkten aus zu betrachten.

Der erste Punkt in diesem Zusammenhang ist, daß die verwendeten Methoden eindeutig in zwei getrennte Gruppen fallen. Wenn die beobachtete Variation in der Intelligenz von zwei Variablen abhängt, die der Vererbung respektive der Umwelt zuzuschreiben sind, dann können wir die Heritabilität in zweierlei Weise messen. Entweder führen wir genetische Untersuchungen durch (z. B. an Zwillingen), in denen wir versuchen, die genetische Varianz direkt einzuschätzen, oder wir versuchen, den Beitrag der Umweltfaktoren zu schätzen und zu maximal möglicher Erblichkeit zu kommen, indem wir den auf das Milieu entfallenden Teil vom Ganzen abziehen (weil Vererbung und Umwelt zusammengenommen nicht mehr als 100% ergeben können). Dieser Punkt ist etwas sehr vereinfacht, da wir die Unreliabilität der Tests vernachlässigt haben (welche sich tatsächlich weder dem Anteil der Anlage- noch der Umwelt-Varianz einfügt) wie auch die Wechselwirkung zwischen Anlage und Umwelt; aber die erstere ist leicht zu messen, und letztere hat sich in Wirklichkeit als relativ unwichtig herausgestellt. Für unsere Diskussion werden wir zweckmäßigerweise solche Details übergehen. (Wenn es uns um die genaue Bestimmung der Erblichkeit ginge, müßten wir natürlich auch Komplikationen dieser Art berücksichtigen.) Wir werden zunächst direkte Versuche zur Einschätzung der Erblichkeit erwägen und uns dann anhand der Studien über Pflege- und Waisenkinder etc. der Messung des Umwelteinflusses zuwenden.

Betrachten wir zuerst Untersuchungen über erbgleiche Zwillinge, die getrennt aufgewachsen sind. Bekanntlich gibt es ja zwei Typen von Zwillingen – erbgleiche eineiige oder monozygote (EZ, engl. *MZ*) und die erbungleichen zweieiigen oder di-/heterozygoten (ZZ, *DZ*). Die ersteren entstehen durch Teilung einer einzigen Eizelle nach der Befruchtung von nur einer einzigen Samenzelle; EZ haben daher – auch wenn sie in genetischer Hinsicht nicht genau »identisch« sind – eine gemeinsame chromosomale Anlage. ZZ dagegen entwickeln sich nach der Befruchtung von zwei Eizellen durch zwei Samenzellen, die zufällig gleichzeitig in die Gebärmutter gelangt sind; sie ähneln einander in bezug auf die Erbanlage nicht mehr als gewöhnliche Geschwister, das heißt sie haben 50% der Erbfaktoren gemeinsam. So müssen praktisch alle beobachteten, phänotypischen* Unterschiede zwischen EZ der Umwelt zugeschrieben werden, während bei ZZ die Vererbung selbst für viele der sichtbaren Unterschiede verantwortlich sein kann. Es ist klar, daß diese zufälligen Spiele der Natur uns eine vorzügliche Gelegenheit bieten, genetische Experimente durchzuführen; Variablen, die in keiner Weise durch genetische Faktoren beeinflußt werden, müßten unter EZ und ZZ in etwa demselben Grad differenziert sein, da sie alle Unterschiede der Umwelt verdanken. Je wichtiger genetische Faktoren sind, um so mehr werden sich EZ, im Vergleich zu ZZ, ähneln.

Eine Möglichkeit, diesen Zugang zu benutzen, ist durch Zwillingspaare gegeben, die in gemeinsamer Umgebung aufwachsen und bei denen Unterschiede, die von der Erbanlage abhängen, deutlich hervortreten. Jedoch erhebt sich hier eine schwierige Frage: sind die »gemeinsamen Umwelten« von EZ und ZZ tatsächlich in gleicher Weise »gemeinsam«, oder werden EZ, da sie einander ähnlicher sind, in einer ähnlicheren Weise von Eltern, Lehrern und Gleichaltrigen behandelt? Diese Schwierigkeit wird vermieden, wenn wir ausschließlich EZ beobachten, die kurz nach ihrer Geburt getrennt wurden. (Idealerweise müßte man sie bald nach der Empfängnis trennen, aber dies ist natürlich leider – zum Nachteil der Forschung – nicht möglich.) Die Zwillinge teilen eine gewisse gemeinsame Umwelt vor und gewöhnlich auch für ein paar Monate nach der Geburt; dennoch verbringen sie den weitaus größten Teil ihres Lebens in ganz eigenen und verschiedenen Umgebungen, so daß alle Ähnlichkeiten zwischen ihnen wahrscheinlich der Erbanlage zuzuschreiben sind und nicht den Unterschieden des Milieus. Dies zumindest ist das Grundprinzip der Experimente, die nun betrachtet werden sollen. Die Kritik des Prinzips selbst – denn es ist nicht unangreifbar – soll diskutiert werden, nachdem wir die Resultate aufgezeigt haben.

Es gibt in der Literatur (bis 1974) Berichte über 122 monozygote Zwillingspaare, die nach frühzeitiger Trennung in ihrem Leben unabhängig voneinander aufgezogen wurden. Der mittlere IQ dieser Zwillinge ist 97, was nicht so weit von dem Bevölkerungsdurchschnitt von 100 entfernt ist, als

* Der *Phänotyp* bezieht sich auf die beobachteten Charakteristika eines Organismus; sie beruhen auf der Interaktion von Umwelt und der als *Genotyp* bezeichneten Erbanlage, dem rein genetischen Faktor des Erscheinungsbildes.

daß sie nicht repräsentativ wären. Der mittlere Unterschied im IQ innerhalb der einzelnen Paare beträgt 6,60 IQ-Punkte (was mit einem Unterschied von 4,68 bei Testwiederholung verglichen werden sollte). Die Korrelation von Zwillingen liegt bei 0,82, aber wenn man diese mit Bezug auf die Reliabilität korrigierte, würde der Wert auf ungefähr 0,86 heraufgehen (unter Annahme einer Reliabilität von 0,95) oder etwa 0,90, um eine mehr realistische Annahme zu machen. Diese Zahlen haben für die Berechnung der Erblichkeiten nur dann eine Bedeutung, wenn wir annehmen können, daß Zwillinge rein nach dem Zufall neue Umwelten erhalten hätten, d. h. daß der sozio-ökonomische Status des einen Elternhauses keinerlei Relation zu dem des anderen aufwiese. Diese Frage kann wirklich nur bei den 46 Zwillingspaaren verfolgt werden, die Sir Cyril Burt (1966) getestet hat, da er der einzige Untersucher ist, der Informationen über den sozio-ökonomischen Status der Elternhäuser, in denen die Zwillinge erzogen wurden, bereitgestellt hat. Er benutzte sechs Kategorien beruflicher Tätigkeit – (1) höhere geistige *(higher professional)*, (2) niedere geistige *(lower professional)*, (3) angestellte *(clerical)*, (4) gelernte *(skilled)*, (5) halbgelernte *(semiskilled)* und (6) ungelernte *(unskilled)*. Fälle, in denen die Kinder in Internaten aufwuchsen – es waren sieben – müssen weggelassen werden, da es keine Grundlage gibt, sie einer der sechs Kategorien zuzuordnen. Zwischen den sozio-ökonomischen Niveaus der Elternhäuser von je zwei getrennten Zwillingen bestand keine Beziehung (die Korrelation war 0,03), und daher kann auch keine der Korrelationen zwischen den IQs der Zwillinge etwaigen Ähnlichkeiten ihrer häuslichen Umgebung zugeschrieben werden. Dies könnte bei den anderen Untersuchungen über getrennt aufgezogene Zwillinge nicht der Fall sein, und tatsächlich differiert Burts Studie in dieser Hinsicht von der Newmans, Freemans und Holzingers, wo es Anzeichen für eine derartige Korrelation gibt. Wenn dies jedoch ein wichtiger Punkt wäre, dann müßte Burts Untersuchung, indem sie keine Korrelation zeigt, den niedrigsten Wert für die Interkorrelation der IQs der Zwillinge haben; statt dessen fand er die höchste von den vier Untersuchern, die diese Technik benutzt haben. Folglich können wir zwar die Möglichkeit nicht vollkommen ausschließen, daß die Plazierung der Zwillinge in Elternhäusern durch den Wunsch mitbestimmt ist, ihnen einen ähnlichen familiären Hintergrund zu geben, dennoch kann der Einfluß dieses Faktors nicht sehr bedeutsam sein.

Die Zwillinge differieren natürlich im Hinblick auf das Ausmaß der faktischen Intelligenzunterschiede; dies würde bei jeder Messung erwartet werden, die nicht vollkommen reliabel und die in einem gewissen Grade von äußerlichen (Umwelt-)Variablen beeinflußt ist. Einige Kritiker haben einen besonders extremen Fall von Verschiedenheit (den zwischen Gladys mit einem IQ von 92 und Helen mit einem IQ von 116) herausgesucht und argumentiert, daß dieser Unterschied von 24 Punkten die ganze Beweiskraft aufhebt. Diese Zwillinge waren im Alter von 18 Monaten getrennt und wurden mit 35 Jahren getestet; sie hatten als Kinder äußerst unterschiedliche gesundheitliche Entwicklungen durchgemacht, indem Gladys an einer Menge ernsthafter Krankheiten gelitten hatte, von denen eine beinahe tödlich ausgegangen wäre, wohingegen Helen sich ihr Leben lang außergewöhnlich guter Gesundheit erfreuen durfte. Aber merkwürdig genug, die Existenz einer vereinzelten derart hohen Diskrepanz zerstört die Begründung für den Einfluß der Vererbung keineswegs, sondern dient gerade dazu, sie um so mehr zu sichern. Der Grund ist einfach; in der Wissenschaft können Resultate gleichermaßen zu gut wie nicht gut genug für ein Modell sein. Wenn eine Hypothese vorhersagt, daß 9 von 10 Fällen innerhalb eines gegebenen Bereichs liegen sollten, dann ist die Voraussage sowohl durch das Herausfinden, daß nur ein paar Fälle in den Bereich fallen, wie auch, daß alle 10 Fälle darin liegen, falsifiziert. Wenn man die durchschnittlichen IQ-Unterschiede zwischen getrennt aufgezogenen EZ und die Verteilung dieser Werte nimmt, dann kann *eine* Differenz aus 122 durchaus 24 Punkte betragen; wenn diese gefehlt hätte, würden die Ergebnisse zu der Voraussage gar nicht passen.

Welches sind nun die numerischen Resultate der Bemühungen, die Heritabilität zu messen oder zu schätzen? Jensen (1972) hat vier Untersuchungen reanalysiert und ist zu dem Schluß gekommen, daß die Varianz in folgender Weise aufgeteilt werden kann: Vererbung = 85%; Umwelt = 10%; Testfehler = 5%. Es ist allerdings bei der Interpretation dieser Zahlen eine gewisse Vorsicht am Platze. Zunächst einmal wurden die Zwillinge nicht bei ihrer Geburt getrennt, sondern im Durchschnitt erst nach etwa einem halben Jahr; es ist möglich, daß prä- und postnatale Umweltfaktoren dazu beigetragen haben, sie einander ähnlicher zu machen, als sie sonst geworden wären. Dieser Faktor könnte sehr wohl den erblichen Beitrag zur Varianz künstlich erhöht haben. (Es gibt Anzeichen dafür, daß dies nicht so ist; wir werden später darauf eingehen.) Aber zum zweiten gibt es Faktoren, von denen man erwarten könnte, daß sie ihn künstlich senken. Selbst zwischen EZ entstehen gewisse Unterschiede in den ersten Stadien der Zellteilung *in utero*, was dazu führt, daß diese Zwillinge weniger gleich sind, als eine vereinfachte Darstellung der chromosomalen Vererbung vermuten ließe. C. D. Darlington (1954) hat einen Überblick dieser Einflüsse mit der Feststellung beschlossen, daß der Gesamteffekt dieser fehlenden biologischen Übereinstimmungen ausreichend sein würde, um zu einer

großen Unterschätzung der Erblichkeit bei allen Zwillingsforschungen zu kommen. Und drittens, B. Price (1950) hat gezeigt, daß es – wie er es nennt – »primäre Neigungen« *(primary biases)* in der pränatalen Entwicklung von EZ gibt, welche für die Diskordanzen zwischen ihnen während der postnatalen Entwicklung verantwortlich sind.
Wenn wir die Faktoren, denen Darlington und Price ihre Aufmerksamkeit gewidmet haben, zusammennehmen, so sind sicherlich die Schätzungen der Heritabilität, die auf der Hypothese der identischen Erbanlage in EZ beruhen, voreingenommen. Das soll heißen, daß man die Umwelt für Wirkungen verantwortlich macht, welche tatsächlich entweder der Vererbung zugeschrieben werden müssen oder sonst zu einer Art von »Niemandsland« gehören, das in Wirklichkeit weder Anlage noch Umwelt in der gewöhnlichen Bedeutung dieser Begriffe ist. Wenn man diese drei Quellen möglichen Irrtums in Rechnung stellt, so ist es wahrscheinlich, daß sie sich entweder ausgleichen oder daß die bisher vollzogene Schätzung der Erblichkeit eine leichte Unterschätzung darstellt. Zukünftige Forschung aber hat eindeutig die Aufgabe, detaillierter als bisher die präzisen Bedingungen aufzudecken, unter denen die in Frage stehenden Phänomene sich ereignen; d. h. es sollten eine sorgfältige Prüfung der mitspielenden Umweltvariablen über die einfache Einschätzung des sozio-ökonomischen Status hinaus und außerdem genaue Untersuchungen der Geburtsgeschichte des Fötus durchgeführt werden. Diese zusätzlichen Analysen dürften die bis jetzt erzielten Schlußfolgerungen nicht substantiell verändern, aber sie würden es uns ermöglichen, eine präzisere und weniger voreingenommene Einschätzung zu erhalten, als sie gegenwärtig greifbar ist. Natürlich könnte über die Details dieser Forschungen noch viel mehr gesagt werden, aber dies ist ja kein Lehrbuch, und so müssen wir uns mit den Hauptergebnissen begnügen. Wir wollen lediglich einen weiteren Punkt bemerken: Wie eindrucksvoll auch immer die Entdeckungen sind, man sollte ihnen nur trauen, wenn ähnliche Resultate bei Verwendung anderer Forschungsmethoden erzielt werden, die von den hier benutzten logisch unabhängig sind. Erst durch diesen Konsensus der Methoden, die nicht der gleichen Kritik unterliegen, kann die Wissenschaft ein quantitatives Modell errichten, welches auch wirklich zuverlässig ist.
Als nächstes wenden wir uns den Studien über mono- und heterozygote Zwillinge zu. Die Logik dieses Verfahrens ist bereits erklärt worden; sie beruht auf den jeweils beobachteten IQ-Differenzen zwischen EZ-Paaren einerseits und gleichgeschlechtlichen ZZ-Paaren andererseits. Gewöhnlich werden diese Unterschiede mittels Korrelationen ausgedrückt, und unser Modell würde voraussagen, daß diese Korrelationen für EZ wesentlich

höher seien als für ZZ. Die Korrelation zwischen EZ, die zusammen aufgezogen werden, ist ungefähr 0,87, die von getrennten EZ ungefähr 0,75. Wenn wir zu ZZ kommen, geben verschiedene Untersuchungen leicht variierende Werte, aber der Durchschnitt ist ungefähr 0,50 für verschiedene Geschlechter und 0,55 für gleichgeschlechtliche Paare. So gibt es also keinen Zweifel über die Existenz der postulierten Unterschiede. Die erhaltenen Werte sind ziemlich nahe den theoretisch errechneten; bei assortativer Paarung und partieller Dominanz beläuft sich der vorhergesagte Wert auf 0,52 für beide ZZ-Typen. Diese Studien geben uns somit eine Stütze für die Hypothese einer strengen erblichen Komponente in der Verursachung der IQ-Unterschiede; können sie uns aber auch als Hilfsmittel bei der Konstruktion eines Modells der Genwirkung dienlich sein, das uns in die Lage versetzte, mehr im einzelnen gerade die genetischen Kräfte festzustellen, welche bei der Erzeugung dieser Effekte aktiv sind?

Ein entscheidender Versuch ist durch Jinks und Fulker (1970) unternommen worden, die jüngst entwickelten Methoden biometrisch genetischer Analyse für diesen Zweck zu nützen, indem sie die durch die jahrelangen Zwillingsforschungen bereits existierenden Daten verwendeten. Diese Methoden sind zu technisch, um sie im Detail zu beschreiben, aber wir wollen den Ausgang ihrer Analysen beschreiben, soweit sie für uns von Interesse sind. Zunächst fanden sie heraus, daß »die Vererbung der meisten der reanalysierten psychologischen Messungen mit einem einfachen Modell konform geht. Im Hinblick auf den Pessimismus über den möglichen Einfluß von korrelierten Umwelten und einer Genotyp-Umwelt-Interaktion, der so oft in der psychologischen Literatur ausgedrückt wurde, ist der Befund beruhigend, daß sie keineswegs universelle Phänomene sind«. Interaktionseffekte, die angeblich die Aufteilung der Varianz zwischen Anlage und Umwelt unmöglich machen sollten, wurden als entweder nicht existent oder ganz unwichtig erwiesen. Dies ist entscheidend, weil es eine mögliche Quelle der Kritik an vielen früheren Studien, welche die ältere Methodologie benutzten und infolgedessen einfach die Möglichkeit solcher Wechselwirkungen übersahen, versiegen läßt. Zweitens entdeckten Jinks und Fulker, daß Umweltunterschiede »zwischen Familien«* unbedeutend sind; dies ist aus dem nämlichen Grund interessant: die älteren Methoden,

* Umweltwirkungen können sich »innerhalb der Familien« *(within families)* ereignen, d. h. sie sind durch unterschiedliche Behandlung der Kinder innerhalb derselben Familien verursacht, oder aber »zwischen den Familien« *(between families)*, d. h. sie sind dann Ursachen zuzuschreiben, die von einer zur anderen Familie differieren. (Als deutsche Termini technici bieten sich hier »intrafamiliär« und »interfamiliär« an; d. Ü.)

die wegen unzureichender statistischer Werkzeuge solche Faktoren nicht einbeziehen konnten, waren der Kritik aus theoretischen Gründen ausgeliefert; und jetzt stellt sich heraus, daß diese Kritiken überhaupt keine Durchschlagskraft hatten. Drittens war es Jinks und Fulker möglich zu zeigen, daß unmittelbare Dominanz (hoher IQ als dominant über niedrigen IQ) wie auch assortative Paarung in dem Modell präsent sind; damit wird es viel präziser als früher. Und viertens demonstrierten sie, daß die genetische Determination des IQ nicht nur eine Anzahl verschiedener Gene einbezog (was zuvor schon feststand), sondern daß die Zahl der involvierten Gene wahrscheinlich um die 100 lag. Wie sie herausstellen, »läßt die Genaktivität stark vermuten, daß der IQ einer beträchtlichen unmittelbaren natürlichen Auslese in der Entwicklungsgeschichte der Menschheit unterworfen war«. (In diesen Analysen wurde nicht nur von Daten Gebrauch gemacht, die EZ und ZZ einschlossen, aber die hauptsächlichen Analysen beruhten auf diesen Gruppen.)

Studien auf dieser Linie werden oft kritisiert aufgrund der Tatsache, daß EZ von ihrer Umgebung gleichartiger behandelt würden als ZZ und daß folglich die Annahme gleicher Umwelt für die zwei Typen von Zwillingspaaren nicht gerechtfertigt sei. Es besteht kein Zweifel, daß in vielen Fällen EZ gleichartiger behandelt werden, aber es muß bezweifelt werden, daß die Art und Weise, wie dies getan wird, für die intellektuelle Entwicklung sehr relevant ist. Der Einwand ist wahrscheinlich eher anwendbar auf Studien der Vererbung der Persönlichkeitsvariablen, und selbst dort wurden empirische Beweise dafür erbracht, daß der Effekt nicht stark ist, ja sogar vollkommen fehlen kann (dieser Punkt kommt in einem späteren Kapitel noch einmal zur Sprache). Um dies als eine wichtige Ursache der Variation in der Intelligenzleistung darzustellen, würde es notwendig sein zu zeigen, daß Eltern zwischen ZZ in einer Weise unterscheiden, die als einflußreich auf den IQ erwiesen werden kann; dies ist nie geschehen. Und wenn wir sehen (was sogleich der Fall sein wird), wie schwierig es ist, IQ-Werte selbst durch die bestimmtesten Anstrengungen zu ändern, und wie klein die Auswirkungen tatsächlich sind, ist es extrem unwahrscheinlich, daß die kleinen Unterschiede, welche Eltern in ihrer Behandlung von ZZ (im Vergleich zu ihrer Behandlung von EZ) machen könnten, irgendwelche größeren Effekte produzierten, die uns zwingen würden, unsere Schätzungen der Heritabilität aufgrund dieser Daten erneut zu überprüfen.

Ein weiteres Ergebnis der Untersuchungen von Jinks und Fulker ist von besonderem Interesse. Neben der Analyse der IQ-Leistungen in mehreren Tests erforschten sie auch die Schulkenntnisse der verschiedenen Zwillingstypen. Dies ist deshalb wichtig, weil extreme Environmentalisten oft

behauptet haben, daß IQ-Tests stark durch kulturelle Variablen verunreinigt sind und sich daher im Prinzip nicht von den Tests über schulische Leistungen unterscheiden. Wenn dies wahr wäre, dann müßten für diese zwei Arten von Tests ähnliche Resultate gefunden werden; tatsächlich zeigen die Daten massive Unterschiede. 1. Burts Gruppentest der Intelligenz (welcher wahrscheinlich den Bildungstests mehr ähnelt als die »kulturneutralen« Tests) erbrachte eine Erblichkeit von 0,86; der über Schulwissen weniger als 0,30. Dies ist ein gewaltiger Unterschied, der vermuten läßt, daß schulische Leistungen zum Teil durch angeborene Intelligenzunterschiede verursacht werden, und zusätzlich von Umweltfaktoren; von diesen zwei Arten von Determinanten sind die letzteren entschieden wichtiger.
2. Ein einfaches Modell der Vererbung war zwar dem IQ angemessen, nicht aber der schulischen Leistung.
3. Für Schulleistungen erwies sich die gemeinsame familiäre Umgebung als sehr wichtig, was noch durch Auswirkungen von korrelierten Umwelten akzentuiert wurde; keiner dieser Funde war auf die IQ-Daten anwendbar.

Im Hinblick auf diese Resultate ist es nicht länger möglich, die Vorstellung aufrechtzuerhalten, daß IQ-Tests mit Tests über erlerntes Wissen identisch oder ihnen auch nur ähnlich sind; die zwei Arten von Tests unterscheiden sich so tiefgreifend in so vielen einschlägigen und wesentlichen Variablen, daß gar kein Vergleich möglich ist. Derartige Kritiken des genetischen Modells beruhen auf ganz unhaltbaren Annahmen, und nur eine muntere Mißachtung der quantitativen Zeugnisse kann jemand dazu bringen, diesen Ideen Bedeutung beizumessen. Was immer IQ-Tests auch messen mögen, ganz sicher ist es nicht Schulwissen, auch wenn der IQ natürlich eine Rolle spielt, um ein Kind in die Lage zu setzen, schulische Kenntnisse zu erwerben.

Wenn wir auf das Studium der Verwandtschafts-Korrelationen schauen, so gibt uns das genetische Modell die Möglichkeit, die Interkorrelation der IQs, die von verschiedenen Graden der Verwandtschaft zu erwarten ist, abzuleiten, d. h. zwischen Eltern und Kindern, Onkeln und Neffen, Vettern ersten und zweiten Grades usw. Über 50 solcher Untersuchungen sind in der Literatur beschrieben und zudem in einer Zusammenfassung durch L. Erlenmeyer-Kimling und L. F. Jarvik (1963) weiteren Kreisen zugänglich gemacht. Obwohl die Studien auf eine große Verschiedenheit mentaler Tests gegründet und unter einer Vielzahl von Bedingungen durchgeführt wurden, von zahlreichen Untersuchern mit kontrastierenden Ansichten hinsichtlich der Wichtigkeit der Vererbung, schlossen die obengenannten Autoren dennoch, daß »gegen diese ausgesprochene Heterogeneität, die das Bild eigentlich verdunkelt haben müßte und die sich auch tatsächlich in der breiten Spanne der Korrelationen widerspiegelt, sich aus den Daten eine eindeutig definierte Konsistenz abzeichnet. Die vielfältigen Daten sind vereinbar mit der allgemein begünstigten Hypothese der polygenischen Verantwortung für ererbte Unterschiede der geistigen Fähigkeiten«.*

Diagr. 4 gibt im Detail einige der hauptsächlichen Befunde wieder; die erwarteten Korrelationen sind durch ein Kreuz markiert, die beobachteten durch eine Null. Man sieht, daß die vorausgesagten und die tatsächlichen Werte bemerkenswert nahe beieinander liegen. Die theoretischen Werte sind unter der Annahme assortativer Paarung und partieller Dominanz abgeleitet; wie wir in unserer vorausgehenden Diskussion gezeigt haben, sind die Beweise für beide recht stark. Man beachte, daß dies ein Modell

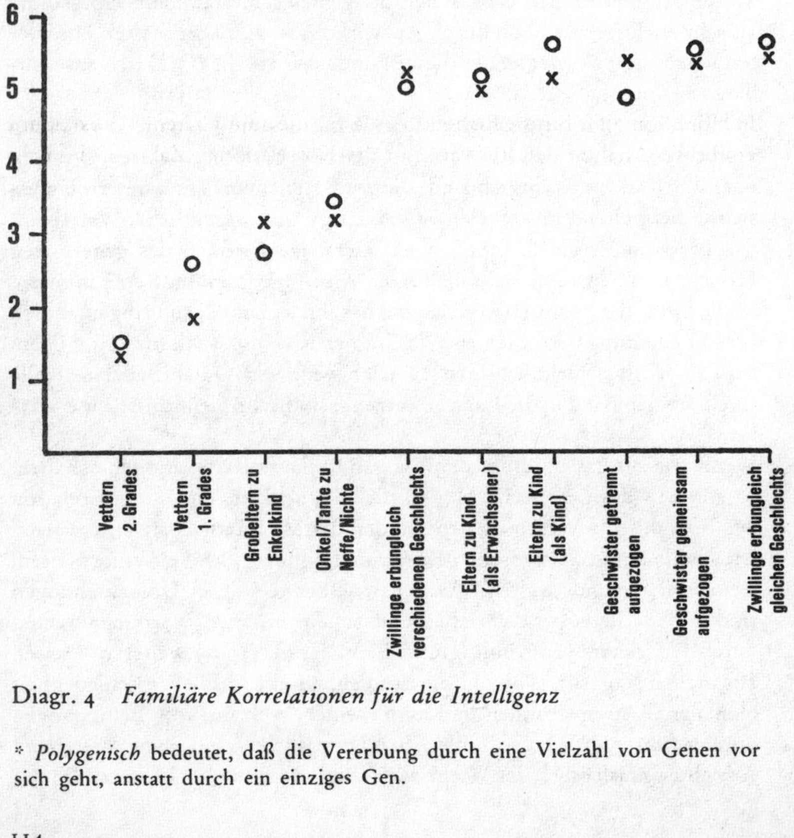

Diagr. 4 *Familiäre Korrelationen für die Intelligenz*

* *Polygenisch* bedeutet, daß die Vererbung durch eine Vielzahl von Genen vor sich geht, anstatt durch ein einziges Gen.

ist, das nur genetische Ursachen postuliert, d. h. keine Umweltursachen zuläßt; eine engere Übereinstimmung könnte ohne Zweifel erhalten werden, wenn wir unser Modell für die erwarteten Korrelationen auf der Basis der Heritabilität von 0,80 statt 1,00 gründeten. Auf jeden Fall demonstrieren die Zahlen eindeutig, daß die Umwelteinflüsse bei der Erzeugung der beobachteten Werte nicht sehr wirksam gewesen sein konnten.

Burt (1961) hat es unternommen, die von ihm selbst gesammelten Verwandtschaftsdaten von Londoner Schulkindern weiter zu analysieren; die Ergebnisse sind in Tab. 5 gezeigt. Er benutzte tatsächlich zwei Bewertungsgrundlagen. Die erste war der IQ-Score des Kindes: erschien dieser Wert einem Kinde gegenüber als ungerecht und nicht repräsentativ für seine wirkliche Intelligenz, wurde das Kind nochmals getestet, wobei nicht selten mehrere verschiedene Tests bei mehreren Gelegenheiten durchgeführt wurden. Diese führten zu einer »angeglichenen« *(adjusted)* Einschätzung des IQ eines Kindes. Wenn nun die Rohwerte analysiert werden, ergeben die Umweltfaktoren einen Beitrag von 16,5% der Varianz, dagegen 7,2% bei Analyse der angeglichenen Maßzahlen. Die Unreliabilität des Tests beläuft sich auf etwa 5 bis 6%, und der Rest ist erbliche Varianz, in Höhe von 77% für die Roh- und 88% für die adjustierten Scores. Somit ergibt die Analyse der Verwandtschafts-Korrelationen Zahlen, die nicht weit von denen entfernt sind, die wir im Rahmen unserer anderen Untersuchungsmethoden berechnet haben.

Wir finden, daß Inzucht gewisse augenscheinliche genetische Konsequenzen auf Variablen hat, welche stark durch die Anlage determiniert sind;

Quelle der Varianz	Prozent	
1 Vererbung:		
Additiv	40,5	(47,9)
Assortative Paarung	19,9	(17,9)
Dominanz und Epistase	16,7	(21,7)
2 Umwelt:		
Kovarianz von Vererbung und Umwelt	10,6	(1,4)
Zufällige Umweltwirkungen	5,9	(5,8)
3 Unreliabilität:		
Testfehler	6,4	(5,3)
Totale phänotypische Varianz:	100,0	100,0

Tab. 5 *Aufteilung der Varianz von Testergebnissen*

infolgedessen ist die Untersuchung von Individuen aus Inzuchtgruppen von großem Wert. W. J. Schull und J. V. Neel (1965) unternahmen solch eine Studie nach dem Zweiten Weltkrieg in Japan anhand der Nachkommenschaft aus Ehen zwischen Vettern und Basen ersten, zweiten und gemischten Grades. Die Eltern wurden sorgfältig mit einer Kontrollgruppe von nichtverwandten Eltern mit gleichem Alter und sozio-ökonomischem Status verglichen. Der Grad der durch die Vetternheiraten erzeugten Blutsverwandtschaft hatte den Effekt, daß die beobachteten IQs der ingezüchteten Kinder um fast 8 Punkte im Vergleich mit der Kontrollgruppe vermindert waren. Dies ist ein sehr starker Effekt, wenn man bedenkt, daß Heiraten unter Cousins ersten Grades Kinder zeugen, die nur 1 von 16 Genpaaren aus gemeinsamer Abstammung besitzen; bei Eheschließung mit Großonkel oder -tante haben die Kinder nur noch 1 von 32 Genpaaren gemeinsam; und bei Heiraten von Cousins 2. Grades sind es nur noch 1 von 64. Es ist bemerkenswert, daß die IQ-Minderung unter den am eindeutigsten und stärksten von allen beobachteten Auswirkungen war; die anderen Beobachtungen umfaßten physische Krankheiten, mehrere anthropometrische und dentale Variablen sowie die Schulnoten. Diese Abnahme der Intelligenz durch Inzucht zählt vielleicht zu den besten Beweisführungen, die wir für die erbliche Kontrolle der Intelligenz haben, und sie deutet definitiv darauf hin, daß das beteiligte System multifaktoriell ist und nicht nur eine Kontrolle durch eine kleine Zahl von Genen impliziert. In diesen beiden Punkten stimmen die Daten vollkommen mit den schon erörterten überein.

Das Phänomen der Regression ist so wichtig, daß es in einem späteren Kapitel noch einmal und detaillierter diskutiert werden soll; an dieser Stelle wollen wir lediglich seine Existenz und Bedeutung vermerken sowie seine Relevanz zu den Fragen der Heritabilität der Intelligenz. Diagr. 5 soll dazu dienen, die Bedeutung des Ausdrucks zu erläutern. Auf der linken Seite zeigt das Diagramm die IQ-Werte großer Gruppen von Vätern in verschiedenen Berufsklassen, angeordnet in einer Reihe von höheren und niederen Geistesarbeitern über Angestellte zur gelernten, halbgelernten und ungelernten Arbeiterschaft. Man kann sehen, daß die Werte nicht sehr von jenen in der Tab. 4 abweichen: die Daten hier wurden von Burt (1961) in Großbritannien gesammelt. Auf der rechten Seite des Diagramms stehen die korrespondierenden Scores für Kinder von Vätern aus diesen verschiedenen Berufsklassen; man sieht sofort, daß sie zum allgemeinen Mittel der Bevölkerung (das natürlich 100 ist) regrediert sind. Kinder von Vätern in höheren geistigen Berufen zeigen den größten Abstieg, Kinder von ungelernten Arbeitern die größte Zunahme in bezug auf die Maßzah-

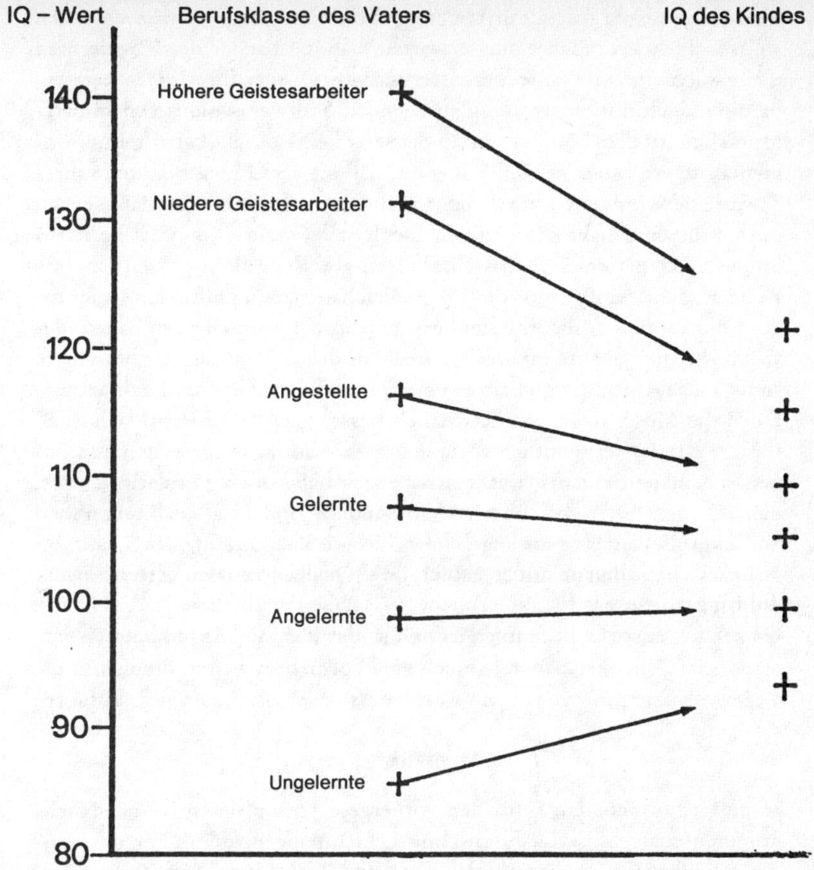

Diagr. 5 *Regression zum Mittel*

len. Es scheint fast, als gäbe es einen Dämon, der über unser Schicksal wachte und die gegenwärtig zwischen den verschiedenen Berufen und Schichten existierenden Unterschiede reduzierte.

Dieser Effekt würde sicherlich nicht von denen vorausgesagt werden, die an den überwiegenden Einfluß der Umweltbedingungen bei der Bestimmung der Intelligenzunterschiede glauben. Ihre Theorie würde erwarten lassen, daß die Kinder von gutsituierten, hochintelligenten Eltern, die alle »weltlichen« Voraussetzungen für ein gutes Milieu bieten, wenigstens die hohe intellektuelle Ebene ihrer Eltern behaupteten und möglicherweise über sie hinauswüchsen, zumal ihre Eltern in der Regel nicht all diese

Vorteile genossen haben dürften (was übrigens sogleich bewiesen werden soll). Umgekehrt möchte man erwarten, daß die Kinder der Ungelernten nicht solch eine markante Verbesserung im IQ über ihre Eltern zeigten, da diese doch nur einen wenig anregenden und wenig günstigen Hintergrund bereitstellen könnten, zumindest was das Materielle betrifft. Environmentalisten erwidern zuweilen hierauf, daß die erwähnten Punkte in ihrer Theorie der Umwelteinflüsse nicht wirklich wichtig sind und daß sie sich mit subtileren Dingen beschäftigen. Doch ist der sozio-ökonomische Status immer einer derjenigen Umweltfaktoren gewesen, die nachweislich eine Rolle bei der Beeinflussung des IQ gespielt haben, und politische Änderungen, die durch »Milieutheoretiker« gewünscht werden, beinhalten gewöhnlich auch gerade mehr Gleichheit in dieser Hinsicht. Insbesondere sind gleiche Ausbildungschancen eines der erklärten Ziele der Egalitaristen. Doch die Möglichkeit gesellschaftlich besser gestellter Eltern, sich z. B. für ihre Kinder vermeintlich vorteilhafte Ausbildungswege leisten zu können, scheint jenen nicht genützt zu haben; sie haben nicht nur darin versagt, den IQ ihrer Eltern zu übertreffen, sondern sind kläglich hinter ihnen zurückgeblieben. Und die angeblich schlechte Schulbildung der Söhne von Arbeitern hatte den positiven Effekt, ihre IQs über die ihrer Eltern hinauswachsen zu lassen.

Gemäß genetischen Prinzipien jedoch ist das Phänomen vollkommen verständlich. Genetiker haben nämlich eine Formel erarbeitet, die uns in die Lage versetzt, ganz genau die Resultate solcher Studien vorauszusagen; sie lautet:

$$F = M + h^2_E (P - M)$$

In dieser Formel steht F für den vorhergesagten mittleren IQ der Nachkommenschaft, M ist die durchschnittliche Intelligenz der in Frage stehenden Bevölkerung (100 in unserem Fall), und P steht für den mittleren elterlichen IQ, d. h. den Durchschnitt der IQs der Mutter und des Vaters. Der Ausdruck h^2_E steht für die enge, eingeschränkte Heritabilität, d. h. den rein additiven Anteil der Erblichkeit, soweit Dominanz und Epistase* ausgeschlossen sind. Nach den oben referierten Analysen von Jinks und Fulker (1970) liegt diese ungefähr bei 0,71. Wir werden gleich sehen, ob die Formel genaue Resultate ergibt; hier wollen wir nur bemerken, daß sie uns die Intelligenz des Kindes als eine Funktion der elterlichen Intelligenz und des Heritabilitätsgrades der Intelligenz beschreibt: je größer die Erblichkeit, um so geringer ist die Regression zum Mittel; je mehr anderer-

* *Epistase* bedeutet in der Genetik im Gegensatz zu Dominanz die Unterdrückung von Genwirkungen durch ein anderes, nichtalleles Gen.

seits die Intelligenz der Eltern vom Durchschnitt abweicht, um so größer wird der Regressionseffekt.

Jensen (1973) hat ein wirkliches Beispiel durchgerechnet, indem er die von Terman in seinen schon erwähnten Studien über die »hochbegabten Kinder« veröffentlichen Daten benutzte. Der mittlere IQ der Begabtengruppe war 152, der ihrer Ehepartner 125 (was übrigens eine beträchtliche assortative Paarung zeigt); daraus ergibt sich ein mittlerer IQ von 138,5, der in unserer Formel für P, die Eltern, steht. M ist natürlich 100; und als vorsichtige Schätzung der »engen« Erblichkeit *(narrow heritability)* haben wir das Maß von 0,71 gewählt. Wenn wir diese Werte in die Formel einsetzen, erhalten wir eine Prognose von 127 für das zu erwartende IQ-Niveau der Nachkommenschaft unserer hochbegabten, jetzt erwachsenen Kinder. Die tatsächliche Zahl beläuft sich auf 132,7; diese Diskrepanz verschwindet jedoch, wenn wir eine notwendige Korrektur vornehmen. Die Formel setzt eine rein zufällige Umgebung voraus, aber natürlich war das durch unsere ausgezeichneten Eltern bereitgestellte Milieu weit über dem Bevölkerungsdurchschnitt, und so müssen wir die Überlegenheit rechnerisch ausgleichen. Mit Hilfe dieser Korrektur kommt der vorausgesagte Wert auf 132,2, was sehr nahe bei der faktischen Messung von 132,7 liegt. Somit arbeitet die Formel erstaunlich gut, auch wenn dieser besondere Genauigkeitsgrad wahrscheinlich nicht zu jeder Zeit wieder erreicht werden dürfte.

Zwei Punkte sind bemerkenswert. Zum Zwecke der Korrektur unserer vorhergesagten Zahlen wurde als grober Maßstab des sozio-ökonomischen Status und indirekt auch der Umwelteinflüsse, welche den IQ mitbestimmt haben dürften, das tatsächliche Einkommen der betroffenen Familien benutzt. Wie wir sahen, werden solche leicht greifbaren Indizes des Umwelteinflusses von vielen Environmentalisten, die nach Subtilerem rufen, von oben herab betrachtet, obwohl sie selten spezifizieren, was eigentlich diese subtilen Faktoren sein sollen oder wie sie gemessen werden können. Aber die oben beschriebene Berechnung zeigt, daß das Einkommen den Myriaden Faktoren, welche den IQ berühren, genügend nahe ist, um uns eine sehr gute und genaue Voraussage des IQ-Niveaus der Kinder unserer hochbegabten Eltern zu ermöglichen; es ist diese typische numerische Übereinstimmung zwischen vorausgesagten und beobachteten Werten, worin das Modell der erblichen Determination seine Hauptstütze sucht. Der andere Punkt bezieht sich ebenfalls auf die quantitative Natur der Arbeit. Wir haben einen Wert von h^2_E verwendet, welcher ursprünglich von Studien über mono- und heterozygote Zwillinge hergeleitet war; und doch erlaubt uns dieser Wert, Voraussagen im Hinblick auf den IQ von

Kindern zu machen, die mit einer ganz anderen Methode durch andere Untersucher und in anderen Ländern und zu anderer Zeit getestet wurden. Es wäre unvernünftig zu leugnen, daß der numerische Wert, der der engen Heritabilität zugeschrieben wird – oder jener von 0,80 für die weite *(broad)* Erblichkeit – mehr ist als eine Erfindung psychologischer Einbildungskraft oder ein »bedeutungsloses« Konstrukt, welches keinen wissenschaftlichen Wert hat. Viele andere Beispiele solch numerischer Vergleiche sind greifbar, aber den meisten Lesern würde deren Demonstration nicht sehr viel sagen, da sie die Kenntnis des biometrischen genetischen Systems erfordert. Ich möchte nur bemerken, daß sie vorhanden sind und daß jeder Versuch, das gegenwärtige Modell zu kritisieren, in der Lage sein muß zu zeigen, daß (a) die Voraussagen in Wirklichkeit nicht genau sind und (b) ein besseres Modell existiert, das allen bekannten Fakten Rechnung tragen wird. Bloße verbale Kritik tut es nicht, wenn eine Theorie oder ein Modell explizit mathematisch oder experimentell begründet ist.

Ein einfaches Prinzip liegt auch der Untersuchung von Waisenkindern zugrunde. Wenn – wie Environmentalisten versichern – die von den Mitgliedern einer Population gezeigte Variabilität in der Intelligenz von Unterschieden in der Erziehung und anderen Umweltvariablen verursacht wäre, dann folgte daraus, daß jede starke Restriktion der Variabilität der Umgebung, welcher eine Gruppe von Kindern ausgesetzt ist, zu einer Restriktion in der Variabilität der IQs dieser Kinder führt. Mit anderen Worten, sie müßten alle in bezug auf die Intelligenz einander sehr ähnlich sein. Nun scheinen Waisenhäuser, in welche Kinder sehr bald nach der Geburt eingewiesen werden und in denen sie für viele Jahre verbleiben, dieser Vorschrift zu genügen. Die Bedingungen sind so uniform, wie menschliche Findigkeit sie schaffen kann, indem Mahlzeiten, Unterricht, Freizeit, Ferien, Personal, die Bereitstellung von Lektüre und anderen Unterhaltungen so gleich gemacht werden wie nur möglich. Selbstverständlich kann die Uniformität nicht absolut sein, aber man könnte unmöglich leugnen, daß es in einem Waisenhaus eine erhebliche Beschränkung der Umweltvariation gibt, und dies sollte sich in der Variabilität der IQs der Kinder, die diesen Bedingungen ausgesetzt sind, zeigen. Tut es das aber tatsächlich? Wir werden sehen, daß wir es hier mit einer direkten Untersuchung der Umwelteinflüsse zu tun haben, während wir in den vorausgegangenen Abschnitten direkte genetische Experimente diskutiert haben; natürlich schöpfen sie nicht die vielen Anwendungsmöglichkeiten genetischer Experimente aus, aber sie müssen für den Zweck dieses Buches genügen.

E. M. Lawrence (1931) verglich die IQ-Variabilität von Waisenkindern mit der von normalen Schulkindern, die all den verschiedenen und mannigfaltigen Umweltbedingungen der Außenwelt ausgesetzt waren. Das durchschnittliche Aufnahmealter der Waisenkinder war rund 6 Monate; keines kam nach seinem ersten Geburtstag ins Heim. Beide Gruppen wurden IQ-Tests unterzogen; als Maß der Variabilität wurde die Standardabweichung berechnet. Die Waisenkinder zeigten tatsächlich eine etwas geringere Variabilität, aber der Unterschied war kaum signifikant; er war kleiner als der zwischen Jungen und Mädchen aus der Kontrollgruppe gewöhnlicher Schulkinder! Selbst wenn wir die beobachteten leichten Unterschiede als wiederholbar ansähen, würde ihre Größe in guter Übereinstimmung mit dem genetischen Modell sein, welches doch immerhin erlaubt, etwa 20% der Varianz als durch die Umwelt verursacht anzusehen; bei den Waisenkindern ist die Verminderung der Unterschiede geringer als 20%. Man kann natürlich sagen, daß die Uniformität der Umweltbedingungen nur sehr partiell war und wichtige, aber subtilere Einflüsse ausschloß; weiterhin wurden pränatale und – für die frühe Zeit – postnatale Bedingungen nicht kontrolliert (darüber mehr in einem späteren Abschnitt!). All dies ist richtig; aber vom Standpunkt eines eingefleischten Environmentalisten aus gesehen, sind die Resultate dennoch niederschmetternd. Wenn eine Regierung entschlossen wäre, exakt die gleiche Bezahlung, gleiche Ausbildung und gleiches Wohnen für alle Bürger bereitzustellen, könnte sie kaum mehr tun als das Waisenhaus; wenn sie zusätzlich noch die Kinder von ihren Eltern trennte, um zu verhindern, daß elterliche Unterschiede im Wissen und der Intelligenz einigen Kindern einen besseren Start ins Leben gäbe, was täte sie mehr als das Waisenhaus. Und doch, was bei all diesem herauskäme, würde kaum der Anstrengung wert sein; die Reduktion der menschlichen Intelligenzunterschiede wäre – wenn überhaupt – äußerst gering! Dieser Versuch enthält viele Wahrheiten: er sagt uns durch direkte experimentelle Beweise genau, welches – in unseren Tagen – die Grenzen sind, über die wir nicht gehen können, weil die natürliche biologische Kausierung definitive Schranken setzt.

Diese Wahrheit soll in Diagrammform dargestellt werden. Jensen (1972) hat die Schrumpfung berechnet, die in der menschlichen Variabilität zu erwarten wäre, wenn alle umweltbedingten Quellen der Varianz beseitigt würden; Diagr. 6 zeigt das Resultat unter Annahme einer Erblichkeit von 0,80. Es dürfte klar sein, daß dieses Ergebnis nicht sehr verschieden ist von dem in Lawrences Waisenhaus-Experimenten: daß nämlich jene Umweltvariablen, die in seinen Studien uniform gemacht wurden, die meisten Ursachen enthalten, welche für den nichtgenetischen Anteil der gesamten phänotypischen Varianz verantwortlich sind. Dies läßt wiederum vermu-

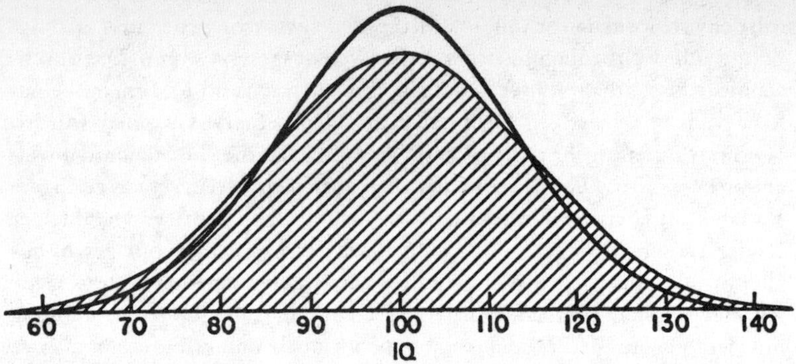

Diagr. 6 *Aktuelle und hypothetische Verteilung des IQ in der Bevölkerung*

ten, daß die hypothetische Kritik der im vorangehenden Abschnitt wiedergegebenen Untersuchung tatsächlich gar nicht gerechtfertigt ist; die möglichen »subtilen« Umweltwirkungen scheinen im mathematischen Modell, mit dem wir uns beschäftigen, keinen Platz zu finden und bedürften direkter experimenteller Beweise, bevor sie ernst genommen werden könnten. Diagr. 6 verdient die genaue Beachtung all derer, die hoffen, die Menschen durch Veränderung der Gesellschaft zu ändern; sie zeigt klar die engen Grenzen, die solch einem Unternehmen derzeit gesteckt sind, selbst wenn wir all die Umweltquellen der Variation kontrollieren könnten.

Pflegekinder, die von ihren leiblichen Eltern kurz nach der Geburt getrennt und bei Adoptiveltern aufgezogen wurden, präsentieren uns ein anderes wichtiges natürliches Phänomen, welches uns in die Lage bringt, Deduktionen sowohl aus unserer wie der environmentalistischen Hypothese zu prüfen. Das genetische Modell würde sehr bescheidene Korrelationen zwischen den IQs der Pflegekinder und -eltern vorhersagen, dagegen nur geringfügig niedrigere Korrelationen zwischen den IQs der Kinder und den natürlichen Eltern, als sie gefunden werden, wenn Kinder bei ihren eigenen Eltern aufwachsen. Environmentalisten würden geringe oder gar keine Korrelationen zwischen den IQs der Kinder und den natürlichen Eltern erwarten, jedoch beträchtliche Korrelationen zwischen den Kindern und ihren Adoptiveltern.

Die wirklichen Fakten sind ganz eindeutig und bestätigen die Deduktionen aus unserem Modell. Im ganzen haben Kinder, die von klein auf von ihren Eltern getrennt sind und die als Heranwachsende oder Erwachsene getestet werden, IQs, welche mit jenen ihrer biologischen Eltern beinahe in demselben Ausmaß korrelieren, als es der Fall sein würde, wenn sie von ihnen selbst aufgezogen worden wären. Die IQ-Korrelationen zwischen adoptierten Kindern und ihren Adoptiveltern liegen zwischen 0 und 0,20, was noch einmal den geringen Einfluß beweist, den Umweltveränderungen von einer doch so weitreichenden Art auf den IQ des heranwachsenden Kindes haben. All die »subtilen« Umwelteinflüsse, die von unverbesserlichen Milieutheoretikern postuliert werden und welche sich in der Wechselbeziehung zwischen Pflegeeltern und -kindern auswirken müßten, scheinen nicht in der Lage zu sein, die biologische Realität des ererbten IQ-Niveaus zu zerstören, genausowenig wie es die offenkundigen Bedingungen des sozio-ökonomischen Status, des Einkommens und der Ausbildung vermögen. Es ist interessant zu bemerken, daß es selbst dann nur eine geringe Erhöhung der beobachteten Korrelationen zwischen Pflegeeltern und -kindern gibt, wenn Adoptionsstellen eine selektive Plazierung vornehmen, indem sie Kinder von Eltern mit einem hohen Status an Pflegeeltern eines ähnlichen Status vermitteln. Man beachte auch, daß die Korrelationen zwischen Pflegekindern und den natürlichen Eltern sich selbst noch während der Zeit erhöhen, in der die Kinder bereits bei den Pflegeeltern sind, bis sie im Alter von 5 oder 6 Endwerte von 0,50 oder so erreichen; mit anderen Worten, die Änderungen sind fast unkorreliert mit Umweltfaktoren, sind vielmehr durch die Reifung produziert, die von genetischen Faktoren mitbestimmt wird.

Dieser Punkt ist wichtig, und er kann noch gestützt werden durch eine von Ronald Wilson (1972) berichtete Untersuchung mit dem explizierten Ziel, diese Aussage direkt zu erforschen. In einem Experiment taxierte er die geistige Entwicklung von kleinen Zwillingen während des ersten und zweiten Lebensjahres. Die Zwillinge zeigten eine hohe Übereinstimmung in der Höhe der geistigen Entfaltung und, was besonders interessant ist, sie zeigten während dieser Periode ebenfalls eine Übereinstimmung in den schnellen und langsamen Entwicklungsphasen – EZ natürlich mehr als ZZ: »Aus diesen Resultaten kann man folgern, daß die geistige Entwicklung von Kleinkindern in erster Linie durch den genetischen Plan der Zwillinge determiniert war und daß – ausgenommen in ungewöhnlichen Fällen – andere Faktoren hauptsächlich eine unterstützende Funktion hatten.« Die Familien in dieser Studie erstreckten sich vom Fürsorgefall bis zum wohlhabenden Akademiker, aber es fand sich nur eine sehr kleine Beziehung zwischen dem sozio-ökonomischen Status der Familien und dem Gesamtniveau der Entwicklung (während des zweiten Lebensjahres betrug die Korrelation nur 0,2).

Mit Sicherheit ist der ganze Verlauf der Entwicklung der intellektuellen

Fähigkeiten weitgehend genetisch vorbestimmt, und selbst extreme Umweltänderungen – wie der Übergang von der biologischen Mutter auf eine Pflegemutter – haben nur geringe Macht, diese Entwicklung zu beeinflussen.

Dies ist ein Fund von besonderer Relevanz im Hinblick auf eine weitverbreitete Theorie über die sog. »kritische Periode« oder »Phase« *(critical period).* Tierversuche haben gezeigt, daß die Bereicherung oder die Verschlechterung der frühen Umwelt die spätere Fähigkeit der Problemlösung beeinflußt, und man hat vermutet, daß bei den Menschen ebenfalls die allerfrühesten familiären Einflüsse (während der ersten zwei bis zwölf Lebensmonate) bereits den späteren IQ des Babys bestimmen. Das oben ausgebreitete Beweismaterial scheint dieser Ansicht zu widersprechen, und dasselbe tut eine Studie von R. C. Johnson (1963), die speziell auf dieses Problem angesetzt war. Er verglich 2 Gruppen monozygotischer Zwillinge, die einmal im Durchschnittsalter von zwei Monaten und zum anderen mit ca. 24 Monaten getrennt worden waren. Aus der Theorie über die »kritische Phase« würde man folgern, daß die später getrennten Zwillinge im Hinblick auf den IQ einander viel ähnlicher seien als jene, die früher getrennt wurden. Tatsächlich war der mittlere Unterschied zwischen den früher getrennten Zwillingen 4,7 Punkte, der zwischen den später getrennten aber 9,4. Die Ähnlichkeit im IQ zwischen eineiigen Zwillingen war somit umgekehrt proportional der Zeitmenge, die sie im Babyalter und der frühen Kindheit in einer gemeinsamen Umgebung verbracht hatten. Johnson prüfte mehrere mögliche Hypothesen auf ihren Erklärungswert für diese Befunde, fand jedoch keine auf die Daten anwendbar und schloß daher, daß die »Theorie der kritischen Periode« durch seine Resultate nicht gestützt werde. Man wird sich erinnern, daß die Möglichkeit einer ganz besonders wichtigen frühen gemeinsamen Lebensperiode die Hauptkritik an dem Beweis der »getrennt aufgezogenen Zwillinge« für die Bedeutung des genetischen Einflusses war; wir können nun sehen, daß dieser Einwand, was menschliche Individuen betrifft, nicht die geringste Kraft hat.

Angesichts der Existenz von Pflege- bzw. Adoptivkindern müßten wir eigentlich in der Lage sein, den Einfluß der Umweltvariablen direkt in den Pflegefamilien und deren Umgebung zu messen; wenn wir eine im Hinblick auf den IQ ausreichend unterschiedliche Menge von Kindern voraussetzen, sollten wir jede unserer Umweltindizes mit dem endgültigen IQ des Kindes korrelieren und auf diese Weise bestimmen können, welcher Einfluß die verschiedenen Variablen auf seine Intelligenz gehabt haben. Wir könnten ebenfalls die vielen verschiedenen Variablen kombinieren und sie in der Weise wiegen, wie sie die höchstmögliche multiple Korrelation erzeugen; dies würde uns den insgesamt möglichen Effekt aller unserer Umweltvariablen liefern. Die selektive Plazierung ist natürlich ein Problem; wir wünschten uns, sie hätte nicht stattgefunden, da wir sonst den Umwelteinfluß überschätzen würden. In der berühmten Studie von B. S. Burks scheinen sehr wenig Kinder auf diese Weise vermittelt worden zu sein, und in jedem Fall würden alle diesbezüglichen Fehler in dieser Hinsicht gegen die genetische Hypothese arbeiten und deshalb dazu neigen, unser Modell ungültig zu machen.

Burks (1928) war sehr sorgfältig bei der Einschätzung der Adoptivhäuser und ging so detailliert und minuziös wie nur möglich vor, indem sie 4 bis 8 Stunden persönlicher Untersuchung in jedem Haus verbrachte. Sie schloß die Intelligenzmessungen an den Adoptiveltern als einen Teil der Umwelt des Kindes genauso ein wie etwa die Zeit, in der den Kindern bei ihren Hausaufgaben geholfen und die mit Vorlesen verbracht wurde, die Zahl der Bücher im Haus, die Ausbildung beider Eltern, ihr Vokabular, einen kulturellen Index und vieles andere. Sie berechnete eine multiple Korrelation zwischen dem IQ des Kindes und all den optimal gewogenen Variablen, korrigierte diese auf die Unreliabilität der Messung hin und kam zu der Zahl von 18% einer Gesamtvarianz, die durch die betrachteten Umweltfaktoren erklärbar sei. Dies stimmt gut mit unserem Modell überein, welches ja ungefähr 20% als Umweltbeitrag zur Varianz erlaubt. Es sollte angemerkt werden, daß Burks' Analysemethode fast mit Sicherheit den Wert für die Umwelt überschätzte, da die benutzte Formel zufällige Irrtümer akkumuliert. A. M. Leahy (1935) versuchte eine ähnliche Studie, aber er summierte einfach all seine Umweltindizes; er fand nur 4% der Varianz, die Umweltvariablen zugeschrieben werden konnten. Jedoch waren die verwendeten Indizes denen von Burks unterlegen.

Die Studie von Burks ist so umsichtig – sowohl in ihrer experimentellen als auch ihrer statistischen Expertise –, daß sie immer noch unübertroffen ist, obgleich sie doch vor so langer Zeit durchgeführt wurde. Die Resultate passen natürlich sehr schön zu unserem Modell; Kritiker behaupten gewöhnlich, daß einige recht mysteriöse, weil unspezifische Faktoren in der Umwelt übersehen worden sein könnten. Dies ist durchaus möglich, aber es ist keine prüfbare Hypothese; bevor nicht ein Faktor spezifiziert und als meßbar erwiesen ist, kann man wenig mit solch einem Einwand anfangen. Undefinierte und unwägbare Variablen, die nur in die Argumentation eingebracht werden, um eine unhaltbare Position zu retten, gehören nicht zum Bestand traditioneller wissenschaftlicher Methodik. Wenn von irgendeiner besonderen Variable, die durch Burks nicht gemessen worden und die nicht mit irgendeiner der von ihr benutzten Variablen korreliert

ist, gezeigt werden kann, daß sie mit dem IQ korreliert, dann könnte die Studie mit Einschluß dieser Variable wiederholt werden. Bevor dies nicht getan ist, muß die Kritik als ziemlich leer und nutzlos betrachtet werden. Die überzeugendste Stütze der Umwelthypothese würde natürlich eine direkte Demonstration sein, daß der IQ durch Umweltmanipulationen auf der traditionellen Linie erhöht werden könne, d. h. durch die Verbesserung der Ernährung, der familiären Umstände, der Bildung etc. Viele derartige Studien wurden beschrieben und ebenso viele Erfolge behauptet; aber es gibt gewisse beharrliche Irrtümer im Entwurf und in der statistischen Behandlung, welche viele dieser Untersuchungen in Schwierigkeiten bringen. Die zwei Hauptfehler sind (1) die Vernachlässigung der Regressionswirkungen und (2) die »Testunterweisung« *(teaching the test)*. Der letztere ist offenkundiger. Was wir eigentlich genau tun bei dem Versuch einer Manipulation der Umgebung, ist, die generelle Leistungsfähigkeit eines Menschen zu ändern; wir sind ja nicht bloß daran interessiert, sein Ergebnis in einem bestimmten IQ-Test auf ein höheres Niveau zu lancieren als vorher. Wir könnten ein solches Ziel sehr leicht erreichen, indem wir ihm all die Antworten sagten und sie ihn auswendig lernen ließen; dies würde ihm sicherlich einen höheren Score geben, aber kaum seinen IQ in irgendeinem vernünftigen Sinn verbessern! Und doch ist in sehr vielen Studien genau dies geschehen, obwohl vielleicht nicht in ganz so direkter und offensichtlicher Manier; üblicher ist die Anwendung einer weitläufigeren Methode der »Testunterweisung«. Solange wir nicht sicher sein können, daß es keinen Versuch in dieser Richtung gegeben hat, sind die berichteten Resultate nicht besonders viel wert.
Das Problem der statistischen Regression läßt eine offenkundige Fehlerquelle auftauchen, aber es ist merkwürdig, wie viele Untersucher es versäumt haben, sie in Rechnung zu stellen. Ich will ein Beispiel geben, um klarzumachen, worum es hierbei geht. Wir wählen für unser Experiment als Zielpopulation eine Gruppe von Kindern aus, die IQs unter 80 haben. Nun ist der IQ eines jeden Kindes natürlich Meßfehlern ausgesetzt; in wiederholten Tests mag er um ein paar Punkte in der Skala nach oben oder unten variieren. Nehmen wir an, daß wir an einem bestimmten Tag 10 Kinder testen, deren IQs genau 80 sind: aufgrund der Von-Tag-zu-Tag-Variation kommen gemessene IQs von 71, 74, 75, 76, 78, 82, 84, 85, 86, 89 heraus. Für unser Experiment selegieren wir die ersten 5 Kinder, die anderen 5 scheiden wir aus; unsere experimentelle Gruppe hat dann einen gemessenen mittleren IQ von 75. Die anderen 5 Kinder mit einem durchschnittlichen IQ von 85 können wir als Kontrollgruppe benutzen (das ist eine Gruppe, auf die keine der experimentellen Unterrichtstechni-

ken angewandt wird). Nun können wir beide Gruppen am Ende unseres Experiments noch einmal testen; und siehe da, die Versuchsgruppe hat sich sage und schreibe um 5 Punkte verbessert und erhält nun Durchschnittswerte von 80, während die Kontrollgruppe in ihrem IQ abgesunken ist und nun um 5 Punkte niedrigere Werte als zuvor erzielt, nämlich ebenfalls 80. So würden wir schließen, daß unsere pädagogische Intervention eine Differenz von 10 IQ-Punkten erbracht hat, was den Versuch sehr wohl wert wäre; doch in Wahrheit ist das ganze Ergebnis nur ein Artefakt, produziert durch die Unreliabilität des Meßinstrumentes. Dies ist selbstverständlich ein stark vereinfachtes Beispiel, aber viele Untersucher sind in diese Falle gegangen. Ihre Behauptungen aber werden noch immer häufig von überzeugten Environmentalisten zitiert als Beweis für den gewaltigen Anstoß, welchen die Bereicherung des Milieus auf den IQ deprivierter Kinder geben kann.

Dies sind natürlich nicht die einzigen Fehler; es gibt zahlreiche weitere, die von Zeit zu Zeit in vielen solchen Studien wieder auftauchen. So ist es denn auch äußerst gefährlich, irgendwelche diesbezüglichen Berichte ohne die genaueste technische Überprüfung zu akzeptieren – wenige Gebiete in der Psychologie enthalten so mannigfaltige Hindernisse und Gefahren für den, der unbedachtsam vorgeht. Statt aber die ganze Literatur zu untersuchen, will ich lieber eines der jüngsten und weit zitierten Experimente dieser Art referieren, das manchmal auch »das Wunder von Milwaukee« genannt wird.

Das *Milwaukee Project*, um ihm seinen richtigen Namen zu geben, wurde entwickelt und überwacht von Rick Heber von der *University of Wisconsin* (USA); es ist derzeit noch nicht abgeschlossen. Die Untersucher verbesserten das Milieu von benachteiligten Kindern, und es wurde die Behauptung aufgestellt, daß sie ihre IQ-Levels um über 30 Punkte anheben konnten, d. h. von unterdurchschnittlich bis überragend. Ellis Page (1972) hat diesen Anspruch einer vernichtenden Kritik unterworfen, und weil die Studie so weithin als Beweis für die Ungenauigkeit genetischer Aussagen genommen worden ist, dürfte es nützlich sein, die Einwände kurz zu erwähnen. Die Anlage der Studie ist verhältnismäßig einfach: Babys aus Slums, die von Müttern mit niedrigem IQ abstammten und deren wahrscheinlicher späterer IQ als Erwachsene ebenfalls niedrig zu werden versprach, wurden ausgewählt und in eine experimentelle und eine Kontrollgruppe geteilt. Der experimentellen Gruppe bescherte man einen bereicherten Tagesablauf – man holte sie früh am Morgen aus ihren Elendsquartieren, fuhr sie zu dem Projektort, und dort verbrachten sie den ganzen Tag in Begleitung einer besonders ausgebildeten und intelligenten Ersatzmutter, die nichts anderes zu tun hatte, als mit »ihrem« Kind zu spielen und ihm jene Art von anregendem Milieuhintergrund zu bieten, die es in seinem eigentlichen Zuhause nicht hatte. Zusätzlich empfingen die Mütter der Experimentalkinder häusliche Hilfe und Ausbildung, Ratschläge und Anleitung. Im ganzen gesehen beseitigte das Projekt so weit wie möglich die Umweltmängel, unter denen diese Familien litten. Das Ergebnis, das man nach vier, fünf Jahren dieser Arbeit hatte, ist schon beschrieben worden; es gab einen Unterschied von einigen 30 Punkten zwischen den Versuchs- und den Kontrollkindern.

Page hat drei hauptsächliche Einwände erhoben – neben der berechtigten und schwerwiegenden Klage, daß die Studie trotz ihrer weitreichenden Geltungsansprüche und der begeisterten Aufnahme der Ergebnisse in der Öffentlichkeit nie aufgeschrieben und in irgendeiner wissenschaftlichen Zeitschrift veröffentlicht worden ist! Von den Kritiken bezieht sich die erste auf die zufällige Einteilung der Kinder in die beiden Gruppen; klarerweise fordert die Versuchsanordnung, daß die Experimental- und Kontrollkinder ihren jeweiligen Gruppen in einer Art zugewiesen werden, die nicht von ihren Lebensbedingungen, ihren Fähigkeiten etc. abhängen. In diesem Fall war jedoch eindeutig die Plazierung nicht zufällig in einem strengen Sinn; weiter konnte Page zeigen, daß in einer Variable wie der Körpergröße die zwei Gruppen im Alter von 2 Jahren so weitgehend differierten, daß die Unterschiede unmöglich durch Zufall entstanden sein konnten. (Es gab auch Unterschiede im Gewicht, dem Brustumfang, der Pulsfrequenz, Blutdruck, Kopfumfang, dem Alter des Zahndurchbruchs etc.) Die einzige Alternative zur Unterstellung einer nichtzufälligen Auswahl würde die Hypothese sein, daß die besondere Behandlung der Experimentalgruppe das Größenwachstum in einem Ausmaß gefördert habe, welches die behauptete IQ-Änderung geradezu unbedeutend erscheinen ließe.

Der zweite Einwand von Page bezieht sich auf die »Testunterweisung«; diese ist ausdrücklich in einer unveröffentlichten Schrift von Heber zugegeben. Er sagt: »Unsere Versuchskinder sind an Aufgaben geschult worden, die durch Zufall in dem Lehrplan enthalten waren, über welchem auch die Tests abgehalten wurden... In einem gewissen Ausmaß müssen Intelligenztests für Kleinkinder Material einschließen, das dem in Vorschulklassen benutzten Material ähnelt, in erster Linie wegen der begrenzten Varietät des für dieses Alter geeigneten Stoffes.« Die Gründe, die Heber angibt, treffen in der Tat zu; die von ihm aufgezählten Schwierigkeiten sind ganz real. Dennoch macht die Tatsache, daß die Aufgaben, in denen die Kinder ausdrücklich trainiert wurden, weitgehend mit Testitems überlappen, die behauptete IQ-Zunahme bedeutungslos. Offensichtlich wird man warten müssen, bis die Kinder groß geworden sind, bevor irgendwelche Schlüsse über eine definitive Verbesserung ihrer IQs gezogen werden können; aber selbst wenn sich diese bewahrheiten sollten, würden natürlich die Bedenken über die Zufallsplazierung immer noch bestehen bleiben. Ein dritter Einwand von Page bezieht sich auf das von Heber benutzte Programm der Stimulation, das tatsächlich mit keinem Detail beschrieben worden ist; dies würde es unmöglich machen, die Arbeit zu wiederholen. Diese Kritik ist – anders als die vorigen – nicht fatal für das Projekt; die Unterlassung kann natürlich leicht berichtigt werden. Page faßt seinen Eindruck von dem Unternehmen wie folgt zusammen:

> »Das Milwaukee-Projekt muß also in drei Punkten als unzureichend angesehen werden: voreingenommene Auswahl der Behandlungsgruppen; Verunreinigung der Kontrolltests; Unterlassen der Spezifizierung der Behandlungsweisen. Ein jeder von diesen würde eine Studie weitgehend ungültig machen; zusammen aber zerstören sie sie völlig. Weitere ernsthafte Fragen haben sich im Hinblick auf die Zugänglichkeit technischer Information für die Fachwelt ergeben. Und doch ist das Milwaukee-Projekt vielleicht eines der am weitesten publizierten Studien in der Geschichte der Pädagogik. Seine Resultate sind Millionen bekannt; und es könnte durchaus einen Einfluß auf die nationale Politik ausüben.
>
> Wie läßt sich dieser Rekord erklären? Ein Wunder macht aufregende Neuigkeiten. Das Versagen eines Wunders ist ein alter Hut – uninteressant für die Presse. Wird die Gesellschaft weiter an die zentrale Botschaft des Projekts (die große Plastizität der allgemeinen Intelligenz) glauben? Möglicherweise, denn es scheint einen geweihten philosophischen Traum zu stützen. Aber noch wichtiger ist: wie kann unser Beruf die Öffentlickeit – der er doch dient – eigentlich vor dieser Sorte von Ergebnissen und ihren Konsequenzen schützen? Diese Frage verdient ernsthafte, verantwortungsvolle Untersuchung durch alle an der Forschung und Entwicklung der Erziehung interessierten und beteiligten Kreise.«

Dies ist nicht das einzige Projekt, wo sich solche Fragen erheben. Es scheint den Menschen ein Bedürfnis zu sein, an die uneingeschränkte Plastizität der menschlichen geistigen Fähigkeiten zu glauben, und jedes Experiment, das diesen Glauben begünstigt, wird unkritisch akzeptiert, weithin gerühmt und dadurch allgemein bekannt, selbst wenn tatsächlich kein veröffentlichter Bericht über seinen Ausgang existiert! Auf der anderen Seite werden Studien, die gegen das Zeitgefühl stehen, wie gut sie auch immer geplant und ausgeführt sind, einer irrelevanten Kritik unterworfen und aus der Diskussion verbannt. Wenn die Bildungspolitik von der Kenntnis der Fakten bezüglich der Intelligenz der Kinder sowie der Variablen, die sie beeinflussen, abhängt, so ist dies eine sehr ernste Situation; wir können die traurige Kette von Ereignissen in der UdSSR in Erinnerung rufen, als aus politischen Gründen vorgefaßte Meinungen die antiwissenschaftlichen Ideen von Lyssenko in die Position eines sozialen Dogmas erhoben und nicht nur die sowjetische Biologie nahezu ruinierten, sondern auch ausgesprochen nachteilige Folgen für die Landwirtschaft im allgemeinen hatten. –

Wenn wir uns nun den Untersuchungen über geistige Defekte oder Geistesschwäche (auch allgemein als Schwachsinn bezeichnet) zuwenden, so finden wir, daß sie aus zwei ganz verschiedenen Ursachen (außer durch Verletzungen bei der Geburt und ähnliche Faktoren) entstehen können. (1) Leichtere Defekte oder Debilität (*feeble-mindedness*), durch IQs zwischen 50 und 75 charakterisiert*, ist gewöhnlich das Schwanzende der normalen Verteilung der Intelligenz. Die Geschwister solcher Kinder haben IQs, die nach dem Bevölkerungsmittel regrediert sind, d. h. etwa halbwegs zwischen denen von Debilen und dem Durchschnitt stehen – irgendwo um die 80 Punkte-Marke herum. Weiterhin zeigen die Geschwister von debilen Kindern eine Verteilung der Werte, die durch unser genetisches Modell vorhergesagt werden könnte. (2) Schwerere Defekte oder Imbezilität *(imbecility)*, durch IQs unter 50 charakterisiert**, ist gewöhnlich durch einzelne rezessive Gene oder Genmutanten verursacht, deren Effekte so stark sind, daß sie alle anderen genetischen oder Umwelteinflüsse, soweit sie die Intelligenz betreffen, vollkommen aufheben. Geschwister dieser Art haben ein viel höheres Intelligenzniveau als jene von Debilen. Weiter kommen ihre Eltern aus allen sozialen Klassen, beinahe dem Zufall gemäß, während die Eltern von debilen Kindern vorherrschend aus der unteren Arbeiterschicht kommen. All dies stimmt gut mit unserem Modell überein und läßt vermuten, daß Debile als wesentliche Bestandteile der allgemeinen Bevölkerung von diesem Modell erfaßt werden, Imbezile und Idioten aber nicht.

* Der Originalausdruck *feeble-mindedness* wird hier im engeren Sinne verwendet, ist also nicht mit *Schwachsinn* schlechthin identisch. Außerdem wird die obere Grenze der *Debilität* zuweilen mit 70 angesetzt, so z. B. in der nachfolgend beschriebenen Studie (d. Ü.).

** Von der *Imbezilität* wird noch eine schwerste Form der Geistesschwäche, die *Idiotie (idiocy)* mit einem IQ unter 25 unterschieden. Das ihnen entsprechende Intelligenzmaximum liegt auf dem Niveau von sieben- respektive zweijährigen Kindern (d. Ü.).

Nach unserem Modell müßte man die Debilen oder – wie man in den USA sagt – die »Retardierten« *(retardates)* hauptsächlich in Familien finden, die andere »Zurückgebliebene« enthalten. Elizabeth und Sheldon Reed (1965) konnten dies bestätigen. Sie untersuchten die IQ-Testergebnisse von 1.450 Retardierten und ihren 1.951 überlebenden Kindern. Wenn ein Debiler in dem Sample einen ebenfalls debilen Gatten heiratete, so waren 39% der Nachkommen ebenfalls »leicht schwachsinnig« *(feebleminded* ist hier definiert durch IQs unter 70). Man beachte jedoch, daß die sehr dürftige intellektuelle Umgebung, die diese Ehen bereiteten, 24% der Kinder nicht daran hinderte, IQs von 90 oder darüber zu entwickeln – eine klare Illustration der Regression zum Mittel hin. Wenn eine weibliche Retardierte einen normalen Mann heiratete, hatten 19% ihrer Kinder IQs unter 70, 31% zwischen 70 und 89 und 50% eine normale oder bessere Intelligenz, d. h. von 90 aufwärts. Für zwei normale Eltern, von denen keines ein schwachsinniges Geschwister hatte, gab es nur eine Chance von 0,53%, ein schwachsinniges Kind zu bekommen; das Risiko wuchs um das fünffache, wenn eines der Eltern ein retardiertes Geschwister hatte. Klarerweise »liegt Schwachsinn in der Familie«, aber er ist – wie erwartet – der Regression unterworfen.
43% der Retardierten hatten keine Nachkommen; dies mag eine Erklärung dafür abgeben, warum die Forschung niemals eine Stütze für die verblüffende Bemerkung entdeckt hat, daß unsere nationale Intelligenz mit der Zeit abnimmt. Diese Vorstellung wurde auf die gutdokumentierte Tatsache gegründet, daß im Hinblick auf die Intelligenz von Schulkindern die dümmeren der Tendenz nach aus größeren Familien kommen; es gibt eine negative Korrelation von ca. 0,25 zwischen dem IQ und der Größe der Familie. Wenn die dümmeren Angehörigen eines Volkes sich selbst in einer größeren Zahl als die aufgeweckteren reproduzierten, dann würde ein Verlust von durchschnittlich einem IQ-Punkt pro Jahrzehnt zu erwarten sein, aber dies ist niemals durch replizierte Studien in Intervallen von 10 oder 20 Jahren bestätigt worden. Aber natürlich läßt der Plan des ursprünglichen Experiments, das mit Kindern in der Schule beginnt, die kinderlosen Familien außer acht; wenn die dümmsten Familien überhaupt keine Kinder haben, dann kann man über die Gesamtintelligenz eines Volkes gar keine Schlüsse ziehen; anstatt eines Abstieges könnte es sogar einen leichten Anstieg geben. Die Tatsache, daß von den Zurückgebliebenen in der Studie der beiden Reed 43% niemals Kinder hatten, läßt vermuten, daß das allgemeine Bild wahrscheinlich einem »Gleichgewichtszustand« entspricht; wenn es irgendwelche Änderungen im nationalen IQ-Durchschnitt gibt, dann würden diese zu klein sein, um sie messen zu können.

Wir haben nun in einigen Details eine Vielzahl von Beweisen für die Genauigkeit des genetischen Modells der Intelligenz besprochen, müssen uns aber noch einigen Einwänden widmen, welche gegen es gemacht wurden. Es erscheint viel schwieriger, die andere Seite darzustellen, als *für* das genetische Modell einzutreten; einige der Gründe für dieses Mißverhältnis sind bereits erwähnt worden: Unser Modell ist präzise, quantitativ und experimentell; die verschiedenen Thesen, Deduktionen und Fakten, die es enthält, sind eng miteinander verknüpft und präsentieren eine erdrückende Zahl von Beweisen zugunsten des Modells. Die Kritiken ermangeln meist dieser Kennzeichen; sie sind »semantisch«, unverbunden und nicht sachbezogen. Es gibt keinen Versuch, ein alternatives Modell zu konstruieren, welches den bekannten Fakten Rechnung tragen würde; vielmehr sind die Einwände gegen den einen oder anderen Beweis gerichtet, ohne Beachtung der Tatsache, daß viele andere, von diesem besonderen Einwand unberührte Beweise denselben Schluß nach sich ziehen. So hat man z. B. schon gesagt, daß die Begründung für das Modell auf Zwillingsdaten beruht, und daß Zwillinge ein so ungewöhnliches Phänomen sind und so unrepräsentativ für die Bevölkerung, daß von ihnen abgeleitete Daten irrelevant sind. Solch eine Kritik ist in sich selbst sinnlos; es wird überhaupt nicht klar, warum man als Zwilling von dem Rest des Lebendigen exkommuniziert werden sollte! Insbesondere aber übersehen solche Kritiken die Tatsache, daß wir die Schätzung der Erblichkeit aus den Zwillings-Untersuchungen benutzen können, um die Regression des IQ in der Nachkommenschaft von Termans »hochbegabten Kindern« vorauszusagen, und das mit ziemlich großer Genauigkeit. Wenn Zwillinge wirklich in bezug auf die genetische Analyse *ultra vires* wären, dann dürften Schätzungen der Heritabilität, die aus dieser Quelle abgeleitet werden, nicht mit Schätzungen aus anderen Quellen übereinstimmen, noch sollten sie eine genaue Voraussage im Zusammenhang mit anderen Typen von Daten liefern. Aber diese beiden Möglichkeiten sind sachlich einwandfrei verifiziert worden; infolgedessen kann die Kritik nicht sehr ernst genommen werden. Sie isoliert eines von vielen miteinander verbundenen Fakten und Beweismittel, wo echte Kritik alle Tatsachen in Rechnung stellen sollte. Diese Ignoranz der Gesamtheit der Fakten gegenüber durchzieht die ganze Kritik des genetischen Modells und macht sie so vom wissenschaftlichen Standpunkt aus unbefriedigend.

Unsere Diskussion hier wird sich auf zwei Haupteinwände konzentrieren, die oft durch gewissenhafte Beobachter gemacht wurden und die eine ernsthafte Antwort verdienen. Der erste bezieht sich auf Unterernährung, insbesondere während der sog. »kritischen Periode«, d. h. vor und kurz nach der Geburt (wir haben bereits einige empirische Arbeiten betrachtet, welche die Vorstellung solch einer »kritischen Periode« widerlegen).

Diese Hypothese besagt, daß sich entwickelnde Organsysteme zur Zeit maximalen Wachstums am meisten verwundbar seien. Die Unterbrechung der Entwicklung in einer derartigen kritischen Phase sei wahrscheinlich irreversibel, oder zumindest sei die nachfolgende Entwicklung retardiert; daher würden mangelhafte pränatale und frühe postnatale Ernährungsbedingungen – etwa durch eine äußere Notlage – die ernsthaftesten Auswirkungen auf die Intelligenz des Kindes haben. Z. Stein und seine Mitarbeiter (1972) haben in einer hervorragenden Studie diese Hypothese einer eingehenden Untersuchung unterzogen. Tausende von Kindern, die zu verschiedenen Zeiten nach jener Hungersnot zur Welt kamen, welche die Deutschen während des Krieges über gewisse Regionen Hollands verhängt hatten (als Vergeltung für die Teilnahme holländischer Arbeiter an der Schlacht bei Arnhem nach der Landung britischer Fallschirmjäger), wurden mit Kindern verglichen, die während derselben Zeit in anderen Teilen der Niederlande geboren und nicht den Mangelbedingungen ausgesetzt waren. (Auf ihrem niedrigsten Stand fiel die offizielle Lebensmittelrationierung in den Notgebieten auf 450 Kalorien, was ein Viertel des Minimalbedarfs ist, die Todesrate stieg stark an, da viele Menschen – nachweislich – verhungerten.)

Die Untersucher benutzten drei abhängige Variablen: schwerere und leichtere geistige Reatardation, d. h. hier Entwicklungshemmung, und IQ-Werte; die unabhängige Variable war selbstverständlich das Erleiden des Mangels. Die untersuchte Bevölkerung umfaßte 125 000 männliche Kinder, die in den ausgewählten Hunger- und Kontrollstädten während der 3-Jahres-Periode vom 1. Jan. 1944 bis zum 31. Dez. 1946 geboren worden waren und die im Alter von etwa 19 Jahren in die Armee eingezogen wurden. Der Bericht zeigt folgenden Befund:

(1) »Die Häufigkeit der schweren geistigen Retardation unter den Überlebenden der Geburtsjahrgänge ist weder auf die Empfängnis noch die Geburt während der Hungersnot bezogen.«

(2) Die Häufigkeit leichter geistiger Retardation weist gleichfalls keine Relation zu den Notzeiten auf.

(3) Im Hinblick auf den verwendeten IQ-Test (Ravens progressive Matrizen) »konnten wir einmal mehr keine Verbindung mit der Hungerperiode finden«.

Diese Resultate (so die Autoren) »deuten entweder auf einen hohen Grad des natürlichen Schutzes, der dem Fötus *in utero* zuteil wird, oder auf

eine große Widerstandsfähigkeit des Fötus gegenüber Ernährungsschäden auf seiten der Mutter oder auf beides«.
Die Befunde sind eindeutig genug, um die Hypothese der »kritischen Entwicklung«, soweit sie den Einfluß von schlechter Ernährung auf die Intelligenz betrifft, zu widerlegen. Natürlich dürfen sie nicht zu weit genommen werden; wie die Autoren bestätigen, »sollten die Resultate nicht auf die Auswirkungen chronischer Unterernährung bei ganz außergewöhnlichen und unterschiedlichen Formen von Nahrungsentzug, wie sie häufig in Entwicklungsländern vorkommen, verallgemeinert werden, noch auf Ernährungsschäden nach der Geburt«.
Dies ist zweifellos richtig, aber wenn extreme Grade der Unterernährung während der anfälligsten Perioden im Leben des Kindes absolut keinen Effekt auf seine Intelligenz haben, dann muß jemand, der den Einfluß von geringerem Ausmaß des Mangels während weniger gefährdeter Lebensabschnitte behauptet, schon sehr direkte und unangreifbare Beweise erbringen (bei denen alle anderen Möglichkeiten ausgeschaltet werden), bevor seinen Überzeugungen viel Vertrauen geschenkt werden kann. Einige dieser Beweise existieren für Entwicklungsländer, aber es gibt keine in bezug auf Länder wie Großbritannien, die USA, die UdSSR oder den europäischen Kontinent.
Der zweite Haupteinwand bezieht sich auf die nachweislichen Auswirkungen früher sensueller und sozialer Deprivation auf das Lernverhalten von Tieren. J. McV. Hunt hat diese Experimente zur Unterstützung der These benutzt, daß solch eine frühe Entbehrung auch einen Grund mit für Lern- und Intelligenzdefekte bei menschlichen Kindern abgeben könnte. Ein derartiger Schluß erscheint jedoch ungerechtfertigt; die Fakten stehen nicht zur Diskussion, aber es ist sehr zweifelhaft, ob sie in irgendeiner Weise für das Problem der menschlichen Intelligenz relevant sind, zumindest soweit die westlichen und Ostblockländer betroffen sind. (Es ist in dieser Hinsicht zu wenig über die Entwicklungsländer bekannt, als daß man viel über sie aussagen könnte.) Der Entzug von sinnlichen oder geselligen Erfahrungen muß schon sehr stark sein, damit er merkliche und dauerhafte Effekte auf Tiere habe; solche Entbehrungen sind aber in keiner Weise charakteristisch für »deprivierte« Kinder. Sensuelle und soziale Deprivation fehlt z. B. vollständig bei den verrohten und teils ausgesprochen dummen Mitgliedern von Großstadtbanden. Genau das Gegenteil, wenn überhaupt etwas, ist wahr; diese »Halbstarken« haben viel mehr Stimulationen als durchschnittliche introvertierte Jungen oder Mädel aus dem Mittelstandsmilieu, die noch zur Schule gehen. Solange nicht direkte Beweise für die Hypothese erbracht werden, daß sensuelle oder soziale Entbehrun-

gen ursächliche Faktoren für einen niedrigen IQ darstellen – abgesehen von ein paar sehr seltenen und ungewöhnlichen »Kaspar-Hauser-Fällen«* –, müssen wir diese Tierexperimente, auch wenn sie in ihrem eigenen Bereich Interesse fordern, als völlig irrelevant für die Probleme ansehen, mit denen wir es zu tun haben.

Möglicherweise relevanter sind Kulturvergleiche *(cross-cultural studies)*, z. B. Untersuchungen der Intelligenz von Eskimos. Leider ist der Begriff der »Deprivation« gewöhnlich nicht klar definiert; aber sicherlich würde man von Eskimokindern, die im Hinblick auf viele uns selbstverständliche Stimuli in einer erschreckend undifferenzierten Umgebung und unter extrem armseligen ökonomischen Bedingungen und angesichts einer beträchtlichen familiären Instabilität und Unsicherheit aufwachsen, kaum erwarten, daß sie im Wettbewerb mit weißen Kindern, die unter normalen westlichen Bedingungen erzogen werden, bestehen könnten, auch nicht in »kulturneutralen« Tests. Doch diese Eskimos, die in den Eiswüsten weit oberhalb des Polarkreises leben, schneiden im Test (der progressiven Matrizen) genauso gut oder besser ab als der weiße kanadische Durchschnitt; sie erzielen viel höhere Werte als jamaikanische oder amerikanische Neger, obwohl diese unter Bedingungen aufwachsen, die viel mehr denen der normsetzenden weißen Gruppen ähneln, d. h. mit einem viel besseren Angebot an Umwelt- und sozialer Stimulation. Interessanterweise waren Eskimos, die noch unter den ursprünglichsten Bedingungen lebten, in den Tests besser als jene, die sich in engerem Kontakt mit den Weißen an diese bereits kulturell angeglichen hatten. (Die Studien können übrigens als zusätzlicher Beweis dafür gelten, daß die oft wiederholte Kritik, IQ-Tests seien von weißen Mittelstandspsychologen für weiße Mittelstandskinder gemacht und daher unfair für Kinder, die nicht zu dieser ausgezeichneten Gesellschaft gehören, gänzlich falsch ist. Und sicherlich hatten die Erfinder der in diesen Untersuchungen angewandten Tests auch keine Eskimokinder im Sinn, als sie ihre Testaufgaben konstruierten.)

Es ist natürlich nicht unmöglich, *ad hoc* eine environmentalistische Erklärung dieser verblüffenden Befunde vorzubringen, aber eine solche entbehrt jeglichen Beweises und hat auch gar nichts mit der Beziehung zur Hypostasierung der »Deprivation« zu tun. Der entscheidende Punkt ist folgender: Wenn soziale und sensuelle Entbehrungen oder sonstige negative Umweltfaktoren für IQ-Defizite in weißen Arbeiterkreisen oder schwarzen Populationen reklamiert werden, dann erfordert die Logik dieser Erklärung

* *Kaspar Hauser* ist der Name eines Kindes, das in vollständiger Isolierung in einem dunklen Keller aufgezogen wurde.

absolut, daß eine ernsthaft benachteiligte Gruppe wie etwa die Eskimos ebenfalls das Charakteristikum des IQ-Defizits zeigen; tatsächlich aber haben sie es nicht.

Somit hinkt die Deprivationshypothese auf beiden Füßen; das Ergebnis aus der Arbeit mit Tieren, das zu ihrem Beweis zitiert wird, ist zwar richtig, aber irrelevant, und das Zeugnis von menschlichen Kindern stützt sie nicht, wendet sich vielmehr gegen sie. Viel weitere Arbeit wird offenbar nötig sein, bevor die Hypothese auch nur in eine real prüfbare Form gebracht werden kann; derzeit sind sich ihre Verfechter noch nicht einmal – und wohl auch noch lange nicht – darüber einig, was »Deprivation« eigentlich ist und wie dieser hypothetische Sachverhalt gemessen werden kann. Weiterhin ist es natürlich nicht nur notwendig zu zeigen, daß Deprivation (wie immer sie definiert und gemessen wird) den IQ beeinflußt; es ist auch nachzuweisen, daß ihre Wirkung über den »Reaktionsbereich« *(reaction range)* der Umwelteinflüsse hinausgeht.

Dieser Begriff des Reaktionsbereichs ist bei jeder Betrachtung der genetischen Hypothese und der gegen sie erhobenen Kritiken äußerst wichtig. Was der Terminus meint, ist kurz dies: Wenn wir unser Modell nehmen, so können wir aus ihm mit beträchtlicher Präzision die Grenzen bestimmen, innerhalb derer die Umwelteinflüsse liegen müssen. Wenn eine besondere Behandlung sich für die Erhöhung des IQ-Niveaus einer gegebenen Gruppe von unterprivilegierten Kindern als verantwortlich herausstellen sollte – sagen wir um 50 Punkte – und wenn dieses Unternehmen auch experimentell und statistisch angemessen erscheint (d. h. sich nicht irgendeine Art »Testunterweisung« zunutze macht, keine Regressionseffekte als Teil des Punktgewinns zuläßt und auch nicht fälschlicherweise übersieht, die Versuchs- und Kontrollkinder nach dem Zufall zu gruppieren), dann könnte gesagt werden, daß dies sehr wohl jenseits der umweltabhängigen Variationsspanne läge, für welche das genetische Modell Raum bietet. Sollte ein derartiger Versuch jedoch einen Zuwachs von 15 Punkten erbringen, dann könnte die 20%ige Varianz, die Umweltfaktoren zugeschrieben wird, gut diesen Effekt produziert haben und folglich brauchte das Modell nicht aufgegeben zu werden. Mit anderen Worten, indem wir der Umwelt eine gewisse quantitativ definierte Rolle innerhalb unseres Modells zugewiesen haben, können wir die Grenzen ihrer Wirkung kalkulieren; diese Grenzen sind definiert durch den »Reaktionsbereich«, d. h. die Spanne von IQ-Werten, die erlaubt ist, ohne die quantitative Fassung der Theorie zu verletzen.

Ich bin sorgfältig alle publizierten Berichte über IQ-Änderungen, die angeblich durch Umweltmanipulationen verursacht wurden, durchgegangen, vorausgesetzt die experimentellen wie auch die statistischen Regeln waren nicht in solch einem Umfang verletzt, der die Ergebnisse unzulässig machte; ich habe nicht *eine* Studie gefunden, die Effekte außerhalb des »Reaktionsbereichs«, wie er oben definiert ist, zeigte. So gibt es in der Literatur keinen gesicherten Hinweis, daß Umweltmanipulationen den IQ in einem Ausmaß verbesserten, das nicht innerhalb der Grenzen des 20%igen Umweltanteils an der Gesamtvarianz liegt. Kritiker, die diesen Schluß angreifen wollen, müssen mehr tun, als auf Studien verweisen, die eine Änderung des IQ entdeckten, nachdem das Milieu bereichert worden war; sie müssen zeigen, daß die Verbesserung über die durch das Modell gesetzten Grenzen hinausgeht. Ohne einen derartigen Nachweis hat kein Beispiel auch nur die geringste Aussicht, das gegenwärtige Modell zu entthronen.

Es würde sicherlich nicht genügen, das Kapitel zu beenden mit dem Eindruck, daß alles, was im Hinblick auf die Vererbung der Intelligenz an Erkenntnissen nötig war, tatsächlich bekannt sei. Dies wäre weit von der Wahrheit entfernt. Unser Modell ist ein gutes, vernünftiges, annehmbares Arbeitspferd; es hat den alten Gaul des ursprünglichen einfachen klassischen »Vererbungsmodells« ersetzt; es enthält jetzt auch Dominanz, Epistase und die Auswirkungen der assortativen Paarung und darüber hinaus Milieueffekte »innerhalb« und »zwischen den Familien« sowie quantitative Schätzungen der Interaktion von Anlage und Umwelt. Aber es bleibt noch viel zu erforschen; um die einfachsten Dinge zuerst zu nennen: Wir wissen sehr wenig über die Vererbung der »Primärfähigkeiten«, welche einen so wichtigen Platz in dem hierarchischen Modell der Intelligenz einnehmen. Wir wissen sehr gut, daß auch diese (oder zumindest einige von ihnen) ihre Variabilität z. T. genetischen Ursachen verdanken, obwohl natürlich nicht insgesamt; aber die gegenwärtig zugänglichen Daten sind zu fragmentarisch, um viel mehr als dies zu sagen, und so wird und muß es ein wichtiges Gebiet für zukünftige Untersuchungen sein. Wir haben *g* in seine Komponenten der geistigen Schnelligkeit, der Ausdauer, der Fehlversuche zerlegt, aber überhaupt nichts ist über den Grad bekannt, in welchem diese Mechanismen unter genetischer Kontrolle stehen. Dies ist ein ernsthaftes Versäumnis, welches bei der erstbesten Gelegenheit in Ordnung gebracht werden sollte. Wir wissen auch, daß Männer und Frauen, obwohl sie gewöhnlich in IQ-Tests etwa gleich abschneiden, in zweierlei Weise differieren: Männer sind besser als Frauen in numerischen und räumlichen Tests, Frauen besser als Männer in verbalen und Gedächtnistests. Wir wissen auch, daß männliche Samples zu einer größeren Varianz tendieren, d. h. es gibt sehr aufgeweckte und sehr dumme Männer, dagegen gibt

es mehr durchschnittlich intelligente Frauen. Unterliegen diese Effekte genetischer Kontrolle? Oder sind sie vollständig durch Umwelteinflüsse erzeugt? Wir wissen es nicht.
Es gibt eine Reihe weiterer Fragen, auf die wir keine Antwort haben. Aber wir wissen jetzt immerhin, was zu tun ist, um die Lösungen zu finden; und wir können nur hoffen, daß innerhalb der allernächsten Jahre die Arbeit auf diesem Gebiet so ausgeweitet werden wird, daß zumindest einige dieser wichtigen Fragen bereinigt werden.

Kapitel IV
Intelligenz und soziale Schichtung

Die in den vorausgehenden zwei Kapiteln dargelegten Fakten führen zu vielen interessanten und gesellschaftlich bedeutsamen Konsequenzen; leider haben genetisch uninformierte Kritiker oft aus den richtigen Prämissen ganz falsche Schlußfolgerungen abgeleitet. Eine sehr häufig anzutreffende Verwirrung, die sich auf die Frage nach dem Verhältnis zwischen Intelligenz und sozialer Schicht bezieht, entsteht aus der irrigen Annahme, »Gleiches zeuge Gleiches« (wie man in Anlehnung an das englische Sprichwort *Like begets like* sagen könnte), d. h. daß die Kinder immer den Eltern ähneln müßten; dies führt leicht zu jenem falschen Bild der Vererbung, das Diagr. 7 illustriert. Darin sei eine sozial wichtige Eigenschaft – Intelligenz z. B. – in fünf Hauptgruppen von Maßzahlen aufgespalten, auf welche wir 64 Eltern (repräsentiert durch den mittleren IQ beider Teile) und ihre 64 Kinder verteilt haben. Die IQ-Scores unter den Gruppen von Eltern und denen der Kinder lauten wie folgt: vier haben über 123 oder unter 77 Punkte, sechzehn haben Scores zwischen 108 und 122 oder zwischen 78 und 92, und die verbleibenden vierundzwanzig haben Werte zwischen 93 und 107. Unter Voraussetzung grundsätzlicher Ähnlichkeit müßten nun die Eltern mit IQs unter 78 Kinder mit denselben Werten erzeugen, das gleiche würde für jene über 122 gelten, deren Kinder folglich in dieselbe Kategorie fielen. Wenn es also markante IQ-Unterschiede zwischen Eltern beispielsweise aus dem Arbeitermilieu und dem Mittelstand gibt, dann würden diese Ungleichheiten *ad infinitum* fortgezeugt werden und eine erblich verankerte Knechtschaft (und Ausbeutung) würde unvermeidlich sein. Dies ist genau die Art von Vorstellung, die viele Leute von dem genetischen Modell haben. Tatsächlich aber entspricht nichts in diesem Bild auch nur im entferntesten der Realität. Wir haben bei der Besprechung der Regression schon gesehen, daß »Gleiches« durchaus nicht in dieser rein mechanischen Weise »Gleiches zeugt«; die Gene trennen und rekombinieren sich und ergeben ein vollständig anderes Bild.

Das, was wirklich geschieht, kann durch ein erdachtes Beispiel aufgezeigt werden, welches viel simpler ist als das aktuelle Modell, das wir benutzen; aber diese Vereinfachung berührt zumindest nicht die Hauptpunkte, die ich erläutern möchte. Nehmen wir also an, daß die Intelligenz durch zwei Genpaare mit Wirkungen von gleicher Größe determiniert sei, d. h. ihre Effekte seien additiv. Wir können dann ein Bild konstruieren

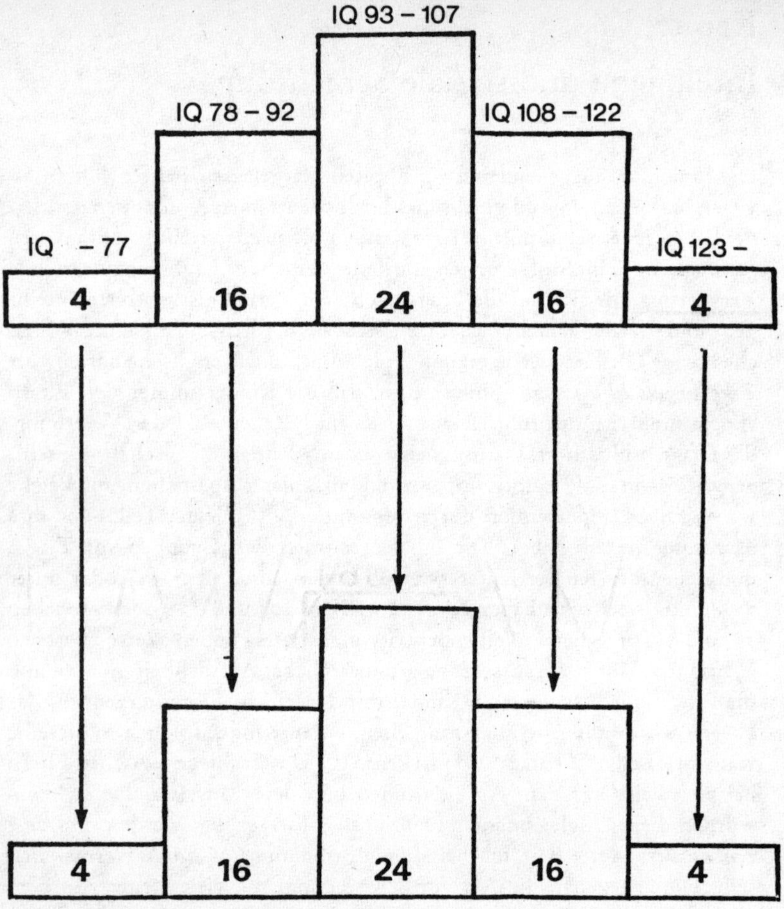

Diagr. 7 *Falsches Bild der Vererbung des IQ*

(Diagr. 8), welches ebenfalls mit einer Elterngeneration derselben Verteilung wie in Diagr. 7 beginnt; während jedoch die Distribution der IQs der Kinder wiederum die gleiche ist wie zuvor, haben die Verbindungslinien zwischen parentaler und filialer Generation eine beträchtliche Änderung erfahren: Vorher, in dem falschen Bild der genetischen Determination, verliefen die Linien direkt, senkrecht von den Eltern zu den Kindern, und jetzt, in dem richtigen Bild, kann man sehen, daß diese Linien schräg sind und sich überschneiden, so daß es weniger direkte als indirekte Ver-

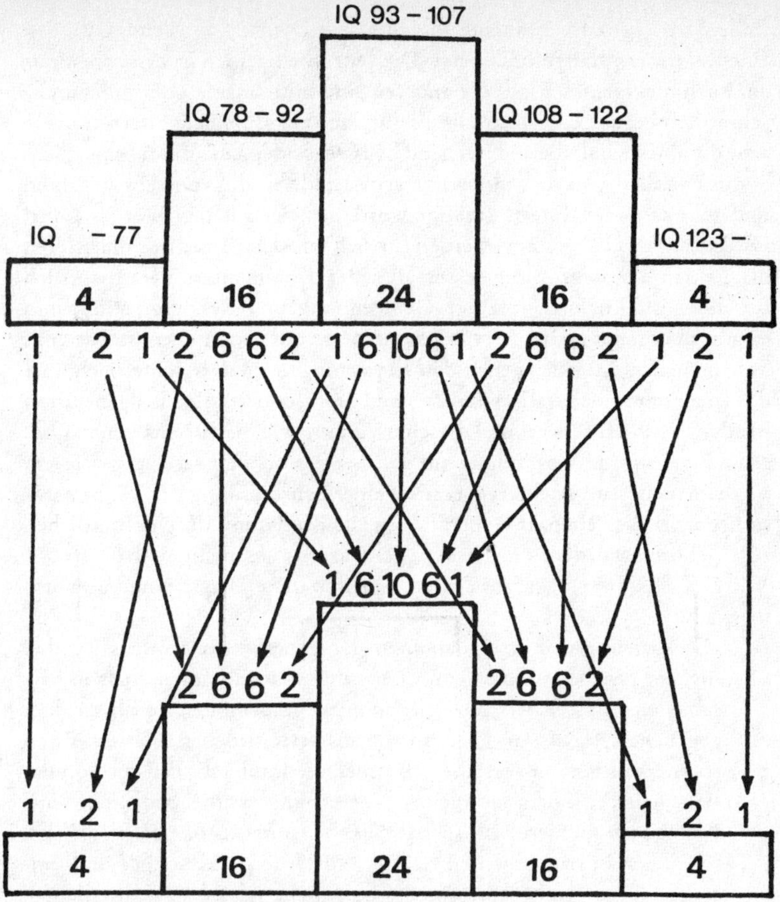

Diagr. 8 *Richtiges Bild der Vererbung des IQ*

bindungen gibt. Von den vier Kindern mit niedrigen IQs hat nur eines Eltern mit gleich niedrigem IQ; die anderen drei haben Eltern mit höheren IQs. Gleichermaßen hat nur eines der Kinder mit hohem IQ Eltern mit gleich hohem IQ; die anderen drei haben Eltern mit niedrigeren IQs. Von den vierundzwanzig durchschnittlich intelligenten Kindern haben zehn auch durchschnittliche Eltern, eines hat sehr intelligente und eines sehr dumme Eltern, während sechs mittelmäßig begabte und sechs mittelmäßig unbegabte Eltern haben. Wenn wir umgekehrt mit den Eltern beginnen,

finden wir (ganz im Einklang mit unserem Diagr. 5 auf Seite 117), daß eine Regression stattgefunden hat. Die sehr intelligenten Eltern haben nur ein hochintelligentes Kind; die anderen sind mittelmäßig oder nur durchschnittlich begabt. Genauso gibt es für die sehr dummen Eltern nur ein sehr dummes Kind, die anderen sind halbwegs oder ganz durchschnittlich. Somit entfallen von den insgesamt acht Kindern, die von sehr begabten und sehr dummen Eltern gezeugt wurden, zwei auf den Durchschnitt! Die Details des Diagramms werden für sich selbst sprechen; sie illustrieren die Fakten der Regression besser als jeder Kommentar. Verantwortlich für diese Effekte sind zufällige Gentrennung und Rekombination, und es gibt überhaupt nichts Mysteriöses dabei; vom genetischen Standpunkt aus entspricht dies alles genau den Erwartungen. Man beachte noch, daß das Diagramm einen stationären Zustand repräsentiert; die Filialgeneration hat denselben Mittelwert und dieselbe Varianz wie die Parentalgeneration.
Manchmal wird in Verbindung mit der Regression die Frage aufgeworfen, ob denn nicht jede Tochtergeneration einer Schrumpfung der Varianz unterliege, bis nach ein paar Generationen alle Kinder mit durchschnittlichen IQs geboren würden. Diagr. 8 zeigt, warum dies nicht so ist.
Wie C. C. Li (1971) sagt (aus dessen Schriften diese Diagramme übernommen sind):

> »Das wichtigste Einzelphänomen des genetischen Modells ist, daß für eine gegebene Klasse von Eltern ihre Nachkommenschaft in verschiedene Klassen verstreut wird; umgekehrt stammen die Eltern einer gegebenen Klasse von Kindern alle aus verschiedenen Klassen. Environmentalisten mißverstehen zuweilen die Implikationen der Populationsgenetik, indem sie meinen, Vererbung würde bedeuten, ›eine Klasse reproduziere sich selbst‹ *(›like class begets like class‹).* Wahrscheinlich ist das Gegenteil richtig. Nur sehr starke soziale und umweltbedingte Kräfte können eine künstliche Klasse aufrechterhalten, Vererbung kann es nicht. Von diesem Standpunkt aus betrachtet, sind soziale Faktoren viel konservativer als es genetische sind.«

Die Tatsache der Aufspaltung und Rekombination führt zu einer der wichtigsten Eigenarten des genetischen Materials, nämlich der nach dem russischen Mathematiker, der diese Faktoren erforschte, so genannten Markovschen Eigenschaft. Diese kann wie folgt umschrieben werden: »Die Eigenschaften eines Individuums hängen von dem Zustand ab, in dem es sich befindet, und nicht von dem Zustand, aus dem es kommt.« Mit anderen Worten: »Ein Mann ist immer ein Mann!« (Burns sagte in seiner Sprache noch tiefgründiger *»A man's a man for all that«.*) D. h. sein IQ spiegelt seine geistige Fähigkeit unabhängig von den IQs seiner Eltern;

die durchschnittlich intelligenten Personen in unserem Diagramm sind genau gleich, unabhängig von der Tatsache, daß einige sehr intelligente Eltern haben, andere sehr dumme und noch andere durchschnittliche. Vom Augenblick der Empfängnis an ist all dies genetisch irrelevant. Weiter: Vom Standpunkt ihrer Nachkommenschaft aus sind all diese Leute mit genetisch identischen IQs äquivalent, ungeachtet des Niveaus ihrer eigenen Eltern. Wenn wir so z. B. mit besonders intelligenten Vätern und Müttern beginnen und das Schicksal ihrer Kinder und Kindeskinder verfolgen, finden wir Regression zum Mittel in jeder Generation, bis es nach etwa sechs bis acht Generationen keinerlei prognostischen Wert mehr hat, die IQs der Ureltern zu kennen. Dazu C. C. Li:

> »...zwei Individuen derselben Familie, aber mehrere Generationen auseinander, sind praktisch in ihrer genetischen Konstitution nicht verwandt. Aus dem Genotyp des einen könnten wir den Genotyp des anderen mit keiner größeren Genauigkeit schätzen, als wir es für ein unverwandtes zufällig ausgewähltes Individuum könnten. Die Kraft der Vererbung, die ein Individuum formt, ist wesentlich unmittelbarer Natur und hat keine längerwährende Bedeutung... Es sind die durch den Menschen erzeugten sozialen Kräfte, die dahin tendieren, eine bestimmte Klasse zu schützen und aufrechtzuerhalten. Die genetischen (durch die Natur erzeugten) Kräfte haben keine derartigen sozialen Vorurteile; sie folgen den Gesetzen der Wahrscheinlichkeit – ohne Erinnerung an die Vergangenheit.«

Wie wir gesehen haben, ist der IQ nicht 100%ig genetisch determiniert, und infolgedessen bedeuten Umwelteinflüsse ein kleines Hindernis für diesen Nivellierungsprozeß. Ein Beispiel davon haben wir im Kap. 3 bezüglich der Regressionseffekte in der Nachkommenschaft von Termans »hochintelligenten Kindern« angeführt, wo an der einfachen Regressionsformel eine kleine Korrektur vorgenommen werden mußte, um die Tatsache in Rechnung zu ziehen, daß die Hochbegabten von sich aus ihren Kindern eine bessere als durchschnittliche Umwelt bereiten. Aber die Kraft dieser Umweltdeterminante ist relativ gering; viel kleiner, als hochintelligente Eltern es wahrhaben wollen. Zu sehen, wie die Kinder zur Mittelmäßigkeit regredieren, und ohnmächtig zu sein, irgend etwas dagegen zu tun, ist eine der Tragödien im Leben. Sie spiegelt die Tragödie der Egalitaristen, deren bestgemeinte Pläne für die Bereicherung der Erziehung ohne großen Erfolg bleiben – allein aufgrund der einfachen Gesetze der Vererbung. Genauso wie die Kinder der Hochintelligenten gewöhnlich zwar auch intelligent sind, aber nicht im gleichen Maße wie ihre Eltern, so sind die Kinder der sehr Dummen ebenfalls dumm, jedoch keineswegs so schlimm

wie ihre Eltern. Dies sind Fakten, die mit Beifall oder Verwünschungen aufgenommen werden mögen, die aber nichtsdestoweniger Fakten bleiben. Welches aber ist ihr Einfluß auf das ewig faszinierende Problem der sozialen Schichtung?
Die meisten Leute neigen in bezug auf soziale Schichtung oder Klassen zu Vorstellungen im Sinne des Diagr. 7: Wenn nämlich die Intelligenz in einem merklichen Ausmaß durch genetische Faktoren determiniert sei, müsse nach ihrer Meinung das existierende Klassensystem wahrscheinlich (mit wenigen Ausnahmen) zu einem Kastensystem werden. Wenn, wie sie glauben, »Gleiches Gleiches zeugt« und wenn Angehörige der Arbeiterschicht vom Mittelstand im Durchschnitt um einige 30 Punkte abweichen, dann sind auch ihre Kinder und die Kindeskinder dazu verdammt, in einer untergeordneten sozialen Position zu bleiben. Und doch ist, wie wir gesehen haben, genau das Gegenteil wahr. Die Vererbung kombiniert die für überlegenere Leistungen, hohe Intelligenz und große Fähigkeit verantwortlichen Gene neu und sichert damit, daß innerhalb von ein paar Generationen die zwischen gesellschaftlichen Gruppen bestehenden Grenzen aufgehoben werden. Wenn überhaupt etwas, so ist es die jeweilige soziale Struktur, welche soziale Unterschiede verewigt, da sie als der Anwalt des Konservativen agiert; es ist die Vererbung, welche den Boden lockert und so für Aufbruch, Umschwung und Veränderung sorgt. Wo immer es auch nur näherungsweise Chancengleichheit, universelle Bildung und Ausbildung sowie Fortkommen nach Leistung gibt, würden wir erwarten, einen konstant hohen Grad der sozialen Mobilität zu finden, indem die Kinder »bürgerlicher« Eltern nach dem Mittelmaß hin regredieren und daher absteigen und die Kinder von »Arbeitern« ebenfalls durch Regression zum Mittel aufsteigen. Dieses sind natürlich Erwartungen, die sich auf den Durchschnitt beziehen; innerhalb einer einzelnen Familie können die jeweiligen Kinder einander ganz unähnlich sein, und wiederum würden wir erwarten, daß die Klugen oben schwimmen und die Dummen untersinken. Dies sind Voraussagen auf der Basis der genetischen Hypothesen; wenn die Intelligenz ausschließlich durch Umwelteinflüsse verursacht würde, dann müßten zweifellos die Klassen zu Kasten erstarren und eine permanente Sklaverei der Dummen etabliert werden, ohne Hoffnung auf Erlösung. Doch wie stehen die Fakten?
Sehen wir uns in Tab. 6 die (verdichtet) wiedergegebenen Resultate von D. V. Glass (1954) aus seinem Buch *Social Mobility in Britain* an. Es werden sieben Kategorien zur Beschreibung des sozialen Status verwendet, vom »Akademiker und höheren Verwaltungsangestellten« bis zum »ungelernten Handarbeiter«; entlang der waagerechten Achse stehen die Status-

Berufsklassen d. Väter (Statuskategorien)		Prozentuale Zuweisung von Kindern innerhalb der väterlichen Statusgruppen gemäß ihrer eigenen Kategorie							
		1	2	3	4	5	6	7	N
Akademiker u. höhere Verwaltungsangest.	1	*39*	15	20	6	14	5	2	129
Leitende Angest. in Wirtschaft u. Verwaltung	2	11	*27*	23	12	21	5	2	150
Mittlere Kontroll- u. Aufsichtsberufe	3	4	10	*19*	19	36	7	6	345
Untere Kontroll- u. Aufsichtsberufe	4	2	4	11	*21*	43	12	6	518
Gelernte Handarbeiter u. sonst. Routinearb.	5	11	2	8	12	*47*	17	12	510
Angelernte Handarbeiter	6	0	1	4	9	39	*31*	16	458
Ungelernte Handarbeiter	7	0	1	4	8	36	24	*27*	387
Anzahl der Individuen		103	159	330	459	1429	593	424	3497

Tab. 6 *Ausmaß gleichen sozio-ökonomischen Status von Vätern und Kindern*

kategorien der Subjekte der Befragung, während auf der senkrechten Achse jene ihrer Väter angegeben sind. In den Reihen und Spalten ist die zutreffende Anzahl der Individuen aufgeführt; unter »N« stehen deren Summen. Die Tabelle besagt, daß von Vätern der Kategorie 1 die Söhne nur in 39% aller Fälle denselben Status erreichen; 15% fielen in die Kategorie 2, 20% in die Kategorie 3 und so weiter bis herab zu 2% in der Kategorie 7. Andererseits hatten Väter aus der untersten Kategorie in 27% aller Fälle Söhne, die in derselben Schicht blieben, 24% fielen in die Kategorie 6, 36% in die 5, usw. Es gab somit, genau wie vorhergesagt, eine eindeutige Regression zum Mittel. Die Söhne von Vätern der obersten Schicht sind zu 61% regrediert und fielen in eine niedere Kategorie als ihre Väter, während die Söhne von Vätern der untersten Kategorie zu 73% regrediert sind und einen höheren Status als ihre Väter erreichten. Diese Daten beziehen sich natürlich auf die Vergangenheit; solche Resultate können niemals

Status des Vaters	Status der Söhne als Erwachsene (in Prozent der väterlichen Gruppierung) I %	II %	III %	Gesamt %
I	51,7	34,5	13,8	100,0
II	23,3	46,9	29,8	100,0
III	13,7	36,9	49,4	100,0

Tab. 7 *Ausmaß der Statusgleichheit von Vätern und Söhnen*

ein Bild der zeitgenössischen Szene geben. Aber es sollte erinnert werden, daß diese »Kinder« in einer Zeit aufgezogen wurden, als noch keineswegs unser heutiger Grad von Gleichheit der Bildungschancen erreicht worden war und die Klassengrenzen viel starrer waren als jetzt. Weiterhin ist zu berücksichtigen, daß diese Studie aus England stammt; die soziale Mobilität war sicherlich in Ländern wie den USA größer. Folglich dürfte es dort keine Zeugnisse für ein »Kastensystem« von prädestinierter Exzellenz oder Mediokrität gegeben haben noch geben; es findet vielmehr ein ständiger Wechsel großen Ausmaßes von einer Generation zur nächsten statt, genauso wie die genetische Hypothese erwarten läßt. Diese Daten sind mit der Vorstellung einer starken Umweltdetermination der Fähigkeiten nicht vereinbar und auch nicht mit der vermeintlichen Irrelevanz des IQ für den sozialen Status.

Die obige Tabelle ist vielleicht etwas unübersichtlich wegen ihres Umfangs. Burt (1959) hat eine viel kleinere veröffentlicht, in welcher er die sozialen Schichten in 3 Hauptklassen zusammenpfercht: Mittelstand, gelernte Arbeiter und der Rest. Tab. 7 zeigt die wichtigsten seiner Ergebnisse. Man sieht, daß unter Voraussetzung einer solchen Dreierschichtung der Gesellschaft nur noch weniger als 50% der Söhne denselben sozio-ökonomischen Status wie ihre Väter haben. Von Söhnen mit Vätern in der höchsten Gruppe fallen immerhin 14% in die unterste, und umgekehrt erreichen 14% mit Vätern in der untersten Stufe die höchste. Es gibt also eine ausgesprochene Abwanderung von Kindern aus der sozialen Schicht heraus, in welche sie hineingeboren wurden. Dies Phänomen der sozialen Mobilität ist charakteristisch für die modernen Gesellschaften, und es ist nicht auf England oder die USA begrenzt; es findet sich gleichermaßen in den kontinentaleuropäischen Ländern. Es gibt kein Verständnis der Relation zwischen Intelligenz und sozialer Schichtung, welches diesen Mangel an Stabilität der Klassenzugehörigkeit nicht in Rechnung stellt.

Die lange fortgeführten Studien von Burt sind besonders wertvoll gewesen, indem sie Licht auf das Verhältnis von IQ und gesellschaftlichem Status geworfen haben. Wir werden uns stark an seine Arbeit anlehnen – teils, weil nur wenige gerade diesem Problem so viel Aufmerksamkeit geschenkt haben, teils natürlich wegen der außergewöhnlichen Qualität der Anlage und der statistischen Auswertung seiner Versuche. Burt (1961) beginnt mit der Erläuterung von zwei Punkten: Während der Dauer seiner Forschungen (die sich über mehr als 50 Jahre erstreckten) habe es keine große Änderung im Durchschnitt der allgemeinen Intelligenz gegeben, und auch »das Ausmaß der individuellen Variation um das mittlere Niveau der Intelligenz ist anscheinend ziemlich konstant geblieben; sicherlich aber hat es nicht abgenommen«. Dann fährt er mit einem dritten Punkt fort, von dem wir sehen werden, daß er für unsere Diskussion von äußerster Wichtigkeit ist: »Es gibt beachtliche Differenzen in der durchschnittlichen Intelligenz der verschiedenen sozio-ökonomischen Schichten, aber trotz der bemerkenswerten Verbesserungen der materiellen und kulturellen Verhältnisse haben sich die Unterschiede während der in Frage stehenden Periode fast überhaupt nicht geändert.«

Dies sind Fakten, über die man wenig streiten kann; aber deshalb gibt es doch noch immer bei ihrer Auslegung Meinungsverschiedenheiten. Burt zitiert u. a. J. Floud und A. H. Halsey (1956), die die Ansicht vertreten, daß die offensichtlichen Unterschiede zwischen den Schichten der Gesellschaft in keiner Weise genetischen Ursachen zu verdanken seien und daß wir es statt dessen mit »einer Hypothese von Beinahe-Zufälligkeit in der sozialen Verteilung angeborener Intelligenz« zu tun haben. Daraus ergibt sich, daß alle Klassen annähernd die gleichen Möglichkeiten hätten. Diese Ansicht ist weit verbreitet, nicht nur in Großbritannien, sondern auch in den USA, wo sie sozusagen zur orthodoxen psychologischen und soziologischen Lehre gehört. Halsey und Floud leugnen nicht, daß genetische Determinanten der Intelligenz existieren; hierin unterscheiden sie sich von anderen Kritikern, die Burt zitiert, ihr Anliegen ist begrenzter: obwohl erbliche Einflüsse vorhanden seien, dürfe man diese nicht für die beobachteten sozialen Unterschiede verantwortlich machen. Diese Ansicht hat aus politischen Gründen bei vielen Leuten Anklang gefunden, aber wir werden sehen, daß sie ganz unhaltbar ist.

Burt führt die tatsächliche Verteilung der IQs an, welche er in seinem Lande für Väter in den von ihm benutzten sechs Berufsklassen sowie für die Kinder von Vätern dieser Gruppen fand (Tab. 8 und 9). Die Zahlen, die unter der Rubrik »Total« stehen, repräsentieren lediglich Proportionen; wo z. B. die Zahl der Väter in der ersten Klasse mit 3 (v. T.) angegeben

IQ von	50–60	60–70	70–80	80–90	90–100	100–110	110–120	120–130	130–140	140+	Gesamt	Mittlerer IQ
1 Höhere Akademiker									2	1	3	139,7
2 Niedere Akademiker							2	13	15	1	31	130,6
3 Angestellte				1	8	16	56	38	3		122	115,9
4 Gelernte			2	11	51	101	78	14	1		258	108,2
5 Halbgelernte		5	15	31	135	120	17	2			325	97,8
6 Ungelernte	1	18	52	117	53	11	9				261	84,9
Gesamt	1	23	69	160	247	248	162	67	21	2	1000	100,0

Tab. 8 *Verteilung der Intelligenz gemäß den Berufsklassen: Erwachsene*

IQ von	50–60	60–70	70–80	80–90	90–100	100–110	110–120	120–130	130–140	140+	Gesamt	Mittlerer IQ
1 Höhere Akademiker						1		1	1		3	120,8
2 Niedere Akademiker				1	2	6	12	8	2		31	114,7
3 Angestellte			3	8	21	31	35	18	6		122	107,8
4 Gelernte		1	12	33	53	70	59	22	7	1	258	104,6
5 Halbgelernte	1	6	23	55	99	85	38	13	5		325	98,9
6 Ungelernte	1	15	32	62	75	54	16	6			261	92,6
Gesamt	2	22	70	159	250	247	160	68	21	1	1000	100,0

Tab. 9 *Verteilung der Intelligenz gemäß den Berufsklassen: Kinder*

ist, lag die aktuelle Zahl der Untersuchten nahe bei 120. Die Daten zeigen die Fakten der schon im Diagr. 5 dargestellten Regression in viel größerem Detail; in diesen Tabellen können wir auch die geringere Spanne von Fähigkeiten innerhalb besonderer Klassen im Vergleich zur gesamten Bevölkerung erkennen. So hat keiner der Väter in Gruppe 1 einen niedrigeren IQ als 130; keiner der Väter in Gruppe 2 hat einen IQ unter 110. Burt stellt heraus, daß es beträchtliche Überlappungen gibt: »...in der alleruntersten Stufe – der ungelernten Arbeiter – zeigen einige der intelligentesten Mitglieder tatsächlich eine größere Intelligenz als die dümmsten Angehörigen der zweiten Stufe – der niederen Geistesarbeiter –.« Die Korrelation zwischen sozialer Schicht und Intelligenz ist daher durchaus unvollkommen: sie liegt bei 0,74; aber diese Zahl basiert natürlich auf Verteilungen, die alles andere als normal sind, und daher ist ihr wahrer numerischer Wert wahrscheinlich niedriger; die beste Schätzung liegt bei etwa 0,5.

Bei den Kindern sind natürlich die Unterschiede zwischen den Durchschnittswerten der Schichten (ihrer Eltern) viel kleiner, wie wir schon im Diagr. 5 gesehen haben. Nach Burt ist das Ausmaß der beobachteten Regression »sehr nahe dem Wert, den wir unter der Annahme erwarten müßten, daß die Korrelation zwischen Vätern und Söhnen hauptsächlich von multifaktorieller Vererbung mit assortativer Paarung und unvollständiger Dominanz verursacht sei« – d. h. unter den Bedingungen, deren Existenz wir aufgrund anderer Daten bereits tatsächlich nachgewiesen hatten. Aber wenn die mittlere Intelligenz der Kinder aus bestimmten sozialen Schichten weniger vom Mittel der Gesamtbevölkerung abweicht, als es die ihrer Väter tut, und wenn die Intelligenz der Kinder in einer gegebenen Schicht über eine viel weitere Spanne variiert als die ihrer Väter, dann würden diese kumulativen Änderungen innerhalb von fünf Generationen zu einer vollständigen Absenz der Unterschiede zwischen den Mittelwerten der einzelnen Schichten führen, wenn nicht diese Effekte in irgendeiner Weise von entgegengesetzten Prozessen aufgehoben würden. Eine derartige Gegenwirkung ist natürlich in der Form der sozialen Mobilität präsent; gäbe es nicht diese Besonderheit in unserer Gesellschaft, würden die Wirkungen der Regression es mathematisch unmöglich machen, daß die Mittel und Varianzen der Intelligenz in den verschiedenen sozialen Schichten über die Generationen hinweg konstant blieben.

Man kann das Mindestmaß an sozialer Mobilität berechnen, welches nötig sein würde, einen »Gleichgewichtszustand« aufrechtzuerhalten, d. h. die Regressionseffekte auszugleichen. Burt (1961) kam auf 22%, was – wenn man die notwendigerweise nicht allzu exakte Art solcher Kalkulationen berücksichtigt – nicht weit von einer annehmbaren Einschätzung des wahren Wertes entfernt ist. Dieser »wahre« Wert liegt bei 30% oder etwas darunter oder darüber; er kann nicht genau geschätzt werden, weil er wahrscheinlich von Jahr zu Jahr etwas schwankt, und auch, weil der Wert wesentlich von der Zahl der Unterteilungen in »Klassen« abhängt, die man verwendet – je kleiner die Aufgliederung, um so größer der Grad der Beweglichkeiten in der Gesellschaft.

Wenn man Burts Einteilung nimmt, so können wir auch das ideale Ausmaß der sozialen Mobilität berechnen für den hypothetischen Fall einer Art »Idealstaat«, in welchem die soziale Klassifizierung vollständig durch Intelligenz determiniert wäre – eine Unterstellung, von der natürlich Burt selbst abrücken würde; es gibt andere Faktoren wie Persönlichkeit und Motivation, die eine entscheidende Rolle spielen, den sozialen Stand eines Individuums zu bestimmen. Wenn wir jedoch die sechs Burtschen Hauptklassen aus den Tabellen 8 und 9 nehmen und sie in drei umgruppieren, indem wir eine einzige Gruppe aus den drei oberen Schichten bilden, eine andere Gruppe durch Zusammenfassung der nächsten zwei Arbeiterschichten und die niedrigste Klasse lassen, wie sie ist, dann finden wir, daß »nur 55 % der Bevölkerung als richtig plaziert betrachtet werden könnten, wenn die Intelligenz das einzige Kriterium wäre; beinahe 23 % sind in einer zu hohen Klasse und müßten – bei einem perfekten Schema der Berufsauslese – heruntergestuft werden; 22 % sind in einer zu niedrigen Klasse und wären fällig für eine Beförderung«.

Wenn also die Intelligenz der einzig relevante Faktor in der Bestimmung der sozialen Klassenzugehörigkeit wäre, müßte die Mobilität ein gutes Stück über jenem Wert von ca. 30% liegen, der tatsächlich beobachtet wird und welcher völlig ausreicht, einen »Gleichgewichtszustand« der Bewahrung der IQ-Differenz zwischen den Klassen zu erhalten. Im Hinblick auf soziale Gerechtigkeit kann das Zurückbleiben der sozialen Mobilität hinter dem höheren Wert ganz unterschiedliche Gründe haben, die teils im besten Interesse einer »Meritokratie«, d. h. einer echten Leistungshierarchie liegen, teils ihr entgegenwirken. Auf den ersten Ursachenkomplex haben wir bereits angespielt: er enthält einfach Qualitäten der Persönlichkeit wie Ausdauer, Courage, Arbeitsfreudigkeit usw. sowie Faktoren der Motivation, z. B. hohe Zielsetzungen, die allesamt das Leistungsniveau eines Menschen mitbestimmen; infolgedessen spielen sie neben der Intelligenz ganz zu Recht eine entscheidende Rolle, ihn zu einem Mitglied der Meritokratie zu machen. Aber es gibt auch irrelevante Faktoren, welche die Herausbildung einer absoluten Leistungsgesellschaft sabotieren: unter ihnen sind Glück, elterliches Vermögen und andere Einflüsse, deren Hauptfunktion es ist, gesellschaftlich den Status quo zu bewahren.

Aber bisher hatten wir keinerlei Beweise, daß Aufstiege in und Abstiege von höheren Schichten in der Tat mit Intelligenz korreliert sind; die Zahlen sagen uns, daß irgend etwas dieser Art stattgefunden hat, aber das ist nicht dasselbe wie direkte Zeugnisse aus »Follow-up-Studien«, i. e. Langzeituntersuchungen über einzelne Kinder. Burt hat solcherart Nachweis geliefert: Er fand, daß keines von den Kindern mit einer Intelligenz unter dem Minimum, das für ihre elterliche Berufsklasse erforderlich war, über diese hinauswuchs und daß mehr als ein Drittel in eine niedere Klasse fiel. Von denen, die eine Intelligenz über dem für ihren Familienstatus erforderlichen Maximum hatten, stiegen über 40% in eine höhere Schicht auf. Er konnte ebenfalls die Motivation als einen sehr bedeutsamen Faktor ausmachen, sofern sie mit Intelligenz gepaart war: »Ein guter häuslicher Hintergrund... war weniger effektiv für einen Aufstieg als hohe Intelligenz und starke Motivation. Noch war ein schlechtes Elternhaus so fatal, wie anscheinend gemeinhin vermutet wird.« Beinahe ein Viertel (24%) von denen, die in ihrer Kindheit unter ungünstigen Familienverhältnissen gelitten hatten, konnten nichtsdestoweniger aus ihrer ursprünglichen Schicht aufsteigen. Es ist möglich, die relative Durchschlagskraft dieser Faktoren der sozialen Mobilität einzuschätzen, wenn man die anderen Faktoren im Einzelfall statistisch konstant hält. Dabei ergeben sich folgende Korrelationen: zwischen Mobilität und Intelligenz 0,38, Mobilität und Motivation 0,29, Mobilität und häusliche Verhältnisse 0,17 und Mobilität und Ausbildungsstandard 0,05. Eindeutig ist die Intelligenz bei weitem am wichtigsten, gefolgt von der Motivation; Elternhaus und Schulbildung sind viel weniger ausschlaggebend. Diese Ergebnisse lassen sich schwerlich in irgendeine environmentalistische Theorie einschließen, welche die Intelligenz bloß als die Konsequenz der häuslichen Erziehung und Bildung ansieht; sie stehen aber in vollkommener Übereinstimmung mit unserem genetischen Modell, das der Vererbung in der Ätiologie der intellektuellen Unterschiede eine weit größere Bedeutung zuschreibt als der Umwelt.
Burts Untersuchungen sind natürlich nicht die einzigen, die zu diesem Resultat führen; jeder Forscher, der Daten auf diesem Gebiet veröffentlicht hat, ist zu ähnlichen Folgerungen gekommen. Lassen Sie mich nur ein weiteres Zeugnis heranziehen, J. H. Wallers Follow-up-Studie (1971) von 131 Vätern und ihren 173 Söhnen einer repräsentativen Stichprobe von weißen Männern im US-Staat Minnesota: »Die Daten dieser Studie zeigen eine stetige Beziehung zwischen Vater/Sohn-Differenzen in den IQ-Werten und jenen des erreichten gesellschaftlichen Status.« Im Diagr. 9 sind die Ergebnisse graphisch dargestellt: Die Kolumnen enthalten die Prozentsätze von Söhnen, die von der sozialen Schicht ihrer Väter auf- oder abstie-

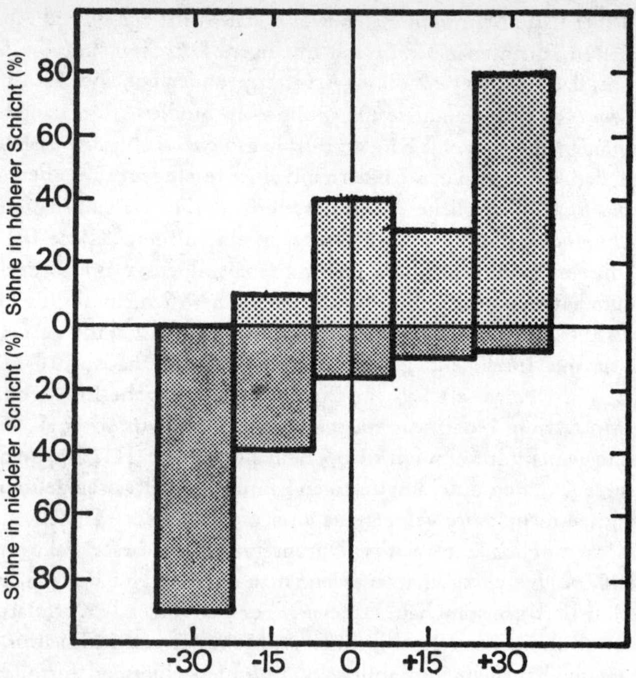

Diagr. 9 *Prozentsätze von Söhnen, die von der sozialen Schicht ihrer Väter auf- oder absteigen, in bezug auf die IQ-Differenz*

gen, jeweils getrennt nach Ausmaß und Richtung der Intelligenzunterschiede zwischen Vater und Sohn. Ganz rechts stehen die Söhne, die viel intelligenter als ihre Väter waren; von ihnen stiegen fast 80% in der sozialen Rangordnung. Die linke Spalte gibt die Söhne wieder, welche viel dümmer als ihre Väter waren; über 80% von ihnen sanken in der sozialen Skala. Kleinere Unterschiede zwischen Vätern und Söhnen erbrachten auch kleinere Prozentsätze der sozial auf- und absteigenden Söhne; man beachte jedoch, daß die Bewegung im ganzen gesehen immer mit der Richtung der Intelligenzunterschiede zwischen Eltern und Kindern übereinstimmt – dümmere Söhne sinken, begabtere kommen hoch. Waller schließt:

»Die beträchtliche Korrelation zwischen den Vater/Sohn-Unterschieden in den IQ-Werten und den Vater/Sohn-Unterschieden im gesellschaftlichen Rang (r = + 0,368) sowie die Beziehung zwischen der Größe (und Richtung) von IQ-Unterschieden und dem Ausmaß (und der Richtung) von sozialer Mobilität stützen beide die Ansicht, daß unterschiedliche Fähigkeiten zum Sprungbrett werden, das dem einzelnen den gesellschaftlichen Aufstieg erlaubt und das in gewissem Grade in einer offenen Gesellschaft verhindert, daß bestehende Klassen zu Kasten erstarren.«

Wir müssen aus dieser Diskussion folgern, daß eine häufig ausgesprochene Kritik an IQ-Tests ganz ungerechtfertigt ist; schlechte Leistungen von Schulkindern, welche sowohl mit niedrigem IQ als auch mit dem sozialen Status korreliert sind, werden weit mehr von ersterem als letzterem verursacht, weshalb ein niedriger IQ auch nicht auf die soziale Schicht als solche abgeladen werden kann. Es ist der weitgehend ererbte IQ des Kindes, welcher – zum Teil wenigstens – im Verlauf des späteren Lebens seine Stellung in der Gesellschaft bestimmt, so wie er zuvor schon den Erfolg in der Schule bestimmte. Viele amerikanische Untersuchungen haben gezeigt, daß die Schulen einen sehr kleinen Beitrag zum relativen Niveau der Kinder in ihren diversen Fächern leisten; gute Schüler bleiben an der Spitze, schlechte Schüler am Boden, und außerdem wird der relative Abstand zwischen ihnen weder größer, noch nimmt er ab.

Was Kinder im Hinblick auf den IQ aus ihrer Schule mitnehmen, ist proportional dem, was sie in die Schule einbringen. Diese allgemeine Schlußfolgerung ist erbittert bestritten worden, aber die Fakten stehen eindeutig gegen irgendeinen starken Umwelteinfluß von seiten der Schulen, sei es in Richtung auf zunehmende oder auf abnehmende Unterschiede zwischen den Schülern. Viele Bemühungen sind – besonders in den USA – unternommen worden, um die Leistungen von Kindern der verschiedensten »deprivierten Gruppen« auf vielerlei Weise »anzukurbeln« bzw. ihre IQs zu verbessern: Operation *Headstart* hat in diesem Zusammenhang eine gewisse Berühmtheit erlangt, aber obwohl über tausend solcher Versuche in der Literatur berichtet wurden, gab es nur wenige, die nicht als Fehlschlag zu bezeichnen sind. (Fehlschlag meint in diesem Zusammenhang, daß bei einem Vergleich des Fortschritts der Versuchskinder mit dem einer Kontrollgruppe, die dem »bereicherten« Unterrichtsprogramm nicht ausgesetzt waren, keine statistisch signifikanten Unterschiede auftraten.) Es würde sicherlich ermüden, alle diese Studien im einzelnen durchzugehen; nützlicher ist vielleicht, eine von ihnen herauszunehmen, und zwar die letzte, größte und – nach allem, was man hört – die bestkontrollierte. Die in dieser Untersuchung verwendete Methode war die sogenannte Praxis der *PC*, der *performance contracting,* was man recht und schlecht mit »Leistungsverpflichtung« übersetzen kann.

Diese Praxis ist in gewisser Weise typisch amerikanisch; sie ist auf dem Prinzip der Akkordarbeit gegründet – der »Kontraktor« wird bezahlt für die Leistungssteigerungen der jeweils schlechtesten Schüler einer Klasse, zu deren spezieller Unterweisung er sich verpflichtet; gemessen wird ihr Erfolg an der Überlegenheit, die sie über eine nicht derart unterrichtete Kontrollgruppe gewinnt. Nach Angaben des *Office of Economic Opportunity (OEO)*, welches diese Statistiken initiierte, funktioniert die »Leistungsverpflichtung« wie folgt: »(1) Ein Kontraktor unterzeichnet einen Vertrag über die Verbesserung von Schülerleistungen im Hinblick auf festgesetzte Minimalanforderungen in gewissen Grundfächern. (2) der Kontraktor wird bezahlt, je nachdem er die Leistungen auf jenes vorbestimmte Niveau zu bringen vermag: Wenn er Erfolg hat, macht er Profit; versagt er, bekommt er nichts. (3) Innerhalb gewisser durch die Schulbehörde aufgestellter Leitlinien ist der Kontraktor frei, jede beliebige Unterrichtstechnik, jeden Anreiz zum Lernen und alle audiovisuellen Hilfsmittel zu benutzen, die er für wirkungsvoll hält. Damit wird ihm eine größere Flexibilität zugestanden als normalerweise einem Schuldirektor oder Klassenlehrer.« Einige der antizipierten Ziele waren »bessere Gesamtleistungen – Erreichen des Klassenziels – Integration – Individualisierung des Unterrichts«.

Ein Kontraktor ist eine Art von Konsortium von Erziehungsfachleuten, Soziologen, Psychologen und anderen »Experten«, die auf dem Gebiet tätig gewesen sind und die aufgrund ihrer vergangenen Erfahrungen glauben, daß sie befähigt sind, diese Ziele zu erreichen; ebenfalls einbezogen sind kommerzielle Unternehmen, die mit audiovisuellen Apparaten, mit automatisierten Lehrprogrammen etc. beschäftigt sind. Eine optimistische Atmosphäre herrschte angesichts der vorgeblich sehr günstigen Ergebnisse des sogenannten »Texarkana-Experiments« (in Texas und Arkansas), eine der ersten Studien über *performance contracting;* dieses erfreute sich eines bemerkenswerten Erfolgs, so daß viele Leute glaubten, daß *PC* sehr gut die Lösung der Bildungsungerechtigkeit sein könnte. *OEO* stellte fest, daß »Texarkana anläßlich einer Inspektion vielversprechende Ansätze zeigte, mittels Leistungsverpflichtung schlechten Schülern zu denselben Ergebnissen im Schulunterricht zu verhelfen, die jetzt von besseren Schülern erreicht werden«.

Auch Kritiker hatten Gelegenheit zu Feldstudien bei Texarkana; sie widmeten ihre Aufmerksamkeit insbesondere mehreren Fallen, in welche die Kontraktoren und *OEO* gegangen waren. Darunter waren falsche Auswahl der Gruppen, »Testunterweisung« sowie die Nichtberücksichtigung möglicher Regressionen. Texarkana scheint allen auf den Leim gegangen zu sein, und *OEO* war darauf versessen, daß keine Kritik die in Aussicht genommenen umfangreichen Überprüfungen der Ansprüche des *PC* be-

gleiten sollte. Es muß einmal festgestellt werden, daß unter dem wohlwollenden Auge des *Battelle Memorial Institute*, welches das Experiment überwachte, keine größere Verletzung des eigentlichen Entwurfs stattgefunden zu haben scheint und daß trotz kleinerer Abweichungen vom Originalplan die Resultate den größten und besten Test darstellen, welcher jemals aufgrund pädagogischer Forderungen ausgeführt worden ist.
31 Firmen bewarben sich um die Verträge, 6 hatten das »Pech«, die Ausschreibung zu gewinnen. E. Page (1972) stellte in seiner Besprechung des Programms heraus, daß es eine schlimme Erfahrung für alle sechs war und daß drei oder vier bereits aus dem Geschäft seien. Dabei repräsentierten die sechs Kontraktoren die überzeugendsten und vielseitigsten Praktiken der angewandten Psychologie.

> »Jede gemietete Firma mußte ihre Methoden in drei verschiedenen weit über die USA verstreuten Schulbezirken (18 insgesamt) auf sechs Schuljahre anwenden... und über jede größere ethnische Gruppe mit niedrigen Leistungen, von armen städtischen *Anglos* bis zu Alaska-Eskimos. Weiterhin war eine Verallgemeinerung über die zwei wichtigsten Schulkenntnisse erforderlich: Lesen und Rechnen. Über 25 000 Schüler sollten teilnehmen und über sechs Millionen Dollar standen zur Verfügung... Die 18 teilnehmenden Distrikte wurden sorgfältig ausgewählt, und innerhalb ihrer kamen sowohl die Versuchs- als auch die Kontrollkinder von den Schulen mit den schlechtesten Leistungen. Und von jeder Schule, für jede Klasse, sollten jeweils diejenigen 100 Schüler als Versuchspersonen dienen, die am weitesten hinter dem Klassenniveau zurück waren. Die sich ergebende Zusammensetzung von Schülern ist ziemlich repräsentativ für die Zielpopulation.«

Was taten die Kontraktoren nun eigentlich? Eine spezifische Antwort ist schwer zu geben, da die einzelnen Kontraktoren verschiedene Methoden benutzten oder diese kombinierten; außerdem sind nur vorläufige Aufzeichnungen des Experiments erhältlich, die zudem nicht sehr weit ins Detail gehen. Beinahe allen Kontraktoren gemeinsam war der Glaube an die Bedeutung der Motivation. Ihr Fehlen, das bei den schlechteren Schülern so verbreitet ist, sollte durch Anreiz überwunden werden – »e. g. Rabattmarken, die sich auch als Geschenke eigneten, und Freizeit während der Unterrichtsstunden, die sie zur Privatlektüre benutzen konnten oder zum Plattenhören oder für andere zerstreuende und erholsame Tätigkeiten«.
Audiovisuelle Hilfen spielten eine große Rolle in dem »neuen« Unterricht, sowohl um die Motivation zu erhöhen als auch das Lernmaterial interessanter zu machen. Ein anderes Ziel war, den Kindern mehr individuelle

Aufmerksamkeit zu schenken; es wurde einmal durch die größere Anzahl von Lehrern und Helfern und zum anderen durch »programmierte Lernmaschinen« erreicht. Hinzu kommt bei all dem der unvermeidliche »Hawthorne-Effekt«, jener übliche Befund, daß konzertierte Aufmerksamkeit für eine Gruppe durch eifrige und ergebene Sozialwissenschaftler gewöhnlich von selbst eine markante Verbesserung in ihrer Leistung erzeugt (selbst wenn die gemachten Änderungen normalerweise dem Unterricht abträglich sind!). So schien der Boden gut bestellt für einen gewaltigen Leistungsunterschied zwischen den Kindern der Versuchs- und Kontrollgruppen. Auf der Grundlage all dessen, woran moderne Pädagogen (besonders amerikanische) glauben, hätten die Kontraktoren eigentlich ein leichtes Spiel haben müssen. Und doch bekamen sie alle keinen Stich: am Ende des Experiments gab es keinerlei Unterschiede zwischen Versuchs- und Kontrollkindern.

Doch möchte ich noch einmal auf den tatsächlich unterzeichneten Vertrag zurückkommen. Bezahlung war ausgemacht nur für einen Schüler, der zwischen dem herbstlichen Vortest und dem Folgetest im Frühjahr ein ganzes Schuljahr weiter kam. Page bemerkte dazu:

> »...der Entwurf eliminierte die normale Weiterentwicklung, Testunterweisung und vorurteilsbehaftete Auswertung – alle drei der Ruin solider Schlußfolgerungen, aber der Vorteil jener, die zur günstigen Berichterstattung motiviert sind. Einzig anerkannt wurde eine wesentliche Verbesserung in der tatsächlichen, allgemeinen, übertragbaren *(transferable)* Fertigkeit im Lesen und Rechnen.«

Mit der Erwartung, daß sie in der Lage seien, diese schlechten Schüler in 6 Monaten den Fortschritt eines Jahres machen zu lassen, scheinen die Kontraktoren etwas zu optimistisch gewesen zu sein; bei dem gewöhnlichen Unterrichtstyp konnte man von diesen Jungen und Mädchen erwarten, daß sie in einem ganzen Jahr nur ungefähr $^{7}/_{10}$ eines Jahrespensums aufnehmen würden – die Erfahrung lehrt, daß diejenigen, welche schon hinten sind, im Lauf der Zeit mehr und mehr zurückfallen. Dies umkehren zu wollen, hieße wahrhaft ein Wunder vollbringen; das Wunder natürlich fand nicht statt.

Wie war es eigentlich möglich, daß Kontraktoren, Lehrer und *OEO* so sorglos in die Falle gingen, ohne die Warnzeichen zu beachten? Es kann nur eine Antwort geben – sie waren wirklich davon überzeugt, daß die schlechten Schüler nur aufgrund ihrer vorangegangenen Erfahrungen zurückgefallen waren, daß die gewöhnlichen Schulen sehr unwirksame Ausbildungsstätten seien und daß die Anwendung moderner pädagogischer Prinzipien zu einer merklichen Verbesserung der Leistung führen würde.

Man kann nicht leugnen, daß die Kontraktoren zu ihren Überzeugungen standen: sie waren bereit, für ihre Behauptungen ihr eigenes Geld einzusetzen und an einem Rennen teilzunehmen, in dem mit großer Sorgfalt darauf geachtet wurde, daß kein Betrug möglich war. Noch kann man den Leuten von *OEO* die Kreditwürdigkeit absprechen: sie sind vorher über den Entwurf und die Bewertung von Texarkana und anderen Experimenten scharf kritisiert worden, und dennoch waren sie entschlossen, ihr Vertrauen in *performance contracting* auf die Probe zu stellen. Die Tatsache, daß es ihnen am Ende dafür an den Kragen ging, sollte uns eine Lehre sein. Mehrere Köpfe der *OEO* rollten, als das Resultat bekannt wurde; was angesichts ihrer Verantwortung für ein doch sehr bedeutendes Experiment alles andere als fair erscheint.

Es mag lohnend sein, den von *OEO* selbst angefertigten Bericht wörtlich zu zitieren, da jede freie Wiedergabe mit Argwohn betrachtet werden könnte. Von den Versuchs- und Kontrollgruppen sagt *OEO*, daß

> »... der Unterschied im Gewinn bemerkenswert klein war, und zwar in allen zehn Klassen/Schüler-Kombinationen, für welche diese Analyse angemessen ist. In der Hälfte der zehn Fälle gab es überhaupt keinen Unterschied zwischen den Fortschritten der Versuchs- und Kontrollgruppen. In vier der Fälle gab es einen Unterschied von gerade $^{2}/_{10}$ eines Klassenniveaus. Diese Gesamtunterschiede sind so gering, daß wir *PC* sowohl in bezug auf Lesen wie auch auf Rechnen als keineswegs effektiver ansehen können als die herkömmlichen Lehrmethoden in der Schule ... Die Leistungen der Schüler in den Versuchsgruppen erscheinen nicht etwa deshalb enttäuschend, weil die Schüler in der Kontrollgruppe unerwartet gut abschnitten; tatsächlich war keine Gruppe gut. In nur zwei von den zwanzig möglichen Fällen war der durchschnittliche Gewinn entweder der Kontroll- oder der Versuchsschüler gerade ein Klassenniveau ... In allen Fällen war das durchschnittliche Leistungsniveau der Kinder in der Versuchsgruppe weit unter der Klassennorm, und in allen Fällen rutschte der Durchschnitt im Hinblick auf vergleichbare Klassen während des Jahres noch weiter zurück ... Es gibt kein Anzeichen dafür, daß *PC* in dem Sample unterschiedliche Ergebnisse für die schlechtesten und besten Schüler zeitigte ... Nicht nur waren beide Gruppen im Hinblick auf den Gesamtdurchschnitt gleichermaßen schlecht, sondern diese Durchschnitte waren nahezu die gleichen in jeder Klasse, bei jedem Schüler, für die besten und die schlechtesten Schüler der Stichprobe und mit ein paar Ausnahmen an jedem Ort. In der Tat ist der interessanteste Aspekt dieser Schlußfolgerungen ihre ausgesprochene Über-

> einstimmung. Diese Zeugnisse deuten nicht darauf hin, daß *PC* irgendeine weitergehende Verbesserung im Bildungsniveau benachteiligter Kinder herbeiführen wird.«

Dies zeigt klar, daß *PC* ein Fehlschlag war; aber es wäre sicher falsch, die Resultate beiläufig als das Versagen einer neumodischen amerikanischen Erfindung abzutun, welche wir sowieso in keinem Fall hätten imitieren wollen. Die Ergebnisse greifen viel tiefer.

Pädagogen, Psychologen, Soziologen, Experten aller Art haben in den letzten zwanzig oder dreißig Jahren immer neue und angeblich »bessere« Lernmethoden vorgeschlagen; diese neuen Methoden – so wurde behauptet – würden erreichen, was traditionelle Methoden nicht erreicht haben. Jetzt hat das *OEO*-Experiment diesen neuen Methoden eine Chance gegeben, zu beweisen, was sie wirklich leisten können; das Resultat ist katastrophal. Es muß im Licht von vielen veröffentlichten Berichten in denselben zwanzig oder dreißig Jahren gesehen werden, welche scheinbar triumphale Erfolge der einen oder anderen Methode zeigten; praktisch waren all diese Experimente schlecht ausgearbeitet, indem sie Regressionseffekte, Testunterweisung und andere Fehler zuließen, welche die Schlußfolgerungen ungültig machen. Jetzt wissen wir, daß sogar die Kombination dieser Methoden uns in keiner Weise voranbringt, wir sind wahrhaftig wieder dort angelangt, von wo wir auszogen. Man kann nur hoffen, daß diese Lektion gut und tief gelernt wird; wir sollten uns nie wieder von der Vorzüglichkeit dieser oder jener »neuen« Methoden überzeugen lassen ohne geeignete, gutkontrollierte, adäquat angelegte Experimente, welche eine passend ausgewählte Kontrollgruppe enthalten. In bezug auf ungeprüfte und unerprobte Methoden steht die Pädagogik nur der Psychoanalyse nach, indem sie anspruchsvolle Hypothesen aufstellt, sich aber weigert, diese einem wirklichen, objektiven Test zu unterziehen. Vielleicht wird ein Effekt des *OEO*-Experiments ein größerer Widerstand gegenüber allen Behauptungen sein, die auf rein theoretischen Annahmen beruhen, statt auf ordnungsgemäßer experimenteller Beweisführung.

Die Schlußfolgerungen des *OEO*-Berichts stimmen gut mit denen des Coleman-Reports (1966) überein, einem umfangreichen und sehr sorgfältigen Gutachten über das amerikanische Schulsystem. Darin wurden Unterschiede zwischen Schulen in der Leistungsfähigkeit ihrer Schüler nur zum geringen Teil den äußeren Annehmlichkeiten, der Klassengröße, den Lehrplänen oder Gehältern, Erfahrung und Qualifikation der Lehrer oder auch außerplanmäßigen Diensten zugeschrieben:

> »Unterschiede der schulischen Einrichtungen und in dem Lehrplan, welche die Hauptvariablen sind bei allen Versuchen, die Schulen zu

verbessern, haben so wenig Beziehung auf Unterschiede im Leistungsniveau der Schüler, daß mit wenigen Ausnahmen der Erfolg solcher Bemühungen selbst in einem Überblick dieses Umfanges nicht sichtbar wird.«

Hat die moderne Psychologie uns wirklich auf diesem Gebiet nichts zu sagen? Müssen wir wirklich mit unseren Unterrichtsmethoden bis zu Kaisers Zeiten zurückgehen? Ich möchte eine Ansicht zur Diskussion stellen, die – ich bin mir dessen bewußt – nicht von vielen Pädagogen geteilt wird, für die es heute aber eine Menge Beweise gibt. Nach dieser These ist es ganz unnütz, nach irgendeiner Lehrmethode Ausschau zu halten, welche für die verschiedenen Typen der Persönlichkeit gleichermaßen geeignet wäre; der Schlüssel liegt vielmehr darin, die Kinder gemäß ihrer Eigenart zu gruppieren, zumindest im Hinblick auf ihre Begabungsrichtung. Um nur ein Beispiel zu nennen: Es gibt Anzeichen dafür, daß introvertierte Kinder besonders von der Verwendung von »Lernmaschinen« (oder, wenn man will, auch »Lehrmaschinen«) profitieren; programmierte Instruktion dieser Art stößt das extravertierte Kind ab, da es mehr personorientiert ist und »lebendigen« Unterricht braucht. Die neuen »Entdeckungs«-Lehrmethoden finden beim extravertierten Kind großen Anklang, stoßen aber beim introvertierten auf Ablehnung. So kommt es, daß in einer Klasse eine Kombination beider Unterrichtstypen eingeführt werden kann, ohne daß sie (die Klasse) im ganzen gesehen besser oder schlechter wird; würde dagegen die Entdeckungsmethode ausschließlich bei den extravertierten und die programmierte Lernmethode bei den introvertierten Kindern angewandt werden, könnte es eine erhebliche Verbesserung in ihren Leistungen bewirken.

Worin die allgemeine Schulpraxis wie auch die Arbeit der Leistungs-Kontraktoren des *OEO*-Experiments schiefliegen, ist die stillschweigende Annahme, daß alle Kinder gleich sind und daß, was für das eine gut, für all die anderen auch gut ist. Kein erfahrener Lehrer glaubt dies auch nur eine Minute lang; und wenn er klug ist, versucht er, seine Methode auf das individuelle Kind abzustimmen. Dennoch ist dies unerhört erschwert, weil die Forschung es versäumt hat, sich auf genau die Unterschiede zu konzentrieren, welche für schulisches Lernen relevant sind, und die Kinder gemäß solch relevanten Persönlichkeitstypen zu klassifizieren. So sind die Schwierigkeiten der Kontraktoren in der Auseinandersetzung mit dieser Problematik durchaus manifest, aber dies entschuldigt nicht ihre Weigerung, auch nur deren Existenz anzuerkennen.

Dies bringt mich auf den letzten Punkt in dieser entmutigenden Geschichte. Die *PCs* wurden genauso wie *OEO* ein Opfer ihrer eigenen Propaganda, nach der die Umwelt allein entscheidend ist und die Vererbung gar nichts zählt. Wie so viele verschiedene Experimente gezeigt haben, ist bei der Determination des IQ die Anlage zweimal so wichtig wie die Umwelt; der IQ aber, ob es uns paßt oder nicht, ist noch immer der wichtigste Einzelfaktor für den Erfolg in der Schule. Dies sollte uns nicht dazu verleiten, die Suche nach besseren Unterrichtsmethoden, insbesondere für das dumme Kind, aufzugeben; die Betonung der Notwendigkeit einer kompensatorischen Erziehung ist eine moralische Frage, die nicht durch irgendeine sachbezogene Argumentation beiseite geschoben werden kann. Aber es sollte uns zur Warnung dienen, daß der Weg nicht leicht sein wird, wie wir denn bisher auf ihm auch kaum große Fortschritte gemacht haben. Wenn wir den Fakten der genetischen Einflüsse mehr Aufmerksamkeit schenken, können wir vielleicht ein wenig schneller vorankommen. Der Mythos, daß die Erziehung Unterschiede in bezug auf angeborene Fähigkeiten ausgleichen kann, stirbt – wenn überhaupt – nur langsam; die meisten Leute scheinen einen starken Abwehrmechanismus zu haben, welcher sie den Fakten gegenüber immun macht. Es dürfte nützlich sein, ein spezifisches Beispiel eines solchen pädagogischen Märchens zu geben und dann auf die es betreffenden Fakten zu schauen: der Mythos, daß kleinere Klassen die Kinder mehr lernen lassen. Dies scheint für den »gesunden Menschenverstand« dermaßen einleuchtend, daß wenige Leute, Eltern oder Lehrer, geneigt sind, hierfür nach Beweisen zu suchen. Wir werden ständig von Lehrervereinigungen gedrängt, der Verringerung der Klassenstärken Priorität zu verleihen mit der Begründung, daß die Kinder dadurch höhere Leistungsstandards erreichen würden. Wenige Leute haben sich wohl jemals gefragt, ob denn dieses rosige Bild tatsächlich auf die Realität bezogen ist. Die Antwort scheint nämlich leider negativ zu sein: kleinere Klassen haben genau den gegenteiligen Effekt, d. h. die Kinder lernen in größeren Klassen besser!

Joyce Morris hatte ursprünglich gefunden, daß Kinder in den größeren (britischen Vor- und) Grundschulklassen schnellere Fortschritte im Lesen machten als Kinder in kleineren Klassen. Stephen Wiseman untersuchte ein Viertel der Grundschulen Manchesters, die ein gutes Sample darstellten; dabei fand er ebenfalls eine kleine, aber positive Korrelation zwischen der Klassengröße und dem Unterrichtsergebnis. Der *National Child Development Survey* (ein nationaler Prüfungsbericht über die Entwicklung von Kindern), welcher eine vollständige »Kohorte« von in einer Woche des Jahres 1958 geborenen Kindern durch die Schulzeit verfolgt, stellt sogar die Schulgröße, die Dauer des Unterrichts, elterliche Interessen und Berufe in Rechnung, und dennoch schnitten die Kinder in größeren Klassen besser ab als jene in kleineren Klassen. Während es sich in England hauptsächlich um kleine Kinder im Grundschulalter handelte, verwendete eine Untersuchung von D. Marklund in Schweden eine nationale Stichprobe von 13jährigen Kindern, die aber nichtsdestoweniger sehr ähnliche Resultate ergab. Indem er Klassengrößen in Intervalle von 16–20, 21–25, 26–30 und 31–35 gruppierte, entdeckte er die größten Erfolge in den Klassen von 26–30 und die geringsten von 21–25. Wenn Gruppen kombiniert wurden, waren die Klassen mit 26–35 besser als jene von 16–25 Schülern. Ähnliche Resultate kommen von kürzlichen Untersuchungen durch die *Inner London Educational Authority* (die Inner-Londoner-Schulbehörde); wieder waren die Kinder in größeren Klassen besser. Es gibt noch weitere Studien, aber schon diese Aufzählung dürfte den Leser erstaunt fragen lassen, warum die Schulbehörden fortfahren, die Klassen zu verkleinern; sind sie wirklich taub gegenüber den Fakten? Wollen sie am Ende gar die Leistungen und Kenntnisse ihrer Schüler senken? Wenn mehr Geld für die Ausbildung zur Verfügung steht, so ist sicherlich die Schaffung kleinerer Klassen kein sehr vernünftiger Weg, auf dem man es ausgeben sollte; und doch reicht die Kraft jenes Mythos wahrscheinlich hin, daß die Schulbehörden versuchen werden, gerade das zu tun.

Die Klassenstärke ist als eines von vielen möglichen Beispielen ausgewählt worden, um den starken Glauben vieler Pädagogen an die Manipulation von Umweltvariablen zu illustrieren bei dem Bemühen, den Schulerfolg der Kinder, insbesondere »deprivierter« Kinder, zum Besseren hin zu beeinflussen; dabei gibt es gewöhnlich wenig schwerwiegende Zeugnisse, diesen Glauben zu stützen. Wenn »Beweise« angeführt werden, dann liegen diese fast immer in der Richtung von »kein Unterschied«, d. h. man kann vermuten, daß die für eine vorgebliche Verbesserung verantwortlich gemachten Variablen in Wirklichkeit überhaupt keinen Effekt in der einen oder anderen Weise haben. Gelegentlich ist ein Effekt aufweisbar, aber dieser geht mit gleicher Wahrscheinlichkeit in die falsche Richtung wie in die vorausgesagte – wie im Fall der Klassengröße. Mythen gedeihen auf dem pädagogischen Sektor besonders gut, weil so viele unserer egalitären Hoffnungen und Erwartungen mit Erziehung verbunden sind; Erziehung scheint der große Gleichmacher zu sein, vor und über allem anderen. Doch die Fakten sagen das Gegenteil: Es ist unwahrscheinlich, daß durch irgendeine traditionelle Modifikation des Unterrichtssystems irgendein größerer Grad von Gleichheit als der bereits erreichte erzeugt werden kann. Interessanterweise wird diese Schlußfolgerung jetzt mehr akzeptiert als früher, obwohl selbst heute diese Anerkennung sehr partiell ist. Zum Beweis der Tatsache, daß eine ausschließlich umweltbezogene Vorgehensweise noch immer großenteils pädagogische Orthodoxie ist, betrachte man die Publikationen des *National Survey of Health and Development* (eines nationalen Gutachtens über Gesundheit und Entwicklung) und besonders jene der *National Child Development Study.* Davie, Butler und Goldstein haben gerade den zweiten Bericht in dieser Follow-up-Studie jener in einer Woche im Jahre 1958 geborenen Kinderschar veröffentlicht, und ein Blick in ihren Inhalt ist diesbezüglich sehr instruktiv.

Dieses Buch schaut im minutiösesten Detail auf die Ursachen sowohl der Schulleistungen dieser Kinder wie auch aller anderen sichtbaren Unterschiede: »Eines der schlagendsten Merkmale, das aus den hier präsentierten Resultaten auftaucht, sind die sehr beachtlichen Unterschiede zwischen Kindern aus verschiedenen Verhältnissen, welche bereits im Alter von sieben offenkundig werden... Weiterhin konnten wir die mächtigsten Faktoren in der häuslichen Umgebung lokalisieren.« Man beachte, daß weder in diesem Zitat (noch irgendwo in dem Buch) genetische Faktoren erwähnt werden oder auch nur die Intelligenz als solche. »Intelligenz« und »Vererbung« fehlen beide im Index! Hier haben wir wahrhaft »Hamlet ohne den Prinzen von Dänemark«: ein Buch von 586 Seiten mit über 300 Tafeln, das der Entdeckung der Hauptursachen der Bildungsunterschiede zwischen Kindern gewidmet ist, erwähnt nicht einmal, was wir als die entscheidenden Bedingungen solcher Unterschiede kennengelernt haben! Es mag ärgerniserregend sein, gerade dies besondere Beispiel ausgewählt zu haben, wo doch so viele andere erhältlich sind; das schlimme ist nur, daß diese Studie typisch für die im Bereich der Pädagogik gängige Forschungsarbeit ist.

Zur Frage der Wirksamkeit von Umweltvariablen haben Psychologen in den vergangenen Jahren einen anderen Standort eingenommen und dabei die ältere Vorstellung, daß die Bildung im klassischen Sinn viel zur Veränderung der Intelligenzunterschiede zwischen Kindern aus verschiedenem Milieu beitragen kann, aufgegeben. Es ist heute moderner, entweder antenatale Einflüsse oder Umweltfaktoren während der ersten Lebensjahre, d. h. vor dem Schulalter zu betonen. Vorgeburtliche Bedingungen können wohl als weitreichender Faktor ausgeschaltet werden, wenn man von gelegentlichen Fällen von Vergiftung, Gehirnschädigungen, drohender Erstikkung (Asphyxie) etc. absieht. Wir haben bereits die Theorie der »kritischen Periode« erörtert, nach der die Auswirkungen der Unterernährung während der antenatalen Phase oder kurz nach der Geburt besonders spürbar sein sollten; die Ergebnisse des holländischen Hungertests haben diese Hypothese falsifiziert. Der Fötus ist im Mutterleib äußerst gut geschützt, und es gibt keine Anzeichen dafür, daß Ereignisse während der normalen

Schwangerschaft irgendwelchen merklichen Einfluß auf den IQ des Kindes haben. J. M. Joffe (1969) hat die gesamte Literatur im Hinblick auf Experimente wie auch Beobachtungen über pränatale Determinanten des Verhaltens besprochen; er fand viele Zeugnisse solcher Einflüsse, was emotionales Verhalten, aber keine, was die Intelligenz angeht. Und wenn auch die »Beweisaufnahme« noch nicht vollständig abgeschlossen ist, so lassen doch selbst die brauchbarsten aller vorhandenen Indizien keinerlei bedeutende Funde mehr erwarten.

Die Position ist ganz anders in bezug auf Umwelteinflüsse während der allerersten Lebensjahre. B. S. Bloom (1965) hat eine wertvolle Zusammenfassung der Zeugnisse gegeben; darin vertritt er die Ansicht, daß »die langzeitigen Effekte eines extremen Milieus den IQ in der Größenordnung von... ungefähr 20 Punkten beeinflussen können... Dies ist in etwa die von Burks zitierte Zahl für extreme Umweltwirkungen«. (Der Leser wird sich erinnern, daß wir bereits Burks' wichtiger Studie über die Korrelation zwischen dem IQ von Pflegekindern und verschiedenen Umweltdeterminanten der Intelligenz begegnet sind.) Bloom untersuchte ebenfalls das Ausmaß der Intelligenzentwicklung in verschiedenen Alterstufen aus vielen in der Literatur gegebenen Zahlen. Nach seiner Schätzung sind 50% des gesamten Erwachsenen-IQ bereits im Alter von 4 Jahren ausgebildet, weitere 30% kommen von 4–8 hinzu, und die restlichen 20% werden gefestigt, bis der Heranwachsende das Alter von 17 erreicht. Diese Zahlen sind selbstredend bei weitem nicht genau, aber sie können als ein vorläufiger und ungefährer Anhaltspunkt für die Variation in der intellektuellen Entwicklung vom frühen Babyalter bis zur Adoleszenz dienen. Die von Bloom präsentierte Tafel ist von großem Interesse, auch wenn die tatsächlichen Zahlen nicht allzu ernst genommen werden sollten (Tab. 10).

Der Vergleich der intellektuellenEntwicklung der am meisten benachteiligten und am meisten begünstigten Kinder (soweit das Milieu betroffen ist) zeigt, daß der Gesamtunterschied von 20 Punkten in drei Phasen unterteilt werden kann: 10 Punkte werden durch Umweltunterschiede bis zum 4. Lebensjahr erzeugt, 6 Punkte entstehen während der Periode von 4 bis 8 Jahren, und die verbleibenden 4 Punkte werden in den folgenden 9 Jahren geformt. Wenn dies auch nur annähernd ein korrektes Bild gibt, können wir dennoch sehen, warum die Schule (mit Ausnahme vielleicht der ersten Klassen) einen so kleinen Effekt hat; sie kann noch bei den bestgestellten Kindern nicht mehr als 4 IQ-Punkte gegenüber dem »ärmsten« herausholen! Bloom zitiert die Zeugnisse, auf denen seine Schlüsse beruhen, bis ins einzelne, und es würde zu weit von unserem Thema abführen, wenn wir ihm darin folgen wollten; aber wir sollten immerhin die wichtigsten

Alter	Prozent des Erwachsenen-IQ	Abweichung vom Durchschnitt in IQ-Punkten Benach-teiligt	Normal	Begün-stigt	Gesamt-differenz
0– 4	50%	– 5	0	+ 5	10
4– 8	30%	– 3	0	+ 3	6
9–17	20%	– 2	0	+ 2	4
Gesamt	100%	–10	0	+10	20

Tab. 10 *IQ-Unterschiede zwischen Kindern, die von der Umwelt benachteiligt oder begünstigt waren, als Nachweis der Stärke des Umwelteinflusses in verschiedenen Altersstufen.*

Umwelteinflüsse auf den IQ, die er der empirischen Literatur entnimmt, erwähnen.

Sie sind in drei Hauptgruppen unterteilt. Die erste von ihnen lautet »Druck auf die Leistungsmotivation«: dieser betrifft die intellektuellen Erwartungen des Kindes, die Natur der intellektuellen Ansprüche an das Kind und die Art von Belohnungen für intellektuelle Fortschritte. Die zweite Hauptgruppe bezieht sich auf den »Druck auf die Sprachentwicklung«: es geht hierbei um die Bedeutung des Gebrauchs der Sprache in den verschiedensten Situationen, die für eine Erweiterung des Wortschatzes bereitgestellte Gelegenheit und die Betonung auf die Richtigkeit des Gebrauchs wie auch die Qualität des erhältlichen Sprachvorbildes. Die dritte und letzte Gruppe von Variablen ist überschrieben mit »Bedingungen für allgemeines Lernen«: diese beziehen sich auf die Möglichkeiten, welche innerhalb und außerhalb des Elternhauses für das Lernen bereitstehen, die Zugänglichkeit von Lernmaterial und die Art und das Ausmaß der Hilfe, welche das Lernen in einer Vielfalt von Situationen erleichtern.

Es gibt zwei hauptsächliche Einwände, die man gegen solch eine Aufzählung machen kann und gegen die Forschung, auf der diese basiert. Erstens sind viele dieser Variablen einfach Spiegelungen der IQs der Eltern und können daher nicht als unabhängig von der genetischen Determination des IQ des Kindes angesehen werden. Intelligente Eltern haben Kinder, welche die Prädisposition für einen hohen IQ erben, und sie bieten auch die entsprechenden Voraussetzungen fürs Lernen. Diese Faktoren erfordern eine sorgfältigere Auslese, als sie in der von Bloom zitierten Literatur unternommen worden ist. Zweitens müßten diese Variablen auf das, was die Genetiker »interfamiliäre Varianz« *(between-families variance)* nennen, bezogen werden; es ist zweifelhaft, ob Kinder innerhalb einer gegebenen Familie in diesen Variablen sehr viel differieren. Aber wir haben bereits entschiedene Beweise zitiert, daß jene Varianz in der Intelligenz zwischen den Familien klein oder gleich Null ist; und es gibt auch nicht viele Zeugnisse für Interaktionseffekte zwischen Anlage und Umwelt. Dies verstärkt noch den zuerst angeführten Einwand; es ist unwahrscheinlich, daß die in der Liste erwähnten Variablen als separate Umweltfaktoren betrachtet werden können, welche den IQ des Kindes unabhängig von denen der Eltern determinieren. Obwohl man also sagen kann, daß Umweltfaktoren die Intelligenz am meisten während der bildungsfähigsten Kindheitsjahre beeinflussen, bleiben die tatsächlichen Faktoren, die in dieser Periode aktiv sind, immer noch auszuwählen. Es ist dies eine schwierige und komplexe Aufgabe, welche nicht unternommen werden kann, ohne zur gleichen Zeit die Erbfaktoren zu messen; die zwei Seiten der Medaille sind wahrhaft untrennbar.

Wir haben in diesem Kapitel gesehen, wie weit Schulbildung vom IQ abhängt, mehr als von der sozialen Schicht; zwar ist auch sie mit dem schulischen Erfolg korreliert, aber hauptsächlich durch die Tatsache, daß die soziale Klasse selbst sehr stark durch den IQ determiniert ist. Wir werden in einem späteren Kapitel erwägen, ob nicht bessere Methoden gefunden werden können, um von jenem Spielraum Gebrauch zu machen, der uns durch den 20%igen Beitrag der Umwelt zur Gesamtvarianz gegeben ist; es ist bereits offenbart worden, daß wir gegenwärtig im Hinblick auf das, was wir zur Verbesserung der Leistungen »deprivierter« Kinder tun können, noch weitgehend im dunkeln tappen. Wir werden dann auch überlegen, ob irgendeine Möglichkeit besteht, die genetische Komponente des IQ zu beeinflussen; es wäre ganz falsch zu glauben, daß wir diese als unabänderlich gegeben hinnehmen müssen.

Doch bevor wir dieses Kapitel schließen, wollen wir noch etwas detaillierter einen weiteren Einwand erwähnen, welcher oft im Zusammenhang mit der Diskussion um soziale Schicht, Intelligenz und die Schulleistungen erhoben wird: der sog. Pygmalion-Effekt oder die Bedeutung der *self-fulfilling prophecies*, der sich selbst verwirklichenden Voraussagen im Erziehungsbereich. Dieser Punkt wurde durch die Veröffentlichung eines Buches mit dem Titel *Pygmalion in the Classroom: Teacher Expectation and Pupil's Intellectual Development* von Robert Rosenthal und Leonore Jacobson im Jahre 1968 (dt. 1971) in das öffentliche Bewußtsein gehoben. Die darin berichteten Experimente sollten zeigen, daß der IQ eines Schülers

erhöht werden konnte, wenn die Lehrer (fälschlicherweise) darüber informiert wurden, daß dieser besondere Schüler ein *spurter* war, d. h. einen hohen IQ hatte. Die Resultate des Experiments, in dem alle Schüler vor, während und nach zweijährigem Unterricht getestet worden waren (viermal insgesamt), interpretierten die Autoren dahingehend, »... daß die günstigen Erwartungen von Lehrern für IQ-Gewinne ihrer Schüler verantwortlich sein können und daß dieser Zuwachs für die unteren Klassen u. U. ganz dramatisch ist«. Aus diesen in der Presse viel zitierten »Befunden« wurden weitreichende Folgerungen gezogen. So lautete ein Bericht wie folgt: »Hier liegt vielleicht die Erklärung der Auswirkungen des sozio-ökonomischen Status auf die Schule. Lehrer mit einem höheren sozioökonomischen Status erwarten, daß Schüler mit einem niederen sozioökonomischen Status versagen.« Ein anderer sagte, daß »die Befunde einige fundamentale Fragen über die Lehrerausbildung aufwerfen. Auch lassen sie an der Weisheit der Klasseneinteilung von Kindern gemäß ihren mutmaßlichen Fähigkeiten zweifeln, da dies nur dazu führt, daß die schlechtesten Gruppen in einen sich selbst beschränkenden Trott verfallen«.
Das Buch ist von mehreren überragenden Experten auf dem Gebiet besprochen worden, und ihre einhellige Folgerung war, daß die präsentierten Daten in der Tat sehr wenig Beweiswert haben; es mag wirklich so etwas wie einen »Pygmalion-Effekt« geben (der Name selbst ist ein merkwürdiger Mißbrauch der klassischen griechischen Legende), aber der Ausgang des Experiments gibt keinen Hinweis zu seiner Bestätigung. R. E. Snow (1969), der vielleicht die klarste und maßgeblichste Besprechung des Buches von Rosenthal und Jacobson veröffentlicht hat, schließt mit den Worten, daß »ihre Studie weit davon entfernt ist, eine adäquate Demonstration des Phänomens oder ein Verständnis seines Prozesses zu liefern. Pygmalion, unangemessen und vorschnell in Buch- und Magazinform verbreitet, hat Lehrern und Schulen, Benutzern und Erfindern von Intelligenztests einen schlechten Dienst erwiesen, vielleicht am meisten von allen aber den Eltern und Kindern, deren neu geweckte Erwartungen sich nicht ganz als so *self-fulfilling* erweisen könnten«.
Was nun ist im einzelnen fehlerhaft in dieser Studie? Wenn man die ersten und letzten Testergebnisse miteinander vergleicht, so findet sich im Hinblick auf die mittlere Steigerung praktisch kein Unterschied zwischen Versuchs- und Kontrollgruppen, mit Ausnahme der zwei untersten Klassen, wo der experimentelle Gewinn anscheinend über den Kontrollgewinn hinausging. Dies ist interessant, weil der für den Vergleich benutzte Test in Wirklichkeit gar keine adäquaten Messungen für die jüngeren Kinder liefert, besonders nicht für jene, die von einfacheren Elternhäusern kamen.

Der Test ist unter einem IQ-Niveau von 60 nicht mehr genormt, aber für das erste (britische) Schuljahr sind IQ-Mittelwerte von 47 und 31 für sechzehn mittlere resp. neunzehn untere Kontroll- und 54 und 53 für vier resp. zwei Experimentalsubjekte aufgeführt. Der Durchschnitt aller Kinder der ersten Klasse war 58! Snow erhebt die interessante Frage: »Waren all diese Kinder tatsächlich auf dem Niveau von Schwachsinnigen und Idioten? Viel wahrscheinlicher ist, daß der Test nicht dem Niveau dieser Altersstufe entsprach... Um so niedrige IQ-Werte wie diese zu erhalten, vorausgesetzt die Altersgliederung ist sinnvoll, müßten die Rohwerte schon zufällige oder systematisch inkorrekte Antworten repräsentieren.« Und hier noch das Gegenstück: Ein Kind hatte aufeinanderfolgende verbale IQs von 183, 166, 221 und 168, obwohl der benutzte Test gar keine Normen über 160 hat! So sehen wir, daß ein unangemessener Test gerade für jene Altersgruppen Nonsens ergab, für die positive Resultate behauptet wurden und für welche der Test völlig ungeeignet war. Für das Alter jedoch, dem der Test angepaßt war, gab es tatsächlich keine Unterschiede zwischen Versuchs- und Kontrollkindern. Wir wollen die unzähligen statistischen Irrtümer und Fahrlässigkeiten, die alle von Snow gewissenhaft herausgestellt worden sind, hier nicht wiederholen. Zum Schluß nur noch einiges zu den fehlerhaften Praktiken in der Berichterstattung:

> »...Scoreverteilungen werden nicht angegeben. Graphische Darstellungen und Tabellen sind häufig irreführend: einige zeigen nur Differenzen zwischen den einzelnen Maßzahlen, wobei die Grunddaten in dem Buch nicht angegeben sind... einige versäumen, den kleinen Umfang der Stichprobe anzuzeigen, auf welche eindrucksvolle Prozentsätze gegründet sind... einige gebrauchen mikroskopische Skalen, um praktisch insignifikante Unterschiede überzubetonen ... und einige zeigen unbestimmte Nullpunkte und elastische Skalen, was den Übergang von einer Skala zur anderen erschwert.«

Wir wollen nur noch hinzufügen, daß mehrere Versuche, die Befunde unter Verwendung geeigneter Modelle und konventioneller Statistik zu wiederholen, vollständig fehlgeschlagen sind: für den behaupteten »Pygmalion-Effekt« war keinerlei Hinweis zu finden; dies dürfte genügen, um klarzumachen, daß der »Beweis« für seine Existenz in der Tat auf einer sehr unsicheren Grundlage ruht.

Interessant ist dabei die Tatsache, daß dieses inadäquate Experiment über Nacht berühmt wurde; seine Schlußfolgerungen sind weithin publiziert worden, nicht nur in den USA, sondern auch in Großbritannien und vielen anderen Ländern; und die Resultate sind weithin begrüßt worden als ein wissenschaftlicher Beweis, mit dem man Psychologen und Genetikern auf die Finger klopfen kann, weil sie es gewagt haben, die Bedeutung der genetischen Determination der Intelligenz anzuerkennen.

Es scheint wahrhaftig, daß ein Mythos immer nur einen Mythos zeuge; der Mythos, daß die Erziehung die Intelligenzlücke zwischen den Angehörigen von »deprivierten« und »privilegierten« Schichten vermindern könne, auch wenn er als unbegründet aufgewiesen werden kann, sucht Rettung durch die Erzeugung anderer Mythen, wie jenes der *self-fulfilling prophecy*: daß Kinder deshalb schlecht oder gut in der Schule abschneiden, *weil* sie durch IQ-Tests mit »dumm« oder »helle« etikettiert werden. Es ist merkwürdig, daß dieses angebliche Vorurteil der Lehrer dem anderen entgegensteht, das wahrscheinlich die meisten von ihnen auch anerkennen würden: daß man sich notwendigerweise besonders schwer tue, die dummen Kinder auf die Höhe der intelligenten zu bringen; viele Lehrer werden dieses andere Vorurteil beinahe als einen ethischen Imperativ betrachten. Doch wie auch immer, es gibt mit Sicherheit kein nennenswertes Zeugnis für die Behauptung, daß die in diesem Kapitel besprochenen Daten im Hinblick auf den »Pygmalion«-Effekt in irgendeinem Sinn neu und anders interpretiert werden können; bisher haben wir keinen Beweis für die Existenz eines solchen Effektes und eine Menge Indizien zur Unterstützung der Nullhypothese, d. h. der Ansicht, daß das Wissen um die Intelligenz eines Schülers auf seiten des Lehrers die nachfolgenden IQ-Messungen des Schülers nicht beeinflusse. Wenn wirklich begabte Kinder von Lehrern in einer Weise unterrichtet werden, die ihre IQs zu erhöhen geeignet sind, während unbegabte Kinder die entgegengesetzte Behandlung erfahren, dann sollten diese zwei Gruppen weiter und weiter auseinandergehen; die Zeugnisse (vgl. Jensen, 1973) zeigen, daß sie es nicht tun.

Kapitel V
Persönlichkeit, Geisteskrankheit und Verbrechen

Wie wir bereits zuvor angemerkt haben, ist die Trennung der intellektuellen oder kognitiven Seite der menschlichen Natur von der emotionalen oder konativen Seite bereits durch Platon und andere griechische Philosophen erörtert worden. Es erhebt sich nun die Frage, ob die Vererbung bei der Entstehung von Unterschieden im emotionalen Bereich der Persönlichkeit eine genauso entscheidende Rolle spielt wie im intellektuellen. So wichtig die Intelligenz im Hinblick auf Problemlösung und individuelle Anpassung an bestehende soziale Bedingungen ist, auch die emotionale Seite der menschlichen Natur übt einen sehr bedeutsamen Einfluß auf unser gesamtes Verhalten aus, was weiland den philosophisch ausgerichteten Psychologen durchaus nicht selbstverständlich erschien, fühlten sich jene doch mehr in der Diskussion von kognitiven Fragen zu Hause. Erst die Wirkung von Geisteskrankheit und Kriminalität auf das öffentliche Bewußtsein hat die Aufmerksamkeit auf die Bedeutung der nichtkognitiven Faktoren im menschlichen Leben gelenkt. Wenn Verbrechen sich nicht bezahlt macht, warum werden dann so viele Leute in kriminelle Aktivitäten verstrickt? Wenn Geisteskrankheit ein isoliertes Phänomen wäre, könnte man die Herausforderung, die sie für eine jede rein intellektuelle Interpretation des menschlichen Verhaltens darstellt, noch übersehen; doch ist sie tatsächlich so weit verbreitet, daß es nur wenige Leser dieses Buches geben wird, in deren Familie es nicht zumindest ein Mitglied gibt, das in psychiatrischer Behandlung gewesen ist. Allein der Begriff der Geisteskrankheit impliziert beinahe *per definitionem* ein Verhalten, welches gegen die von der Mehrheit anerkannten kognitiven Regeln geht; eine Person, die Jesus oder Napoleon zu sein vorgibt, trotz der doch recht starken Anzeichen für die Unrichtigkeit von Behauptungen dieser Art, handelt eindeutig nicht rational, und man kann ihr Verhalten unmöglich in kognitiven Begriffen erklären.

In diesem Kapitel wollen wir zuerst auf die Rolle schauen, welche die Vererbung in der Ätiologie des kriminellen und geistig abnormen Verhaltens spielt; danach werden wir uns der Frage zuwenden, inwieweit auch Variationen in den normaleren Persönlichkeitsbildern durch die Vererbung verursacht sind. Um die hier verwendete Methodologie in Studien über sozial genormte Muster des Fehlverhaltens einzuführen, stellen wir die Verbrechen an den Anfang; die benutzten Kriterien sind einfacher als jene, die wir bei Geisteskrankheiten benötigen, und es gibt im Umgang mit letzteren viele Schwierigkeiten, die sich angesichts der Kriminalität nicht erheben. Ihr Hauptvorzug ist die scharf umrissene Natur des Begriffs; die Gesetze definieren Verbrechen ziemlich eindeutig, und die Verurteilung zu einer Gefängnisstrafe ist ein sicherer Index für Kriminalität. Zumindest scheint es so; wir werden bald Komplikationen zu beachten haben, die selbst bei diesem zunächst recht einfachen Phänomen auftauchen.

Die verwendete Methode, um die Stärke der erblichen Bestimmtheit des kriminellen Verhaltens zu untersuchen, leitet sich von der Dichotomie der erbgleichen und -ungleichen Zwillinge her, und sie ist einer der im Zusammenhang mit der Vererbung der Intelligenz bereits diskutierten Methoden ähnlich. Dort eruierten wir die IQ-Korrelation zwischen EZ und verglichen sie mit jener, die wir von ZZ erhielten; die Tatsache, daß die Korrelation bei Monozygotie höher ist als bei Heterozygotie, kann als ein Beweis für den Einfluß der Vererbung genommen werden. Der IQ ist natürlich eine »lebenslängliche« Variable, welche ziemlich genau gemessen werden kann; bei der Kriminalität handelt es sich dagegen mehr um ein Alles-oder-Nichts-Phänomen, d. h. jemand ist oder ist nicht ein Krimineller in dem Sinn, daß er zumindest einmal im Gefängnis war (oder gewesen sein sollte), weil er ein durch die Gesetze des Staates als solches bezeichnetes Verbrechen begangen hat. Man könnte einwenden, daß dies zu pauschal ist und daß die Kriminalität auch ein abgestuftes Phänomen ist; jemand, der ein einziges Verbrechen begangen hat, ist doch sicher weniger »kriminell« als ein anderer, welcher mehrere Dutzend Verbrechen begangen hat. Im allgemeinen ist dies wohl richtig; aber man nehme einmal an, das eine Verbrechen war Vergewaltigung mit anschließender kaltblütiger Ermordung der Frau, während die Dutzende von Verbrechen bloß in einer über Jahre verteilten Einbruchserie bestanden! Es ist das hierin enthaltene Problem der Bestimmung der Schwere von Verbrechen und die unvermeidliche Subjektivität bei der Festsetzung numerischer Werte der »Kriminalität« von Individuen, die für eine unterschiedliche Anzahl von qualitativ verschiedenen Verbrechen eingesperrt wurden, welche die Untersucher dazu gebracht hat, die Alles-oder-Nichts-Regel vorzuziehen; denn diese schließt die Subjektivität auf seiten des Experimentators aus; er legt nur sein Kriterium fest und verfolgt dann strikt seine Untersuchung. Dieses macht es vielleicht schwieriger, klare Beweise für die erbliche Determination des kriminellen Verhaltens zu finden, aber es garantiert immerhin, daß etwaige signifikante Ergebnisse nicht artifiziell sind und von seiner eigenen subjektiven Beurteilung abhängen. Die meisten Untersucher haben dieses Alles-oder-Nichts-Kriterium (auf das wir im folgenden noch näher eingehen werden) benutzt; damit aber ist die Anwendung der Korrelationsstatistik unmöglich, und wir müssen uns an ihrer Stelle mit der auf die Übereinstimmung im Verhalten gegründeten sog. Konkordanzmethode behelfen.

Typischerweise geht der Untersucher in ein bestimmtes Gefängnis und stellt (entweder persönlich oder mittels der Register) alle jene Gefangenen fest, die Zwillinge sind; diese fungieren als die Probanden der Studie. Der Untersucher wählt dann alle gleichgeschlechtlichen Zwillingspaare aus und vergewissert sich einmal, ob die Zwillinge mono- oder heterozygot sind, und zum zweiten, ob der Mitzwilling konkordant ist (d. h. ebenfalls im Gefängnis oder zu irgendeiner Zeit im Gefängnis gewesen) oder diskordant (d. h. nie mit dem Gesetz in Konflikt gekommen). Wenn die Vererbung eine bedeutsame Rolle in der Verursachung der Kriminalität spielt, dann müßten wir erwarten, daß EZ häufiger konkordant sind als ZZ. Wie nun stehen die Fakten?

Autor	*Erbgleiche*			*Erbungleiche*		
Lange, 1929	10/3	=	77 %	2/15	=	12 %
Legras, 1932	4/0	=	100 %	0/5	=	0 %
Rosanoff, 1934	25/12	=	68 %	6/54	=	10 %
Krantz, 1936	20/11	=	65 %	23/20	=	53 %
Stumpfl, 1936	11/7	=	61 %	7/12	=	37 %
Borgström, 1939	3/1	=	75 %	2/3	=	40 %
Yoshimasu, 1961	17/11	=	61 %	2/16	=	11 %
Hayashi, 1967	11/4	=	73 %	3/2	=	60 %
Christiansen, 1968	27/54	=	33 %	23/340	=	6 %
Gesamt:	128/103	=	55 %	68/467	=	13 %

Tab. 11 *Konkordanzraten für Kriminalität: erbgleiche und erbungleiche Zwillinge*

J. Lange, ein deutscher Psychiater, war der erste, der diese Materie untersuchte. Sein Buch *Verbrechen als Schicksal* (1929; die englische Ausgabe wurde übrigens von J. B. S. Haldane eingeleitet) zeigte, daß von dreizehn EZ-Paaren zehn für Kriminalität konkordant waren, während aus siebzehn ZZ-Paaren nur eines konkordant war. Tab. 11 gibt seine Resultate wie auch jene von acht späteren Investigatoren wieder; insgesamt enthalten die Studien 231 eineiige und 535 zweieiige Zwillingspaare. Es kann kaum gesagt werden, daß die angegebenen Zahlen uns nicht in die Lage versetzten, zu einem anerkannten Schluß zu kommen. Zwar weichen die Prozentzahlen ziemlich voneinander ab (was im Hinblick auf die Tatsache, daß einige Studien nur sehr wenige Fälle benutzten, nicht überraschend ist); dennoch zeigen in jeder Studie die monozygoten Zwillinge eine größere Konkordanz als die heterozygoten, ungeachtet des Landes, in welchem die Untersuchungen durchgeführt wurden. Der Gesamtvergleich, mit allen erhältlichen Daten, ist in der untersten Reihe angegeben: 55% der EZ sind konkordant, dagegen nur 13% der ZZ. Die Übereinstimmung war somit über viermal so häufig bei EZ als bei ZZ, ein Befund, der die These außer Zweifel stellt, daß die Vererbung eine äußerst wichtige Rolle in der Genese kriminellen Verhaltens spielt. Es ist in diesem Zusammenhang interessant zu bemerken, daß Schwerverbrechen etwa zweimal so hohe Konkordanzraten ergeben als leichtere Straftaten und daß es in bezug auf jugendliche Vergehen keinen großen Unterschied zwischen EZ und ZZ gibt. Der Leser wird diesen Daten mit Skepsis begegnen, da sie ernsthaften Irrtümern unterworfen sein können, welche die diesen Befunden gezollte Beachtung reduzieren würde. In vielen der älteren Studien war die Zygotie-Diagnose alles andere als perfekt, und dies könnte dazu geführt haben, daß eine Anzahl von Zwillingspaaren falsch plaziert wurde. Auch die Kriminalität, sofern sie als bloßes Eingesperrtsein definiert wird, unterliegt u. U. bedenklichen Abgrenzungsfehlern; es ist sehr wohl bekannt, daß nur ein Teil aller begangenen Verbrechen polizeilich registriert, von diesen wiederum nur ein Teil gelöst werden, und daß von denen, die dieser Verbrechen schuldig sind, nur ein Teil tatsächlich ins Gefängnis wandert. So sind unsere Daten sicherlich nicht sehr genau, und dies könnte die Endergebnisse stark beeinflussen. Diese Einwände sind natürlich vollkommen berechtigt, aber wir müssen versuchen, die Richtung zu bestimmen, in welcher solche Irrtümer das Resultat verfälschen müssen. Die Antwort ist einfach und klar: je ungenauer die Daten, um so weniger unterstützen sie die genetische Hypothese! Mit anderen Worten, der oben berichtete Befund (daß die Konkordanzraten für EZ über viermal so hoch sind wie für ZZ) ist eine unterste Schätzung der wirklichen Zahl; wenn die verschiedenen Fehlerquellen eliminiert werden könnten, dann würde mit hoher Wahrscheinlichkeit ein noch viel größerer Unterschied als der bis jetzt gefundene auftauchen.

Es ist leicht einzusehen, warum dies so sein muß. EZ sind mehr konkordant als ZZ; wenn wir irrtümlicherweise ein EZ-Paar (das durchschnittlich eine größere Chance der Konkordanz hat) zu den ZZ zählen, dann senken wir die Wahrscheinlichkeit von Konkordanzfunden unter den EZ und erhöhen den wahrscheinlichen Befund unter den ZZ. Das Gegenteil geschieht, wenn fälschlicherweise ein ZZ-Paar als EZ diagnostiziert wird. Die Zwillinge mit der geringen Chance der Konkordanz werden nun als Angehörige einer Gruppe mitgezählt, welche eine hohe Wahrscheinlichkeit für Konkordanz haben, und werden demgemäß deren Wahrscheinlichkeit verringern. So würden Fehldiagnosen (welche unter keinen Umständen über 5% liegen dürften) die wirklichen Unterschiede zwischen EZ und ZZ vermindern und somit richtungsgemäß unserer Hypothese entgegenarbeiten. Dasselbe gilt für echte Kriminelle, welche irrtümlich als nichtkriminell – und insofern als diskordant – eingestuft werden. Im Hinblick auf die Tatsache, daß EZ häufiger konkordant sind, werden diejenigen Kriminellen, die fälschlicherweise als nichtkriminell diagnostiziert werden, mit Wahrscheinlichkeit die Zahl der als konkordant klassifizierten EZ reduzieren und damit gegen die Theorie der Erblichkeit der Kriminalität arbeiten. Jede solche Fehldiagnose senkt den Grad der Unterscheidung zwischen EZ und ZZ.

Dieses Problem der richtigen Diagnose der Kriminalität ist ein sehr ernsthaftes, und zwar aufgrund der Tatsache, daß die beobachteten Unterschiede zwischen EZ und ZZ phantastisch hoch erscheinen. Man betrachte die folgenden Fehlermöglichkeiten:

(1) Der Mitzwilling ist zwar ein Krimineller, jedoch noch nicht gefaßt worden. Dies geschieht bekanntlich sehr häufig, aber man kann nichts tun, um in dieser Hinsicht die Daten zu korrigieren.

(2) Der Mitzwilling hat noch kein Verbrechen begangen, wird es aber in naher Zukunft tun. Wiederum gibt es keinen Weg, dieses Faktum in Rechnung zu stellen.

(3) Der Mitzwilling hat ein Verbrechen begangen und ist dafür eingesperrt worden, jedoch in einem anderen Land, so daß sein Strafregister für den Untersucher nicht zugänglich ist. So ist vielleicht ein deutscher Zwilling in der Schweiz oder Österreich, ein englischer in den USA oder Australien im Gefängnis gewesen, und man hat keine Garantie, daß diese Tatsache den Behörden in seinem eigenen Land bekannt werden wird, besonders wenn er das Verbrechen unter einem falschen Namen begangen hat. So gibt es unzählige Möglichkeiten, die kriminelle Natur des Mitzwillings zu verkennen, wenn einmal ein Proband ausgemacht worden ist, und jedes derartige »Verkennen« wird mit Wahrscheinlichkeit den Unterschied zwischen EZ und ZZ verringern.

Und noch eine andere Kritik dieser Methode weist darauf hin, daß die wirkliche Erblichkeit der Kriminalität wahrscheinlich viel höher liegt als jene durch die Zahlen belegte. Verbrechen wird gewöhnlich in gesellschaftlichem Bezug definiert; das Wort hat keinen absoluten Begriffsinhalt. Was in einem Land ein Verbrechen ist, mag es in einem anderen nicht sein, und was zu einer gegebenen Zeit in einem Land als ein solches angesehen wird, ist es vielleicht in demselben Land zu einer anderen Zeit nicht. Homosexualität ist ein passendes Beispiel; diese wird in einigen Ländern als Verbrechen angesehen, in anderen nicht, und sie wurde vor ein paar Jahren auch noch bei uns als Verbrechen verfolgt, jetzt dagegen nicht mehr. Solche wechselnden Definitionen müssen die Reinheit der beobachteten Unterschiede der Kokordanzraten für EZ und ZZ vermindern; am größten ist sie mutmaßlich bei »echten« Verbrechen wie Mord, Diebstahl, Einbruch, tätlichem Angriff usw. In Wirklichkeit ist dieser letzte Punkt wohl nur von minimaler Bedeutung; die große Mehrheit der in die Studien eingeschlossenen Kriminellen war tatsächlich wegen »echter« Verbrechen eingesperrt, und andere Arten von Vergehen erscheinen selten, wenn überhaupt jemals im Strafregister.

Von besonderem Interesse in der Literatur ist das Faktum, daß sich die Übereinstimmung ziemlich häufig auf den besonderen Typus der von den beiden Zwillingen begangenen Straftat erstreckt – selbst wenn sie in frühem Alter getrennt worden waren und nichts von dem kriminellen Verhalten des Geschwisters wußten. So kann Brandstiftung bei dem einen Zwilling prognostisch für Brandstiftung bei dem anderen sein; Überfall und Körperverletzung bei dem einen fällt u. U. mit den gleichen Gewalttaten bei dem anderen zusammen; eine Neigung zu Sexualverbrechen bei dem einen wird oft auch bei dem anderen gefunden. Diese Spezifizität ist ein besonders überzeugender Beweis für die Bedeutung der Vererbung, und der interessierte Leser sollte einmal einiges in den von Lange veröffentlichten deskriptiven Studien nachlesen, in welchen diese Gemeinsamkeiten belegt sind. Etwas sehr Analoges hat man bei Neurotikern gefunden; auch hier ist die Konkordanz noch viel enger für spezifische Symptome als für breitere Klassifikationen. Einige der Ähnlichkeiten im Verhalten konkordanter EZ sind geradezu unheimlich und geben rechten Grund zu dem Titel von Langes Buch – Verbrechen als Schicksal. (Dieser Titel trägt natürlich ungerechtfertigte Implikationen über die vollständige genetische Determination; selbstverständlich würde es genauso unsinnig sein, die Bedeutung der Umweltfaktoren zu übersehen wie die Wichtigkeit des genetischen Beitrags.)

Es ist bemerkenswert, daß die beobachteten Unterschiede zwischen EZ und ZZ beinahe unmöglich mit Hilfe von Variablen zu erklären sind, welche Soziologen gewöhnlich als »die Ursachen der Verbrechen« postulieren, wie Armut, schlechte Erziehung, Arbeitslosigkeit, Leben am Rande der Großstadt usw. Wenn überhaupt jemand, so müßten Zwillinge gleichartigen Bedingungen ausgesetzt sein, und dies dürfte nicht davon abhängen, ob sie mono- oder heterozygot sind. Die zitierten Daten beweisen nicht, daß die soziologischen Bedingungen für Verbrechen irrelevant sind; sie beweisen nur, daß sie mit starken angeborenen Prädispositionen zu kriminellem Verhalten in Wechselwirkung stehen. Verbrechen kann nicht im Hinblick auf die Vererbung allein verstanden werden. Tausende von Jugendlichen wachsen in Verhältnissen auf, die nach der Theorie der Kriminalisierung äußerst förderlich sind, ohne daß sie den Versuchungen unterliegen; Tausende anderer Jugendlicher leben unter so günstigen Bedingungen, daß sie theoretisch vor Verbrechertum geschützt sein müßten, und doch nehmen sie eine kriminelle Lebensweise an. Solche Tatsachen machen jede reine Milieutheorie genauso absurd, wie es jede reine Vererbungstheorie sein würde; sowohl die Anlage als auch die Umwelt haben ihren Anteil, und die Daten lassen vermuten, daß die Vererbung mindestens so wichtig ist wie das Milieu.

Die Zwillingsforschung ist nicht die einzige Stütze für die Interaktionshypothese zwischen Anlage und Umwelt; Adoptionsstudien kommen zu sehr ähnlichen Schlußfolgerungen, und sie sind eigentlich noch durchschlagender. Zwei wichtige Untersuchungen dieser Art sind kürzlich ausgeführt worden, eine in Dänemark und die andere in Iowa (USA). In der ersten verglich F. Schulsinger (1972) 57 psychopathische männliche Adoptierte mit 57 nichtpsychopathischen Kontrollpersonen gleichen Geschlechts, Alters, sozialer Klasse, in vielen Fällen auch nachbarschaftlichen Milieus und gleichen Alters der Übergabe an die Adoptivfamilie; dabei wurden sorgfältig definierte Kriterien für psychopathisches Verhalten verwendet. Darüber hinaus sichteten die Untersucher die Fallgeschichten der biologischen und Adoptivverwandten des psychopathischen und Kontrollindividuums. Trotz der Tatsache, daß die Adoption in einem frühen Lebensalter stattgefunden hatte, gab es keine Unterschiede zwischen den Adoptivfamilien der Psychopathen und der Kontrollgruppen; statt dessen zeigten bei den biologischen Familienangehörigen dieser Gruppen die Verwandten der psychopathischen Jungen ein Auftreten sowohl von Psychopathie wie auch von leichterer Abnormität des Verhaltens, das zweieinhalbmal so häufig war wie bei Verwandten der Kontrolljungen. Mit anderen Worten, die psychopathischen Kinder waren nach ihren biologischen Eltern und nicht nach ihren Adoptiveltern geschlagen.

In der Iowa-Studie von R. R. Crowe (1972) lag das Interesse nicht bei diagnostizierter Psychopathie, sondern bei dem tatsächlichen Register von Gefängnisstrafen. Hier machten die Untersucher 41 weibliche Straftäter ausfindig, die Insassen einer Frauen-Besserungsanstalt waren und die ihre Babys zur Adoption freigegeben hatten. Zur Zeit der Untersuchung hatten sie insgesamt 52 Nachkommen im Alter von 15 bis 45 Jahren. Eine gut ausgewählte Kontrollgruppe von 52 ebenfalls zur Adoption gekommenen Kindern anderer, nichtkrimineller Mütter wurde ebenfalls untersucht. Man fand, daß die Nachkommen der kriminellen Mütter mehr Gefängnisaufenthalte und auch eine viel größere Zahl von Vorstrafen überhaupt aufzuweisen hatten; diese Unterschiede erwiesen sich als statistisch voll signifikant. Bei ihnen waren ebenfalls mehr Verkehrsübertretungen registriert; z. B. gab es bei den Kindern der kriminellen Mütter 19 (geahndete) Geschwindigkeitsüberschreitungen im Vergleich zu 8 der Nachkommen nichtkrimineller Mütter. Von besonderem Interesse ist ein Vergleich der Straftaten von Müttern mit denen ihrer Kinder; es gibt eine klare Tendenz zu gleichartigen Vergehen. In dieser Hinsicht stimmen die Studien sehr gut mit Langes ursprünglicher Arbeit mit Zwillingen überein, wo ebenfalls eine Konkordanz im Typus der Verbrechen, die von den untersuchten EZ begangen wurden, vorlag. Zwar ist es derzeit unmöglich, eine numerische Schätzung des relativen Beitrags der Anlage und der Umwelt zur Totalvarianz zu liefern, aber über die Bedeutung der Vererbung kann es keinen Zweifel geben.

Diese Feststellung wird zuweilen von marxistischen Autoren angeprangert, die behaupten, daß Verbrechen das Merkmal einer kapitalistischen oder präkapitalistischen Gesellschaft sind und daß sie in einer wahrhaft sozialistischen Gesellschaft verschwinden würden. Ich bin nicht kompetent, über Wahrheit oder Falschheit dieser Behauptung zu rechten, zumal auch das reale Experiment (das die Existenz eines wirklichen sozialistischen Staates voraussetzt) bislang noch nicht durchgeführt worden ist. Und ohne Zweifel sind auch in Rußland die Gefängnisse noch nicht abgeschafft, obwohl man natürlich immer sagen kann, daß die UdSSR alles andere als sozialistisch ist. Ich denke, daß die Definition eines wahrhaft sozialistischen Landes den Anlaß zu beträchtlichen Kontroversen geben würde, wobei wir vielleicht mit einem Zirkelschluß endeten, in welchem ein wirklich sozialistisches Land (teilweise) definiert wird als eines, in dem es keine Verbrechen mehr gibt. Wie immer es sein mag, das Argument ist ganz irrelevant in bezug auf die Demonstration, daß in einem gegebenen Land (England oder Deutschland oder die USA) zu einer gegebenen Zeit unter einem bestimmten System der Regierung und der Produktion (hier demokratischer Kapitalismus), die Erbanlage bei der Bestimmung, wer in seinem Leben kriminelle Taten begehen wird und wer nicht, eine extrem wichtige Rolle spielt, allerdings in Wechselwirkung mit der Umwelt.

Wir haben in einem früheren Kapitel gesehen, daß Feststellungen über den relativen Beitrag von Anlage und Umwelt zur Totalvarianz nur im Hinblick auf eine besondere Population getroffen werden können; es ist durchaus möglich, daß eine vollständige Änderung der sozialen und politischen Verhältnisse, unter denen die Menschen leben, die relative Bedeutung der Vererbung und der Umwelt drastisch ändern würde. Man kann sich z. B. vorstellen, daß durch die Schaffung größerer Gleichheit in einer Gesellschaft die Wirksamkeit der Vererbung erhöht würde. Es könnte auch möglich sein, die Varianz zu reduzieren, vielleicht sogar bis Null (zumindest soweit die tatsächliche Realisierung der kriminellen Tendenzen betroffen ist); ich selbst würde es sehr bezweifeln, daß diese Möglichkeit in irgendeinem vernünftigen Sinn auch existiert, aber diese persönliche Ansicht ist nicht relevant für den zentralen Streitpunkt. Der Nachweis der partiell erblichen Determination kriminellen Verhaltens in unserem Gesellschaftstypus sagt nichts über die Möglichkeit der Schaffung anderer Gesellschaftsformen, in welchen die Kriminalität sehr wohl reduziert oder sogar abgeschafft werden könnte; derartige Möglichkeiten müssen von anderen Kriterien aus beurteilt werden. Marxisten haben aus diesen Gründen ganz gewiß keine Ursache, die Fakten zu bestreiten; denn unsere Beweisführung leugnet nicht die Durchführbarkeit ihrer besonderen Utopie. Es schien nötig, dies einmal in aller Deutlichkeit auszusprechen, da die gegenteilige Ansicht mit monotoner Regelmäßigkeit von Soziologen wiederholt wird, welche mit den Schriften von Marx anscheinend besser vertraut sind als mit jenen der modernen Genetiker. –

Wir müssen uns als nächstes der Besprechung psychischer Störungen zuwenden, besonders der »Neurosen« oder »Psychoneurosen«. Vielleicht bedarf die Unterscheidung zwischen Neurosen und Psychosen einiger Erläuterungen. Die Psychosen sind die weitaus schlimmeren Formen geistig-seelischer Krankheiten, etwa mit dem verwandt, was der Mann auf der Straße als »Verrücktheit« bezeichnet. Die bekanntesten psychotischen Zustände sind Schizophrenie und manisch-depressives Irresein; die an ihnen Leidenden müssen fast immer in Anstalten verwahrt werden, und bis vor kurzem, als es noch keine medikamentöse Therapie gab, waren die Heilungsaussichten nicht ermutigend. Dagegen sind Neurosen normalerweise viel milder im Krankheitsbild; Angstzustände, reaktive Depressionen, Hysterie, Verfolgungs- und Wahnvorstellungen sind Beispiele neurotischer Zustände; Neurotiker werden gewöhnlich von ihren Hausärzten behandelt (meistens mit Tranquilizern), oder sie gehen zu einem Psychotherapeuten bzw. Psychiater (in die Praxis oder auch als ambulante Patienten ins Krankenhaus). Die Behandlung wird in der Regel mittels (analytischer) Psychotherapie durchgeführt, in letzter Zeit zunehmend auch mit

Verhaltenstherapie; oft wird sie allerdings medikamentös unterstützt. Psychotische und neurotische Störungen sind also weder einander ähnlich, noch führt die eine zu der anderen.
Es gibt eine Anzahl von Konkordanzstudien bezüglich der Neurosen, deren Ergebnisse Tab. 12 zeigt; in jedem Einzelfall ist die klare Tendenz zu einer größeren Konkordanz der eineiigen als der zweieiigen Zwillinge zu erkennen. Die Gesamtzahl von eingeschlossenen Fällen ist leider viel kleiner als bei der Kriminalität, so daß unsere Schlußfolgerungen nicht ganz so gewiß sind wie dort; dennoch zeigen EZ Konkordanzraten, die beinahe zweimal so hoch liegen wie bei ZZ. Es gibt insgesamt 141 EZ-Paare und 173 ZZ-Paare, und diese Zahlen reichen völlig aus, die statistische

Autor:	*Erbgleiche:*		*Erbungleiche:*	
Slater, 1953	2/6	= 25 %	8/35	= 19 %
Ihda, 1960	10/10	= 50 %	2/3	= 40 %
Braconi, 1961	18/2	= 90 %	13/17	= 43 %
Tienari, 1963	12/9	= 57 %	fehlen	
Parker, 1964, 1965	7/3	= 70 %	4/7	= 30 %
Shields & Slater, 1966	25/37	= 40 %	13/71	= 15 %
Gesamt:	74/67	= 59 %	40/133	= 30 %

Tab. 12 *Konkordanzraten für Neurose: erbgleiche und erbungleiche Zwillinge*

Signifikanz der Resultate zu sichern. Die genetische Komponente scheint bei solchen Formen wie Zwangsneurosen, Angstzuständen und phobischen Leiden (den »dysthymischen« Neurosen) am größten zu sein; am geringsten sind sie wohl bei krankhaften hysterischen Reaktionen. Es ist interessant zu vermerken, daß auch hier die Spezifizität der seelischen Störungen mächtig von genetischen Faktoren determiniert ist. In der Tat folgerte J. Shields aus seiner Durchsicht der Literatur, daß »die besondere Kombination vieler genetischer Faktoren bei dem neurotischen Individuum in einem größeren Ausmaß die Form seiner Neurose beeinflußt als [daß sie bestimmt], ob oder wie ernsthaft er zusammenbricht«.
Eine weitere Annäherung an dieses Problem der Wirksamkeit genetischer Faktoren auf die Neurose ermöglichen die Studien der Familien neurotischer Patienten. Mehrere Autoren haben gezeigt, daß es ein Unmaß an Neurotikern in der Verwandtschaft eines solchen Patienten gibt. Fälle von neurotischen Erkrankungen tauchen in etwa 15 % der Eltern und Geschwi-

ster von Angstneurotikern auf, ein viel höherer Prozentsatz, als er in Kontrollfamilien gefunden wurde. Hier ebenfalls verzeichnet man einen gewissen Grad von Spezifizität; Verwandte sind nicht nur konkordant im Hinblick auf neurotische Störungen, sondern auch im Hinblick auf die besondere Symptomatologie, die der Patient zeigt. Im Zusammenhang mit Neurosen kann auch der Alkoholismus diskutiert werden, zumal er keine psychotische Verhaltensstörung ist; es gibt wenig Zweifel über einen wichtigen genetischen Beitrag zur Stellung einer Person in bezug auf die Dimension »Abstinenz – Trinken – exzessives Trinken – Alkoholismus«. Eine Reihe von Zwillingsstudien – die meisten aus skandinavischen Ländern – haben in dieser Hinsicht für EZ weit mehr Konkordanz gezeigt als für ZZ, und Familienuntersuchungen haben diese Befunde noch bekräftigt. Alkoholismus scheint in demselben Maße ererbt zu sein wie Neurose (er kann natürlich auch eine Reaktion auf neurotischen Streß sein).

Neurotische Störungen sind gewöhnlich weniger beeinträchtigend als psychotische (besonders als Schizophrenie); auch sind sie viel weiter verbreitet. Eine Minimalschätzung des Vorkommens von Neurose in unserer Kultur besagt, daß zu irgendeiner Zeit ihres Lebens 10% der Männer und 20% der Frauen psychoneurotische Anfälle haben; die wirklichen Zahlen liegen vermutlich noch höher als diese, weil Schwierigkeiten in der Diagnose und Mangel an Behandlungsmöglichkeiten wahrscheinlich einen großen Teil der wahren Belastung durch dieses Übel verschleiern. Neurotische Patienten begeben sich fast nie in stationäre Behandlung, während Psychotiker in der Regel in Heilstätten gebracht werden müssen; allerdings hat sich dieses Schema ein wenig gewandelt, seit bei psychotischen Erkrankungen medikamentöse und andere phys(ikal)ische Therapieformen für die Heilung effektiv geworden sind, zumindest zu einer Verbesserung beigetragen haben. Psychotische Patienten belegen in Großbritannien etwa die Hälfte aller Krankenhausbetten (oder taten es wenigstens bis vor kurzem), und zwar nicht so sehr wegen der großen Zahl der behandelten Patienten, sondern wegen des Versagens traditioneller Methoden, diese Leiden überhaupt zu affizieren, wodurch die Dauer eines Krankenhausaufenthalts sehr verlängert wurde.

Die Fallrate von Schizophrenie liegt ungefähr bei 1%; aber dies ist sehr unterschiedlich in bezug auf die soziale Klasse; die Häufigkeit ist ungefähr dreimal so groß in den unteren Schichten wie in den höchsten. Manisch depressives Irresein, die andere Hauptgruppe der funktionellen Psychosen (i. e. eine psychotische Krankheit, die nicht durch toxische oder andere bekannte chemische oder physikalische Faktoren erzeugt wird) zeigt eine ähnliche Rate im Vorkommen, ist aber weniger abhängig von der sozialen

Schicht; in der Tat sind Behauptungen aufgestellt worden, daß sie häufiger in der Oberschicht ausbricht. Obwohl diese zwei Krankheiten in Lehrbüchern ganz unterschiedlich beschrieben werden, ist ihre Diagnose dennoch nicht sehr verläßlich, unterliegt außerdem nationalen Differenzen; dieselben Patienten hätten in den USA eine viel größere Chance als in Großbritannien, als schizophren diagnostiziert zu werden, die Wahrscheinlichkeit einer solchen Diagnose ist dort fünfmal so hoch!
Welches sind die hauptsächlichen Indikationen und Symptome der Schizophrenie? Gedankliche Assoziationen verlieren ihre Kontinuität; Aufmerksamkeit, Willenskraft und Initiative lassen nach; der Patient lebt in seiner eigenen inneren Welt und sondert sich von der Realität ab; es findet ein beträchtlicher emotionaler Zerfall statt; Ambivalenz ist ein herausragendes Kennzeichen, d. h. die Präsenz von gegensätzlichen, unvereinbaren Gefühlen, Wünschen oder Gedanken; die Anpassung an die Umwelt ist inadäquat, verbunden mit Verwirrung, plötzlichen Phantasien oder Eigentümlichkeiten und Mißachtung der Realität. Weiterhin gibt es eine Art von »Wahnsinn«, der sich in zahllosen albernen Fehlern im Denken oder Handeln äußert, oder auch durch Dumm- und Torheiten, trotz einer zuweilen angemessenen Leistung in IQ-Tests und anderen Messungen geistiger Fähigkeiten. Diese Symptome können entweder in einer ernsthaften Form auftreten, gewöhnlich bei desintegrierten und in geschlossenen Anstalten befindlichen Patienten – manche Psychiater würden nur in diesen Fällen Schizophrenie diagnostizieren –; oder aber sie erscheinen in einer relativ milden Ausprägung, die in alle Arten von sonderbarem Verhalten übergeht, welches bei vielen sonst scheinbar normalen Leuten beobachtet werden kann und das zweifelsfrei die Diagnose »Schizophrenie« nicht verdient. Dies konfrontiert den Untersucher mit vielen Schwierigkeiten; können wir z. B. bei Zwillingsforschungen einen Fall als »konkordant« bezeichnen, in dem der Proband eindeutig schizophren ist gemäß der engeren Bedeutung des Begriffs, während sein Mitzwilling bloß als »schizoid« gilt, d. h. zwar in seinem Verhalten äußerst seltsam, aber nicht definitiv geistesgestört? Andere Schwierigkeiten ergeben sich, weil es verschiedene Unterarten von Schizophrenie gibt wie Katatonie, Paranoia, Hebephrenie etc.; auch diese neigen dazu, ineinander überzugehen, und eine Diagnose ist keineswegs sehr verläßlich.
Das Krankheitsbild des manisch-depressiven Irreseins ergibt sich schon mehr oder weniger aus der Bezeichnung. Es besteht aus abwechselnden Perioden schwerer Depressionen und Manie, obwohl bei vielen Patienten der Zustand lediglich von der Depression zur Normalität wechselt oder gelegentlich von der Manie zur Normalität. Die Manie selbst manifestiert

sich in einer Art gehobener Stimmung, einer Unmenge von Ideen, welche sich in einem zuweilen recht zusammenhanglosen Strom von Worten ausdrücken. Was die Stimmung angeht, so herrschen Reizbarkeit und Erregung vor, und der Patient ist unter Umständen äußerst lebhaft und energiegeladen oder leicht irritiert und unduldsam. Im depressiven Zustand wirkt der Kranke teilnahmslos, indifferent, schwerfällig, weinerlich, er hat das Gefühl der Wert- und Hoffnungslosigkeit und der eigenen Schlechtigkeit. Wahnvorstellungen sind ebenfalls häufig anzutreffen, sowohl in der manischen als auch der depressiven Phase; sie sind gewöhnlich auf die Stimmung des Patienten bezogen – so mag er etwa befürchten, daß seine inneren Organe verfaulen. Diese Anfälle tendieren dahin, von selbst aufzuhören, d. h. der Patient wird wieder normal ohne irgendeine Behandlung, obwohl es jetzt bereits pharmako- und physikopsychiatrische Methoden gibt, welche die Heilung beschleunigen.

Psychotische Störungen sind ganz verschieden von neurotischen, obwohl die Psychoanalytiker anders zu denken pflegten – sie betrachteten die Psychose lediglich als eine ernsthaftere Form der Neurose. Dies ist beinahe mit Sicherheit falsch. Es gibt gewisse biochemische Eigentümlichkeiten bei Schizophrenen, welche man bei Neurotikern nicht findet; es gibt Unterschiede in der neuralen Reaktivität, welche nur bei Schizophrenen auftreten, nicht bei Neurotikern; kortikal evozierte Potentiale zeigen ganz spezifische Erholungsmuster bei Psychotikern und bei Neurotikern; Sedationsschwellen differieren sehr stark zwischen neurotischen und psychotischen Depressionen; die Muster von Anfällen sind ganz verschieden, besonders zwischen Schizophrenie und Neurose; psychologische Tests zeigen vollständig andere Reaktionstypen für Neurotiker und für Psychotiker. Diese und viele andere Gründe, inklusive unterschiedliches Reagieren auf Psychotherapie und Medikamente, macht es beinahe gewiß, daß Psychosen und Neurosen ganz eigenständige Störungen sind, die man nicht sinnvollerweise zusammenwerfen kann.

Schizophrenie ist weitgehend durch genetische Ursachen determiniert, wenn auch Umwelteinflüsse nicht schlechthin unbedeutend sind. Es gibt viele Indizien, die eindeutig auf diese Schlußfolgerung hinauslaufen. Das erste ist die merklich erhöhte familiäre Krankheitsrate; das Risiko, schizophren zu werden ist viel größer, wenn es andere Schizophrene in der Verwandtschaft gibt. Bei Geschwistern von Schizophrenen ist die Wahrscheinlichkeit, schizophren zu werden, zehnmal so hoch wie für den Bevölkerungsdurchschnitt. Ähnliches gilt für andere Verwandtschaftsgrade: das Risiko des Krankheitsfalles ist immer höher bei Verwandten von Schizophrenen, wie weit diese auch entfernt sind. Das alles läßt sich nicht damit erklären, daß sie durch schizophrene Eltern oder in Kontakt mit schizophrenen Brüdern und Schwestern aufgezogen worden sind, wodurch die Störung eigentlich erzeugt sei. Neugeborene Babys sind unmittelbar nach der Geburt von ihren schizophrenen Müttern getrennt und von Pflegeeltern aufgezogen worden, die vollkommen normal waren; und doch ist das Vorkommen von Schizophrenie bei diesen Kindern um ein Vielfaches höher als in der normalen Bevölkerung – obwohl sie in vollkommen gesunden Verhältnissen aufgewachsen waren. Das Erkrankungsrisiko der Kinder von schizophrenen Eltern ist etwa das gleiche wie das von Geschwistern, d. h. ungefähr eins zu zehn; anscheinend kann die Erziehung durch normale Pflegeeltern diese Zahlen nur geringfügig ändern.

Starke Unterstützung finden diese Schlußfolgerungen durch die Zwillingsforschung; leider aber können deren Resultate nicht so leicht tabellarisch wiedergegeben werden wie jene für Verbrechen und Neurose, weil die Autoren gewöhnlich verschiedene Prozentsätze für ein und dieselbe untersuchte Bevölkerung angeben, und zwar aufgrund der jeweils benutzten Kriterien. Aber eine notwendige Revision der Konkordanzraten für EZ impliziert eine ähnliche Revision in den Konkordanzraten für ZZ; im großen und ganzen wird die Berichterstattung über die Daten wohl am besten fahren, wenn sie sowohl in jedem Fall, in dem es mehr als eine Schätzung gibt, die höchste als auch die niedrigste Schätzung ausgleicht. Einige fünfhundert EZ-Paare und etwa tausendzweihundert ZZ-Paare sind untersucht worden; die Konkordanzraten liegen in Abhängigkeit von den diagnostischen Kriterien bei 35% bzw. 53% für EZ und 7% bzw. 10% für ZZ. Auf welche Weise auch immer wir diese Zahlen betrachten, für EZ sind sie fünfmal so hoch wie für ZZ; das bedeutet, daß der Unterschied zwischen dem einen Zwillingstyp und dem anderen in bezug auf die Konkordanz viel größer ist, als er selbst für Neurose oder Verbrechen war. Dennoch liegt die Konkordanzrate für EZ weit unter der 100%-Marke, was anzeigt, daß nichtgenetische Faktoren im Hinblick auf den Ausbruch der Schizophrenie eine wichtige Rolle spielen.

Dies waren natürlich gemeinsam aufgezogene EZ und ZZ; wie verhält es sich nun mit getrennt aufgezogenen EZ? Nur über 16 solcher Paare ist berichtet worden; von diesen waren 10 konkordant, das entspricht einer Rate von 62,5%, was sogar noch über dem Prozentsatz für die gemeinsam aufgezogenen EZ liegt! Dies sollte nicht interpretiert werden als Beweis dafür, daß Umweltfaktoren der Diskordanz nichts mit Erziehungspraktiken zu tun hätten; es besteht immer die Möglichkeit, daß Fehler in der Stichprobenauswahl die Ergebnisse verfälscht haben. Dennoch ist das Ergebnis interessant, und man sollte ihm im Zusammenhang mit all den ande-

ren Beweisen einiges Gewicht beimessen. Wie immer, ist es auch hierin nicht gut, sich bei seinen Schlußfolgerungen auf eine Art von Beweis vollständig zu verlassen; was eine Theorie annehmbar macht, ist, daß viele verschiedene Beweislinien auf denselben Schluß deuten.
Ein anderer Weg, dieses Problem anzugehen, ist die Untersuchung von Adoptivkindern, bei der man zwei Samples miteinander vergleicht: eines mit Kindern, die schizophren wurden, das andere mit Kindern, die in bezug auf Schizophrenie überhaupt keine Symptome zeigten; diese Gruppen wurden natürlich im Hinblick auf Geschlecht, Alter und Zeitpunkt der Übergabe an die Adoptivfamilie angeglichen. Alle Adoptiv- und biologischen Eltern, Geschwister und Halbgeschwister von beiden Gruppen wurden identifiziert und daraufhin untersucht, ob irgendwelche unter ihnen schizophren waren. Milieutheoretiker würden nun erwarten, daß die Verwandten der Adoptivfamilien eine größere Zahl von Schizophrenen zeigten, während die Vertreter des Interaktionismus von Anlage und Umwelt damit rechnen würden, daß die Verwandten der biologischen Familien mehr Schizophrene enthielten. Das Resultat war eindeutig: es gab eine signifikant größere Anzahl von schizophrenieartigen Störungen unter den biologischen Verwandten der schizophrenen Ausgangsfälle als unter den Verwandten der Kontrollgruppen. Unter den Adoptiverwandten gab es dagegen keinen Unterschied zwischen den beiden Gruppen. Diese Untersuchung, welche die genetisch-interaktionistische Hypothese stützt, wurde in Dänemark durchgeführt; eine ähnliche Studie in Island bestätigt sie. In dieser Studie wurden die biologischen und Pflegegeschwister von Schizophrenen, die im ersten Lebensjahr adoptiert worden waren, miteinander verglichen; unter den ersteren waren 6 von 29 schizophren, während unter den letzteren keiner von 28 schizophren war. Diese Zahlen dürften als Demonstration der Bedeutung der biologischen im Gegensatz zu den Umwelteinflüssen sehr überzeugend sein (s. Shields, 1973).
Wenn es eine starke biologische, genetische Prädisposition für Schizophrenie gibt, dann würde man erwarten, spezifisch genetische Kennzeichen für die Krankheit entdecken zu können. In jüngeren Forschungen ist der Enzymgehalt von Blutplättchen Schizophrener untersucht worden. Man fand, daß Monoaminoxidase (MAO) im Vergleich zu Normalen in den Plättchen von Schizophrenen in sehr reduzierter Menge anwesend ist; darüber hinaus fand man ebenfalls erniedrigte MAO-Niveaus bei den monozygoten Mitzwillingen von Schizophrenen, was vermuten läßt, daß diese Reduktion ein Index für die Prädisposition der Krankheit ist und nicht eine Folge von ihr.
Untersuchungen haben nicht nur die große Rolle der Vererbung in der

Genese der Schizophrenie erwiesen, sie haben auch gezeigt, daß die Unterarten der Schizophrenie (Hebephrenie, Paranoia, Katatonie) anscheinend ebenfalls ererbt sind, gewissermaßen als separate Einheiten, obwohl nicht so scharf getrennt, um den Begriff der Schizophrenie als einer einheitlichen Krankheitsgruppe überflüssig zu machen. Eineiige Zwillinge haben niemals verschiedene Unterarten, aber innerhalb derselben Familie treten sehr wohl Variationen auf. Die knappste, vorsichtigste Hypothese, welche zur Erklärung aller Fakten aufgestellt worden ist, scheint die zu sein, daß Schizophrenie »polygenisch« vererbt wird, d. h. durch eine Anzahl von Genen anstatt durch ein einziges, und daß weiter die pathologischen Gene sich der Tendenz nach in gewissen Familien mehr häufen als in anderen: diejenigen mit den meisten dieser Gene zeigen Hebephrenie und/oder Katatonie, während diejenigen mit weniger solcher Gene paranoide, einfache, atypische oder selbst Grenzformen der Geisteskrankheit zeigen; wobei man hinzufügen könnte, daß bei noch weniger schädigenden Erbträgern mutmaßlich die mannigfaltigen und sonderbaren Eigenheiten des menschlichen Verhaltens auftreten, in welche schizophrene Störungen überzugehen pflegen und welche »schizoid« genannt werden. Dieses Modell wird manchmal als das »Diathese-Streß-Modell« bezeichnet; Diathese (auf deutsch »Verfassung« oder »Veranlagung«) bedeutet, daß es eine biologische Prädisposition zur Entstehung von schizophrenieartigen Krankheiten gibt, und zwar bei den einzelnen Menschen in unterschiedlicher Stärke, während Streß nötig ist, um die aktuelle Störung zu erzeugen und ausbrechen zu lassen. So bezieht sich Diathese auf die genetische Komponente, Streß dagegen auf die Umwelt. Diese Theorie wird jetzt weithin akzeptiert, insbesondere seit alternative Modelle wie Ein-Gen-Hypothesen oder reine Milieutheorien sich als falsch erwiesen haben.

Die Befunde über das manisch-depressive Irresein sind in fast jeder Beziehung jenen im Hinblick auf die Schizophrenie diskutierten sehr ähnlich, und eine längere Besprechung wird nicht notwendig sein. Auch hier ist eine starke »erbliche Belastung« unleugbar, und wiederum gibt es Zeugnisse von Zwillingsstudien, daß EZ weit mehr konkordant sind als ZZ: die Zahlen belaufen sich auf 70 % resp. 18 %! Es erscheint möglich, daß die »zyklische« Form der Störung (von Manie zur Depression und zurück) stärker ererbt ist als die monopolaren Formen (nur Manie oder nur Depression, die in den Normalzustand überwechseln und umgekehrt). Wie im Fall der Schizophrenie können wir ein Diathese-Streß-Modell aufstellen; es soll aber nicht verschwiegen werden, daß wir bei keiner der beiden Krankheitsgruppen wirklich sehr viel über den »Streßanteil« der Gleichung wissen; leider gibt es bisher noch keine ordnungsgemäß geplanten und kontrollierten Untersuchungen, die allein uns Informationen über die entscheidende Frage geben könnten, was eigentlich in der Umwelt den Streß erzeugt, der die Krankheit auslöst. Mit Sicherheit ist es nicht einfach jede besondere Belastung; Untersuchungen über die Auswirkungen jenes durch Kriegsdienst in den Streitkräften erzeugten Stresses haben zu dem Resultat geführt, daß die Dauer des Dienstes ein immer häufigeres Vorkommen von neurotischen Störungen hervorruft, jedoch nicht das Auftreten von psychotischen Erkrankungen verstärkt. Hier umweltbedingte Ursachen postulieren zu wollen, sagte uns überhaupt nichts; dies ist schon in der Unterscheidung von Genotyp und Phänotyp impliziert. Unser Wissen würde nur vergrößert werden, wenn genau dasjenige Etwas in der Umwelt ausfindig gemacht werden könnte, das im Zusammenwirken mit der erblichen Prädisposition den psychotischen Zusammenbruch erzeugt. Wir kennen es nicht, und es gibt gegenwärtig noch nicht einmal eine geeignete Theorie, welche die Forschung stimulieren könnte.

Gibt es irgendein genetisches Verbindungsglied zwischen Schizophrenie und manisch-depressivem Irresein? Der allgemeine Tenor der Literatur scheint dies zu verneinen, aber es gibt starke Gründe für die Annahme, daß diese Schlußfolgerung falsch ist. Eine von Shields (1973) zitierte Studie von B. Schulz aus dem Jahre 1951 ergab, daß unter den Nachkommen von Eltern, die beide manisch-depressiv waren, das Auftreten von zirkulären Störungen bei 28% lag, das für Schizophrenie aber bei 12%, was natürlich sehr hoch ist – viel höher als das Vorkommen in der gesamten Bevölkerung. Ganz allgemein gibt es Zeugnisse, die ein erhöhtes Risiko für Schizophrenie bei Kindern von manisch-depressiven Eltern zeigen. Weiter sind manisch-depressive und schizophrene Patienten in psychologischen Tests schwierig zu unterscheiden, obwohl beide Gruppen ganz andersartige Leistungen erbringen als Neurotiker. Schließlich müßte es, wenn diese zwei Typen von Geisteskrankheiten auf erblicher Grundlage völlig verschieden wären, relativ leicht sein, einen Patienten als zu der einen oder anderen Gruppe gehörig zu diagnostizieren; dies ist aber, wie wir gesehen haben, durchaus nicht der Fall. Die Diagnosen sind sehr unverläßlich (ausgenommen in den seltenen »Lehrbuchfällen«), und in der Tat können sie sich von Land zu Land unterscheiden; dies spricht nicht für eine fundamentale Trennung. Ein interessanter Hinweis dafür, daß verschiedene Typen von psychotischen Störungen vielleicht ein gemeinsames Band haben, kommt übrigens von der Arbeit über die Jahreszeit der Geburt. In einer *Maudsley*-Studie fanden wir unter den von zwischen Ende Dezember und Anfang April Geborenen 7% mehr Schizophrene und 9% mehr Manisch-Depressive, was die riskanteste Zeit für ihre Empfängnis zwischen April und Juni plazierte. Es ist nicht klar, warum dies so sein sollte, aber die Tatsache bleibt bestehen, daß beide Psychosegruppen gleichmäßig in dieses merkwürdige Phänomen verwickelt sind, was darauf hindeutet, daß sie so etwas wie eine gemeinsame biologische Natur haben.

Meine eigene Schlußfolgerung ist, daß wir vielleicht mit Recht ein hierarchisches Schema postulieren können, ähnlich in der Art wie jenes, das sich für die Intelligenz als brauchbar erwiesen hat. An der Spitze der Hierarchie hätten wir eine allgemeine Prädisposition für Psychose, welches wir analog zum Neurotizismusfaktor »Psychotizismus« (abgekürzt »P«) nennen können; auf dem darunterliegenden Niveau gäbe es zwei große »Gruppenfaktoren«, Schizophrenie und manisch-depressives Irresein. Diese können dann wieder in »primäre Faktoren« unterteilt werden wie Hebephrenie, Paranoia, Katatonie etc. »Psychotizismus« im ganzen wäre stark genetisch determiniert, aber die mehr spezifischen Manifestationen auf den unteren Ebenen hätten noch besondere genetische Determinanten zusätzlich zu jenen, die »P« erzeugen. Dieses Schema trägt nahezu allen bekannten Fakten Rechnung; aber es muß zugegeben werden, daß andere Schemata gleichermaßen durchführbar sind und daß abschließende Beweise noch fehlen. –

Wir müssen uns nun einer anderen Gruppe von psychisch abnormen Individuen zuwenden, welche ein Bindeglied zwischen Kriminellen, über die wir unsere Diskussion begannen, und den Schizophrenen darstellen; es sind die sogenannten »Psychopathen«. Das *Diagnostic and Statistical Manual of Mental Disorders* der *American Psychiatric Association*, das die Forschungsergebnisse über alle geistig-seelischen Störungen zusammenfaßt, definiert sie wie folgt:

> »... chronisch antisoziale Individuen, die dauernd in Schwierigkeiten *(trouble)* sind, weder von Erfahrung profitieren noch von Bestrafung und die keine wirklichen Bindungen *(loyalties)* zu irgendeiner Person, Gruppe oder Gesetz *(code)* eingehen. Häufig sind sie gefühllos und triebhaft [der hier gebrauchte englische Ausdruck *hedonistic* bezieht sich abwertend auf sinnlichen Lustgewinn und Unlustvermeidung; d. Ü.] und zeigen eine starke emotionale Unreife, Mangel an Verantwortlichkeit und Einsicht *(judgement)* und eine Fähigkeit, ihr Verhalten zu rationalisieren, so daß es echt, vernünftig und gerechtfertigt erscheint.«

Andere geben für den Psychopathen folgende Charakteristika an:

> ... oberflächlicher Charme, Unzuverlässigkeit, Unwahrhaftigkeit und Unernst, gewissen- oder schamlos, antisozial im Verhalten ohne rechten Grund, schlechtes Urteilsvermögen und eine Unfähigkeit, aus

> Erfahrungen zu lernen, pathologische Egozentrizität und Mangel an Liebesfähigkeit, Unverantwortlichkeit in allgemeinen persönlichen Beziehungen, unpersönliche, triviale und schwach integrierte Sexualität, Ermangelung eines echten Lebensplanes...

Individuen dieser Art können Kriminelle sein oder nicht, so wie Kriminelle Psychopathen sein können oder auch nicht; zwischen beiden gibt es viele Überschneidungen, aber keinesfalls Identität.

Häufig werden die solcherart beschriebenen Psychopathen als »primäre« bezeichnet, im Gegensatz zu einem anderen Typus von Personen, den neurotischen oder »sekundären« Psychopathen. Viele antisoziale und aggressive Handlungen werden von Menschen begangen, die an ernsthaften emotionalen Störungen leiden, an unerträglichen Frustrationen und inneren Konflikten. Ihr Verhalten – so glaubt man – sei die Folge von mehr grundsätzlichen emotionalen Problemen. Wir werden später auf diese sekundären Psychopathen noch näher eingehen; zuvor wollen wir unsere Aufmerksamkeit der engen Beziehung zwischen Psychose und primärer Psychopathie widmen, die sich aus vielen Untersuchungen der Nachkommenschaft von psychotischen (hauptsächlich schizophrenen) Eltern ergibt. Während diese – wie wir gesehen haben – der Tendenz nach eine große Anzahl von Psychotikern enthält, kommt in ihr auch und ausnahmslos eine möglicherweise noch größere Zahl von Kriminellen und primären Psychopathen vor. (Oft wird der Begriff »schizoide Psychopathen« zur Charakterisierung dieser psychopathischen Nachkommenschaft von schizophrenen Eltern gebraucht.) Wir haben bereits eine Studie erwähnt, in welcher die Babys von schizophrenen Müttern unmittelbar nach der Geburt von ihnen genommen und Pflegeeltern übergeben werden; neben dem großen Anteil dieser Babys, die später als Erwachsene schizophren wurden, entwickelte eine noch größere Zahl psychopathische oder kriminelle Verhaltensweisen. Somit gibt es eine enge genetische Verbindung zwischen primären Psychopathen und Psychose, genauso wie eine Beziehung zwischen sekundärer Psychopathie und Neurose besteht. Dieser Punkt wird sich als bedeutsam erweisen, wenn wir uns der Diskussion über die Vererbung der Persönlichkeit zuwenden.

Wir sollten vielleicht noch kurz anmerken, wie sehr verschieden die hier dargelegten Thesen über den Ursprung der Schizophrenen und anderen psychotischen Krankheiten von denen sind, die solch rein environmentalistische Autoren wie R. D. Laing, D. G. Cooper und T. S. Szasz anbieten. Laing insbesondere scheint alle Schuld für schizophrenieartige Reaktionen den Eltern der Patienten zuzuschreiben. So schließt er in einem seiner Bücher eine Fallgeschichte mit der Feststellung, daß die zahlreichen und ernsthaften Symptome »...das Ergebnis seiner Erfahrungen und Beziehungen *(interexperience and interactions)* mit seinen Eltern« seien. Gewiß wird die ursächliche Rolle der Familie in der Erzeugung von Schizophrenie weithin als der Hauptbeitrag von Laing und seiner Schule zum Verständnis der Krankheit angesehen, obwohl er selbst in *Sanity, Madness and the Family* (1970) sagt, daß die Kritik dieser Ansicht »gerechtfertigt wäre, wenn wir die Hypothese, die Familie sei eine pathogene Variable bei der Entstehung der Schizophrenie, zur Diskussion gestellt hätten. Aber wir haben es nicht getan, und wir haben auch nicht behauptet, es getan zu haben.« Laing scheint vielmehr darin Erfolg zu beanspruchen, schizophrenes Verhalten »intelligibel«, verständlich gemacht zu haben, obwohl dieser Anspruch ebenfalls bezweifelt werden kann. Wie erfolgreich er auch zuweilen sein mag, den verarmten emotionalen Reaktionen eines Patienten Sinn zu verleihen, er hat niemals eine verständliche Erklärung für solch entscheidende schizophrene Phänomene wie Halluzinationen gegeben oder für katatonische Immobilität, oder für langandauernde Apathie etc. Und in den meisten der zitierten Fälle gibt es ein gewaltiges Mißverhältnis zwischen dem scheinbar schädigenden Einfluß der Verwandten und der Dauer, dem Ausmaß und der Tiefe des Leidens auf seiten des Patienten. In vielen Fällen scheint das Verhalten der Familie, das vorgeblich das abnorme Verhalten des Kranken verstehbar machen soll, ganz trivial zu sein und nicht anders, als man es oft auch dort antreffen kann, wo es fraglos keine resultierende Schizophrenie gibt.

Wie Rachman (1973) in seiner Kritik herausgestellt hat,

> »...läßt sich schwerlich der Eindruck vermeiden, daß sie das exzessiv abnorme Verhalten der Patienten als eine direkte Spiegelung der gleichen oder noch schlimmeren Störung bei den Familienangehörigen beweisen wollen, und daß sie zu diesem Zweck die Deskription mit Schlußfolgerungen und diese wiederum mit Interpretationen vermischen. Ihre offensichtliche Sympathie zu den Patienten erstreckt sich nicht mehr auf die Angehörigen, die mit wenig Anzeichen von Mitleid beschrieben und diskutiert werden. Alles in allem wäre es überzeugender gewesen, wenn sie wenigstens einigen Eltern begegnet wären, die nicht vollkommen jeglicher Einsicht oder echter Zuneigung ermangelten.«

Laing und seine Anhänger haben nie die Gegenbeweise in Betracht gezogen, die von Studien wie jener geliefert werden, in der Kinder von schizophrenen Müttern selbst an Schizophrenie erkrankten, obwohl sie von klein auf von Pflegeeltern erzogen wurden, deren Verhalten in keiner Weise pathologisch war. Sie erwogen niemals die Möglichkeit, daß abnormes

Verhalten bei den Eltern eine direkte Folge davon sein kann, daß sie ein geisteskrankes Kind haben; die Haltung der Mütter von schizophrenen Kindern wurde in einer Untersuchung ebenfalls als pathologisch befunden, wenn auch weniger als die von Eltern hirngeschädigter Kinder! Und natürlich berücksichtigen Laing und seine Schüler niemals das genetische Argument, das die Hauptschuld für die Krankheit direkt den Genen zuschreibt, anstatt dem Einfluß der Eltern. Es ist nicht unwahrscheinlich, daß in gewissen Fällen die familiären Belastungen eine schizophrene Störung bei einem Individuum heraufbeschwören können, das bereits genetisch für diese Krankheit prädisponiert war; doch ist selbst dies noch nicht hinreichend bewiesen worden. An dem allen einfach vorbeigehen wollen und behaupten, daß das häusliche Milieu den einzigen Faktor darstellt, welcher unabhängig von genetischer Prädisposition diese Resultate erzeugen könne, heißt die Wissenschaft zugunsten eines reinen Mystizismus aufzugeben. –

Wenn wir uns nach der Betrachtung sozial bedeutender Phänomene wie Kriminalität, Neurose oder Psychose jetzt Persönlichkeitsvariablen wie Emotionalität oder Extraversion zuwenden, so mag es den Anschein haben, daß wir eine Begriffsklasse verlassen und zu einer anderen übergehen. Wir werden jedoch bald sehen, daß der Schein trügt und daß es in der Tat eine enge Beziehung gibt zwischen gesellschaftlich relevanten Variablen, die wir bisher betrachtet haben, und den Persönlichkeitsvariablen, denen wir jetzt unsere Aufmerksamkeit widmen wollen. Es würde uns zu weit führen, im Detail die vielen Bedeutungen des Begriffs »Persönlichkeit« zu diskutieren. Wir werden hier den Terminus in der Bedeutung von relativ überdauernden, für Individuen charakteristischen Verhaltensmustern *(semi-permanent patterns of behavio[u]r)* benutzen, insoweit sie von sozialer Tragweite sind. Der Gedanke an die individuelle Variation ist offensichtlich zentral im Konzept der Persönlichkeit, aber es gibt viele zufällige und belanglose Unterschiede zwischen Individuen, welche von den meisten Psychologen nicht als Teil der Persönlichkeit angesehen werden. Die weitest akzeptierte begriffliche Fassung dieser individuellen Differenzen ist die im Hinblick auf Eigenschaften und Typen *(traits and types)* – Begriffen analog der »Fähigkeit« im kognitiven Bereich –, und es besteht heute ein beträchtlicher Grad der Übereinstimmung über eine Art von hierarchischem Schema, in welchem »Typenbegriffe« wie etwa Extraversion auf die beobachteten Korrelationen zwischen Eigenschaften wie Soziabilität, Impulsivität, Aktivität, Lebhaftigkeit, Erregbarkeit etc. gegründet sind. Diagr. 10 zeigt solch ein hierarchisches Schema im Überblick. »Eigenschaften« ihrerseits sind gleichfalls auf beobachtete Korrelationen zwischen verschiedenen Lebensäußerungen gegründet; so basiert die Eigenschaft Soziabilität (oder auch Umgänglichkeit, Geselligkeit) auf der Beobachtung, daß Individuen, die gerne zu Partys gehen, ebenfalls gern viele Freunde haben, gern mit fremden Menschen reden und ungern für sich allein lesen. Jeder dieser einzelnen Punkte, die zusammengenommen einen »Trait« ergeben, erschließt ein habituelles Reaktionsmuster, z. B. regelmäßig, gewöhnlich mit Fremden zu sprechen, nicht bloß bei irgendeiner beliebigen Gelegenheit. Einige Reaktionen sind natürlich ganz spezifisch, aber diese interessieren uns nicht eigentlich bei der Aufstellung eines Persönlichkeitsmodells.

Typenbegriffe sind in bezug auf die Verteilung nicht sehr verschieden von Eigenschaftsbegriffen. Genau wie Soziabilität ziemlich normal verteilt ist, wobei die meisten Leute um den Durchschnitt herum liegen und weniger und weniger extrem gesellige oder ungesellige existieren, so verhält es sich auch mit der Extraversion. Die irrtümliche Vorstellung, daß Typenbegriffe bimodale, zweigipfelige Verteilung implizieren oder auch auf die Wirklichkeit bezogene kategoriale Unterscheidungen in einander wechselseitig ausschließende und qualitativ eigenständige »Temperamente« repräsentieren, geht zurück auf die alten Griechen und bildet keinen Bestandteil der neueren psychologischen Lehren mehr. Und doch ist ein Fünkchen Wahrheit in diesen antiquierten Ideen. Die meisten modernen Persönlichkeitsforschungen sind auf zwei große »Typen« oder »Dimensionen« der Persönlichkeit gestoßen: die erste bezieht sich auf den Gegensatz von Extravertierten und Introvertierten, die andere auf die Gegenüberstellung von Menschen mit starken, labilen Emotionen und solchen mit weniger starken, stabilen Emotionen. Diese letztere Dimension wird häufig als »Emotionalität«, »Angst« oder »Neurotizismus« bezeichnet. Diagr. 11 zeigt, inwieweit diese Dimensionen der »Extraversion« und des »Neurotizismus« (die auch einfach mit den Buchstaben »E« und »N« abgekürzt werden) mit den vier griechischen »Temperamenten« oder Typen verwandt sind: Melancholiker und Phlegmatiker sind introvertiert, Choleriker und Sanguiniker extravertiert. Gleichermaßen sind Melancholiker und Choleriker emotional labil, während Phlegmatiker und Sanguiniker emotional stabil sind. Die Eigenschaftsnamen innerhalb des Kreises mögen dazu dienen, eine Vorstellung von den charakteristischen Verhaltensmustern von Extravertierten und Introvertierten, von Labilen und Stabilen zu geben – wobei man sich immer bewußt sein muß, daß Extreme in irgendeiner Richtung selten sind und daß die meisten Menschen irgendwo um die Mitte herum liegen.

Es gibt eine direkte Verbindungslinie zwischen diesen Persönlichkeitsdimensionen und den Untersuchungen über Neurose und Kriminalität. Wir

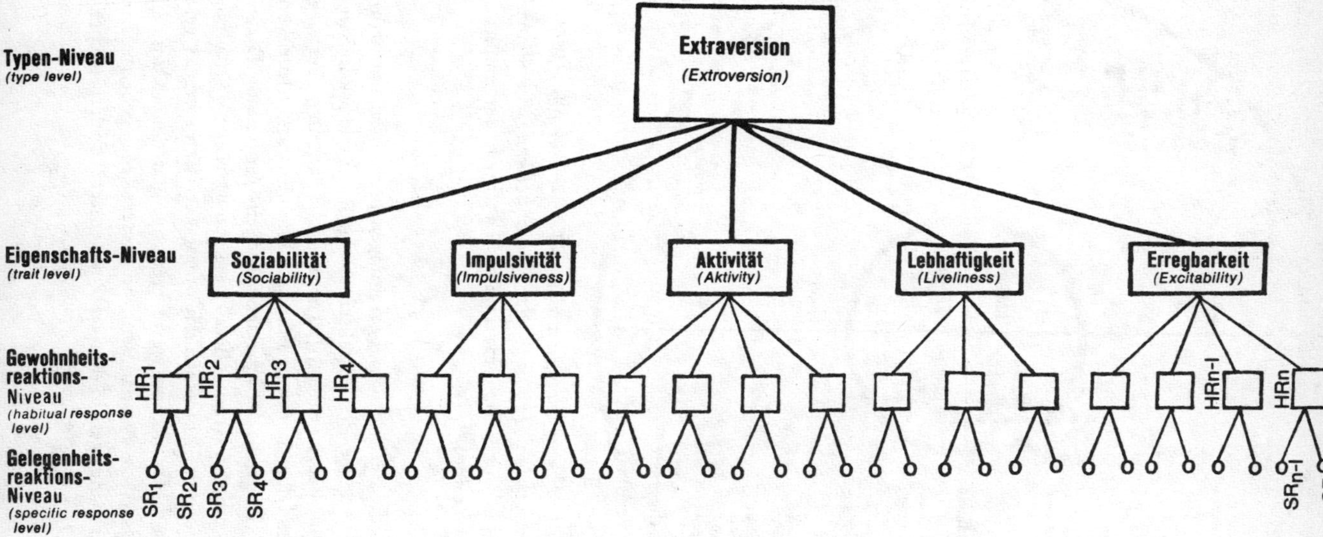

Diagr. 10 *Das hierarchische Konzept der Persönlichkeit*

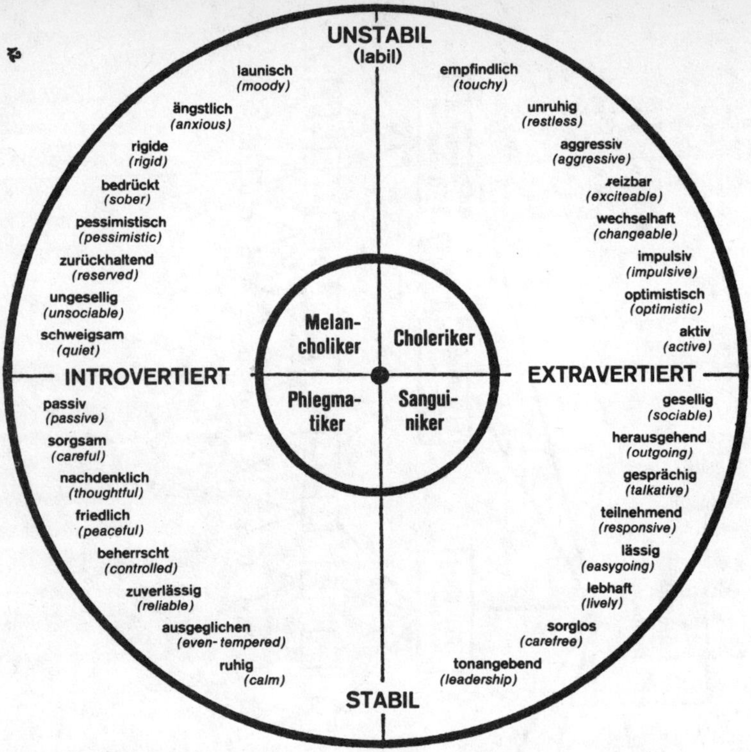

Diagr. 11 *Die Beziehung zwischen der 4-Temperamenten-Lehre und modernen dimensionalen Theorien der Persönlichkeit* (die deutschen Bezeichnungen sind aus: Theo Herrmann, Lehrbuch der empirischen Persönlichkeitsforschung)

werden zunächst die deskriptiven Beziehungen betrachten und dann zu den kausalen oder erklärenden Aspekten übergehen. Viele Studien in diesem Zusammenhang haben gezeigt, daß neurotische Patienten überwiegend in den Quadranten fallen, der hohe Emotionalität mit starker Introversion kombiniert; dies entspricht der »melancholischen« Gruppe im Diagr. 11. Gleichermaßen tendieren Kriminelle zu dem »cholerischen« Quadranten, d. h. in ihnen sind hohe Emotionalität mit starker Extraversion vereint. Im Hinblick auf die bemerkenswerte Heterogenität der »Kriminellen« muß es klarerweise viele Ausnahmen von dieser Regel geben; dennoch haben viele Untersuchungen in den verschiedensten Ländern nachgewiesen, daß im ganzen gesehen die Zahl der Kriminellen, die in diesen Quadranten fallen, signifikant größer ist als die einer zufälligen Stichprobe der Bevölkerung oder selbst einer den Kriminellen in bezug auf Alter, Geschlecht und sozialem Status vergleichbaren Gruppe. In dieselbe Richtung weisen Follow-up-Studien von Kindern, die auf E- und N-Skalen eingeschätzt wurden; sie entwickeln sich gewöhnlich weitgehend in der aufgrund unserer Hypothese zu erwartenden Weise; diejenigen, die schließlich zu Gewohnheitsverbrechern wurden, sind als Kinder in der Regel als emotional und extravertiert beurteilt worden, während die späteren Neurotiker meistens als emotional und introvertiert erschienen. Im Rückblick auf unsere Definition der Psychopathie könnten wir sagen, daß diese Kombination von hoher Emotionalität und Extraversion für sekundäre Psychopathie verantwortlich ist; wir werden später sehen, was primäre Psychopathie erzeugen kann. Auf jeden Fall passen unsere Dimensionen der Persönlichkeit ausgesprochen gut zu einigen sozial bedeutsamen Gruppierungen (e. g. Neurotikern, Kriminellen), von denen wir ausgegangen waren; dies läßt vermuten, daß die Persönlichkeit eine wichtige Rolle bei der Verursachung dieser ausgeprägten Verhaltensweisen spielt.

Diese Faktoren oder Dimensionen sind rein deskriptiv; so scheint es nur vernünftig, nach kausalen, physiologischen Grundlagen für die verschiedenen Typen des Verhaltens zu suchen, welche wir extravertiert oder introvertiert, emotional oder stabil nennen. Ich habe solch ein kausales Modell in meinem Buch über *The Biological Basis of Personality* (1967) vorgeschlagen; dies hier ist nicht der Ort, das Modell im Detail zu wiederholen, und so soll nur ein kurzer Abriß gegeben werden.

Man vermutet, daß Introversion hauptsächlich durch ein hohes kortikales Erregungsniveau und dieses seinerseits durch ein überaktives aufsteigend retikuläres System hervorgerufen werden. Diagr. 12 gibt ein roh gezeichnetes Bild der Situation: Sensorische Botschaften von der Außenwelt gelangen über (aufsteigende) afferente Nervenbahnen (AAN) direkt zum Kortex (der Hirnrinde), informieren aber gleichzeitig auf seitlichen Bahnen das sog. »aufsteigend retikuläre Aktivationssystem« (ARAS); dieses wiederum bombardiert den Kortex mit einem Strom von Signalen, deren primärer Zweck es ist, ihn wach und erregt zu halten, so daß er mit den einkommenden Informationen über die Außenwelt fertig werden kann; ohne solch ein Bombardement des Kortex würde dieser nicht reagieren können und somit in einem Zustand der Ruhe verharren.

Ein stark erregter Kortex besitzt gewisse Charakteristika im Vergleich zu einem untererregten, welche vielleicht für die Erklärung der Eigentümlichkeiten im Verhalten von Extravertierten und Introvertierten nützlich sind.

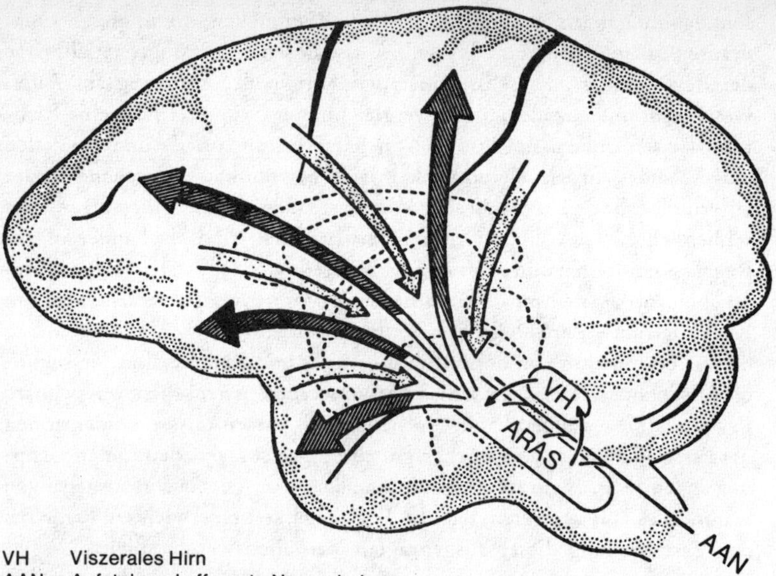

VH Viszerales Hirn
AAN Aufsteigend afferente Nervenbahnen
ARAS Aufsteigend retikuläres Aktivationssystem

Diagr. 12 *Diagramm der neurophysiologischen Vorgänge, die den Hauptdimensionen der Persönlichkeit zugrunde liegen*

Erregung verhilft den Individuen zu lernen und konditionierte Reaktionen auszubilden; daher rauchen wir und trinken Kaffee, wenn wir während einer Studienperiode wach bleiben müssen, und trinken Alkohol, um uns zu entspannen. (Nikotin und Koffein sind anregende Drogen, die eine erhöhte Wachheit erzeugen, während Alkohol eine dämpfende, also gegenteilige Wirkung hat.) Die größere Leichtigkeit, zu lernen und konditioniert zu werden, ist vielleicht für die leichtere »Sozialisierung« von Introvertierten verantwortlich; offensichtlich ist eine gewisse Form des sozialen Lernens die Voraussetzung für den Erwerb jenes gesellschaftlich erwünschten Verhaltens, das uns vor dem Gefängnis bewahrt. (Ich habe in meinem Buch *Crime and Personality* [1970] im Detail ausgeführt, wie gerade dieser Prozeß begrifflich gefaßt werden kann, weshalb ich es hier auch nicht wiederholen möchte.) Andererseits bilden Neurotiker allzuleicht konditionierte Muster von Angst und anderen unangemessenen emotionalen Reaktionen aus, indem sie von Natur introvertiert sind; aus diesem Grunde überwiegen auch die Introvertierten in der neurotischen Gruppe.

Es gibt eine andere Charakteristik des schwach erregten Gehirns der Extravertierten. Alle Menschen haben ein bevorzugtes mittleres Erregungsniveau – wenn dieses zu niedrig ist, sind sie meist gelangweilt, ist es zu hoch, geraten sie leicht aus der Fassung. Extravertierte tendieren dahin, ein zu niedriges Niveau zu haben, sofern nicht die Umwelt Aufregung und Stimulation bereitstellt; daher sind sie gewöhnlich reizhungrig und sensationslüstern. Letzteres ist sehr wahrscheinlich eng mit der Kriminalität verknüpft; viele zukünftige Straftäter fühlen sich zunächst nur von den hellen Lichtern und der lauten Musik der großen Stadt angezogen. So haben wir – als eine Folge des niedrigen Erregungsniveaus im Kortex – größere Versuchung (sensationslüsternes Verhalten) und zugleich weniger Widerstand gegenüber den Verlockungen (geringeres Niveau der Sozialisierung); wenn diese Charakteristika mit starken Emotionen zusammenfallen (wie im »cholerischen« Typus), dann ist es durchaus nicht unvernünftig, kriminelles Verhalten mit einer größeren als Zufallswahrscheinlichkeit zu erwarten.
Emotionalität alias Neurotizismus hat ebenfalls eine enge Beziehung zu einem der großen körperlichen Regelsysteme. Alle Formen des emotionalen Ausdrucks und Verhaltens sind aufs engste verknüpft mit dem sogenannten autonomen (vegetativen oder viszeralen) Nervensystem, das solche »automatischen« Reaktionen wie Herzschlag, Atmung, Blutkreislauf, Verdauung etc. steuert. Die meisten Menschen werden aus eigener Erfahrung wissen, daß bei Angst oder im Zorn gewisse physiologische Reaktionen auftreten wie rascher Puls (damit mehr Blut durch den Körper fließt), schneller Atem (zur vermehrten Bereitstellung von Sauerstoff), Aufhören der Verdauung (um das Blut vom Magen abzuziehen) und weitere Veränderungen, um den Organismus zum Kampf oder zur Flucht vorzubereiten. Diese mehr oder weniger auffälligen körperlichen Reaktionen konstituieren die Basis unserer Gefühle; sie sind gewöhnlich labiler und leichter erregbar (bzw. weniger leicht gehemmt) bei sehr emotionalen Menschen. Gefühlsmäßige Reaktionen werden koordiniert und reguliert durch das analogerweise so genannte »viszerale« (Ge)Hirn – (VH im Diagr. 12), und genau hier müßte man die physiologische Grundlage der Persönlichkeitsdimension »Neurotizismus« suchen.
Eine ganze Reihe unmittelbar physiologischer Arbeiten bringt die verschiedensten Systeme mit E und N in Zusammenhang. So haben z. B. enzephalographische Untersuchungen ergeben, daß Introvertierte dazu neigen, Alphaschwingungen mit kleiner Amplitude und hoher Frequenz zu haben, die typisch für starke Erregung sind, während Extravertierte in der Regel große Amplituden und eine niedrige Frequenz ihrer Alpha-

wellen zeigen, das Kennzeichen für schwache Erregung. Ähnlich tendieren Individuen mit hohem resp. niedrigem N im Laborversuch zu ganz verschiedenen physiologischen Reaktionen auf Emotionen auslösende Stimuli. Mehr indirekte, traditionelle experimentelle Versuche über Konditionierung, Vigilanz (i. e. erhöhte Reaktionsbereitschaft), sensorische Schwellen, Lernen und andere psychologische Funktionen haben solchen Modellen wie das oben ausgeführte eine starke Stütze gegeben. Natürlich ist das Schema übermäßig vereinfacht und noch weit von Vollständigkeit entfernt; dennoch scheint es in bezug auf die hier erörterten Probleme anwendbar zu sein.

Unser Modell kann zudem noch um eine Hauptdimension erweitert werden, nämlich die des »Psychotizismus« (P). Wir haben schon gesehen, daß psychotische Erkrankungen unmerklich in schizoides Verhalten übergehen, ja selbst in jene zwar sonderbaren, aber nicht pathologischen Reaktionen, wie wir sie täglich beobachten können. So liegt möglicherweise der vielfältigen Symptomatologie des Psychotikers eine besondere Persönlichkeitsstruktur zugrunde, welche durchaus auch bei »normalen« Leuten identifiziert werden könnte. Es gibt sogar direkte Beweise für die Hypothese, daß psychotische Störungen das Extrem eines Kontinuums repräsentieren, dessen andere Seite nonpsychotische Individuen enthält, genau wie Neurose bloß das eine Extrem einer kontinuierlichen Verteilung ist.

Gegründet auf diese Überlegung wurde ein Fragebogen konstruiert, welcher die folgenden Bedingungen erfüllte: (1) Er sollte normale und auch neurotische Subjekte von Psychotikern trennen, indem diese besonders hohe Maßzahlen erreichten. (2) Er sollte höhere Scores für die mehr beeinträchtigten Psychotiker als die weniger ernsthaft erkrankten produzieren. (3) Er sollte einen Rückgang der Werte bei solchen Psychotikern zeigen, die (teilweise oder vollkommen) von ihrer Krankheit genesen waren. (4) Die verschiedenen Items im Fragebogen sollten dieselben Interkorrelationsmuster für eine normale wie für eine psychotische Stichprobe zeigen. (5) Die mit Hilfe des Fragebogens erzielten Resultate sollten mit Ratings (Einschätzungen) der Ernsthaftigkeit der Krankheit psychotischer Patienten korrelieren. (6) Die Testergebnisse sollten mit der Leistung in psychologischen Tests korrelieren, die als Maß für die Beeinträchtigung von psychotischen Patienten bekannt waren. (7) Die Resultate normaler Individuen sollten mit dem Ausgang psychologischer Leistungstests korrelieren, die anerkanntermaßen zwischen Psychotikern und Normalen unterschieden. – Ein Test, der all diese Auflagen erfüllte, ist jetzt seit etwa acht Jahren in Gebrauch, wobei interessant ist, daß dieser Test auch eine weitere Bedingung erfüllt, die ursprünglich als eine vernünftige Voraussetzung angesehen worden war, nämlich, daß der Test zwischen Kriminellen und Nichtkriminellen unterscheiden sollte.

Der Sinn dieser zusätzlichen Anforderung dürfte klar sein: wenn primäre Psychopathie genetisch mit Psychotizismus verknüpft ist – wie wir oben herausgestellt haben – und wenn Psychopathie in vielen Fällen zu kriminellem Verhalten führt, dann müßte eine P-Skala, die Psychotizismus und Psychopathie gemeinsam mißt, bei Strafgefangenen (zumindest bei jenen mit primärer Psychopathie) höhere Werte erzielen als bei Nichtgefangenen. Mehrere Tausend Gefängnisinsassen sind bis jetzt getestet und die vorausgesagten Unterschiede in jeder Einzelstudie angetroffen worden, und zwar genauso eindeutig für Frauen wie für Männer. Wir können deshalb annehmen, daß diese Skala in einem gewissen Grade das mißt, was sie messen soll, nämlich eine gleichermaßen psychotischem wie auch psychopatischem Verhalten zugrunde liegende Persönlichkeitsdimension. Insbesondere ist noch zu bemerken, daß diese P-Skala sehr hohe Werte unter jenen Kriminellen erbringt, die wegen aggressiver und sexueller Delikte einsitzen, d. h. gerade solche Verbrechen, wie man sie bei (primären) Psychopathen erwarten würde.

Die P-Skala war schwierig zu konstruieren, denn was bei Psychotikern am meisten auffällt, ist die offensichtliche und für die verschiedenen Typen so charakteristische Mischung pathologischer Symptome. Wenn man einen Fragebogen über P für normale Leute aufstellen wollte, wären solche eindeutigen Symptome natürlich irrelevant, weil der Gesunde sie eben niemals zeigt. Das Ziel aber war ja, die zugrunde liegenden gemeinsamen Persönlichkeitszüge herauszufinden, die auch bei »Normalen« gefunden werden können.

Dieses nun sind die Traits, die Eigenschaften, welche Personen mit hohen P-Werten charakterisieren: (1) einsam, sich nicht um andere Leute kümmern, *(solitary, not caring for people)*; (2) ärgerniserregend, nicht anpassungsfähig *(troublesome, not fitting in)*; (3) grausam, inhuman *(cruel, inhumane)*; (4) gefühlsarm, unempfindlich *(lack of feeling, insensitive)*; (5) sensationshungrig, untererregt *(sensation-seeking, underaroused)*; (6) feindselig andern gegenüber, aggressiv *(hostile to others, aggressive)*; (7) gern verrückte, ungewöhnliche Dinge tun *(liking for odd, unusual things)*; (8) Gefahren mißachten, tollkühn *(disregard for danger, foolhardy)*; (9) andere Leute gern zum Narren halten, sie aufregen *(liking to make fools of other people, upsetting them)*; (10) gegen akzeptierte soziale Sitten und Gebräuche sein, z. B. gegen Heirat *(opposed to accepted social customs)*; (11) wenig echte persönliche Beziehungen, »unpersönlichen« Sex bevorzugend *(little personal interaction, prefers ›impersonal‹ sex)*. Bemerkenswert ist, daß diese Skala weder mit E noch mit N korreliert; daher können in der Realität alle möglichen Kombinationen dieser drei Hauptdimensionen der Persönlichkeit gefunden werden, und natürlich modifizieren sich alle drei wechselseitig: so wie jemand mit hohem N-Wert sich je nach seinem E-Wert ganz verschieden verhalten kann, mögen Leute mit hohen P-Werten sich je nach ihren E- oder N-Werten vollständig voneinander unterscheiden.

Wir können uns nun der Frage zuwenden, in welchem Ausmaß P-, E- und N-Unterschiede zwischen den Individuen von genetischen Faktoren verursacht sind. Die meisten Lehrbücher der Psychologie scheinen in einer völlig abschlägigen Antwort einig zu sein; genetische Determination in diesem Bereich ist nicht in Mode. Die ablehnende Haltung hat ihren Ursprung vor allem in dem Ergebnis einer sehr berühmten und noch immer weithin zitierten Studie aus dem Jahre 1937 von Newman, Freeman und Holzinger über erbgleiche und -ungleiche Zwillinge. Die Autoren verglichen 50 EZ- und 50 ZZ-Paare im Hinblick auf eine Anzahl von körperlichen Maßen, Intelligenz- und Lerntests sowie Persönlichkeitsvariablen; sie kamen zu dem Schluß, daß »die physischen Charakteristika von der Umwelt am wenigsten beeinflußt wurden, die Intelligenz mehr, die Schulleistungen noch mehr und – sofern auf unsere Tests Verlaß ist – die Persönlichkeit oder das Temperament am meisten«. Der hier behauptete Mangel an erblichem Einfluß auf die Persönlichkeit wird immer noch von vielen Psychologen, die mit den jüngeren Entwicklungen auf diesem Gebiet nicht mehr vertraut sind, als ein wahrer Sachverhalt genommen; es gibt jedoch Gründe, argwöhnisch zu sein, und zwar wegen mehrerer Schwächen in der ursprünglichen Studie selbst. Man beachte zunächst die bewundernswürdige Vorsicht, mit der die Autoren selbst ihren Einsatz absichern, indem sie ihre Schlußfolgerungen über die Persönlichkeit nur für wahr halten unter der Voraussetzung, daß sie sich auf ihre Tests »verlassen können«. In der Tat gab es zu jener Zeit noch gar keine brauchbaren Persönlichkeitstests, und so liegt es in der Natur der Sache, daß die von ihnen benutzten Tests gar keine Resultate von dauerhaftem Wert ergeben konnten. Weiterhin waren die Tests an Erwachsenen standardisiert worden, während das Durchschnittsalter der Zwillinge nur bei dreizehn Jahren lag; somit waren die Tests ungeeignet. Und endlich ist die zitierte Folgerung in bezug auf die tatsächlich erhaltenen Daten nicht einmal schlüssig. Die Autoren verwendeten einen Neurotizismus-Fragebogen, welcher – auch wenn er für Kinder nicht angemessen war – sehr wohl nützliche Ergebnisse erwarten ließ. In dieser Befragung korrelierten EZ 0,56, ZZ 0,37 und getrennt aufgezogene EZ 0,58! Diese Zahlen, insbesondere der hohe Wert für die separierten Zwillinge, deuten auf einen ganz erheblichen Beitrag der Vererbung hin, zumal wenn die sich ergebende Erblichkeitsquote im Hinblick auf die Unreliabilität des Tests korrigiert wird, wie es ja eigentlich sein sollte. Es ist seltsam, daß unabhängig voneinander aufgezogene EZ einander ähnlicher sein sollten als gemeinsam erzogene; auch ist der Unterschied sicherlich nicht groß genug, um irgendeinen Schluß darauf zu bauen; nichtsdestoweniger werden wir sogleich sehen, daß andere Untersucher ähnliche Resultate erzielt haben. Die Lösung könnte in der häufig bemerkten Tendenz von erbgleichen Zwillingen liegen, ihres Mangels an eigenständiger Individualität müde zu werden und sich mit Absicht »auseinander zu entwickeln«, indem sie verschiedene und kompensatorische Verhalten ausbilden – so mag der eine geselliger werden und Beziehungen zu anderen Menschen anknüpfen, während der andere Zwilling sein Interesse etwa auf häusliche Angelegenheiten konzentriert. Diese Versuche, verschieden zu werden, sind natürlich bei getrennt aufgezogenen EZ nicht angezeigt. Wie immer es auch sein mag, sehr viele Untersuchungen über Hunderte von Zwillingspaaren sowohl in den USA wie auch in Großbritannien haben keine Zweifelsmöglichkeit übriggelassen, daß viele verschiedene Charakterisierungen der Persönlichkeit und insbesondere Extraversion und Neurotizismus viel höhere Korrelationen bei EZ als bei ZZ erbringen; unkorrigierte Erblichkeitsschätzungen liegen gewöhnlich in der Nähe der 50%-Marke. Keine dieser zahlreichen Studien bekundet einen so hohen Grad der Kompetenz wie ein von J. Shields (1962) in seinem Buch *Monozygotic Twins* berichtetes außergewöhnlich wichtiges Experiment, und daher ist es wohl verzeihlich, wenn wir uns im folgenden auf diese eine Studie konzentrieren, anstatt daß wir die vielen weniger bedeutsamen diskutieren. Shields nahm einen Persönlichkeitsfragebogen, welcher E und N messen sollte, und untersuchte damit 44 getrennte EZ-Paare, 44 nichtgetrennte EZ-Paare und 32 ZZ-Paare, von denen 11 unabhängig voneinander aufwachsen. Für Extraversion korrelierten die gemeinsam bzw. getrennt aufgezogenen EZ 0,42 resp. 0,61; die ZZ korrelierten 0,17. In bezug auf Neurotizismus ergaben sich Zahlen von 0,38 bzw. 0,53 für EZ und 0,11 für ZZ. Man beachte wiederum, daß EZ einander ähnlicher wurden, wenn sie getrennt lebten, als jene, die zusammenblieben.

Diese Daten wurden reanalysiert von J. Jinks und D. W. Fulker (1970) unter Benutzung der allerjüngst entwickelten Methoden biometrisch-genetischer Analyse. Sie fanden keine Anzeichen für eine Interaktion von Anlage und Umwelt noch für assortative Paarung; weiter konnte keine dominante Genwirkung entdeckt werden. Wie sie herausstellen, deutet dies stark darauf hin, daß mittlere Grade von Extraversion und Neurotizismus durch die natürliche Auslese begünstigt worden sind und so das Bevölkerungsoptimum für diese Persönlichkeitszüge konstituieren. Die Heritabilität für Neurotizismus wird mit 0,54 berechnet, die für Extraversion mit 0,67; dieses sind natürlich Minimalwerte, da keine Korrektur in bezug auf die Unverläßlichkeit der Meßinstrumente vorgenommen ist. Jinks und Fulker fanden auch, daß »introvertierte Genotypen für Umwelteinflüsse empfänglicher sind als extravertierte Genotypen, indem die letzteren relativ unzugänglich sind. Dieser Befund ist natürlich völlig konsistent mit Eysencks Theorie, daß der Introvertierte leichter konditionierbar ist als der Extravertierte.« Die Daten stimmen also gänzlich überein mit der Art von psychologischer Analyse, die wir aufgestellt haben, wobei wir die schwache Reaktion des Extravertierten auf Umwelteinflüsse für ihr Vorherrschen unter Kriminellen verantwortlich machen und die überstarke Reaktion der Introvertierten auf solche Einflüsse für deren Überwiegen bei Neurotikern. Alles in allem besteht also kein Zweifel mehr über die Wichtigkeit von genetischen Faktoren in der Ätiologie von Persönlichkeitsunterschieden in bezug auf E und N.

Was P angeht, so ist erst eine Studie (Eysenck, 1972) veröffentlicht, in welcher 45 zusammen und 57 getrennt lebende EZ-Paare dieser Skala sowie gleichzeitig Tests über E und N unterworfen wurden. Die von den erhaltenen Maßwerten abgeleiteten Einschätzungen der Erblichkeit ergaben für P einen Heritabilitätsindex von 0,53; die entsprechenden Indizes für E und N waren 0,37 und 0,65. (Diese Zahlen sind weniger genau als jene aus der Studie von Shields und sollten daher nicht überbewertet werden.) Ohne Zweifel ist also P ebenfalls in einem beträchtlichen Ausmaß durch erbliche Ursachen determiniert, aber es gibt noch nicht genug sichere Zeugnisse über den genauen Erblichkeitsgrad oder darüber, ob P diesbezüglich in irgendeiner Weise von E und N abweicht. Es bleibt noch zu sagen, daß all diese Schätzwerte der Erblichkeit auf dramatische Weise steigen würden, wenn man die angemessenen Korrekturen für Unreliabilität durchführte. Solche Korrekturen sind hier nicht gemacht worden, da das Niveau der Genauigkeit auf der Basis der relativ kleinen Gesamtzahl von untersuchten Zwillingen nicht hoch genug ist, um wirklich überzeugende Einschätzungen der »wahren« Heritabilität zu geben. Aber es sind Arbeiten darüber im Gange, auch diesen Mangel zu beseitigen; für die Zielsetzung dieses Buches allerdings ist eine ganz genaue Schätzung gar nicht erforderlich, solange nur darin Einigkeit besteht, daß die Zeugnisse sehr stark auf eine Beteiligung der Vererbung bei der Verursachung der Persönlichkeitsunterschiede in P, E und N hinweist und daß diese gewiß für nicht weniger als 50% der Totalvarianz verantwortlich ist, vielleicht sogar für 70%. Und dies ist nur eine konservative Schlußfolgerung; die wirklichen Zahlen können selbst noch über die höhere Zahl hinausgehen. Auf welche Weise wir also immer auf die Fakten sehen: d. h. ob wir von sozial definierten Verhaltensmustern (Verbrechen, Neurose, Psychose) ausgehen oder von psychologisch gemessenen Persönlichkeitsdimensionen – stets müssen wir schließen, daß die Vererbung eine sehr bedeutende Rolle in der Verursachung der vielen verschiedenen Typen von Haltung und Verhalten spielt und somit für einen großen Teil der individuellen Unterschiede verantwortlich ist, die wir in unserer Gesellschaft beobachten. Wenn die Beteiligung der Vererbung in diesen Verhaltensaspekten etwas geringer scheint als im Fall der kognitiven Fähigkeiten, so könnte das teils an der Unreliabilität unserer Messungen liegen, teils aber auch an ihrer fehlenden Feinheit; denn Mangel an Validität erfordert die Korrektur genauso wie Mangel an Reliabilität. Es scheint nicht vernünftig, mit Hilfe besserer Messungen ähnliche Schätzungen für die Erblichkeit der Persönlichkeitsdimensionen zu erwarten wie jene, die im Bereich der Fähigkeiten gefunden wurden.

Bevor wir dieses Kapitel schließen, müssen wir uns einem anderen Thema zuwenden, das eng mit der Persönlichkeit verknüpft ist, nämlich das der Geschlechtsunterschiede. Man kennt die Geschichte von der Suffragette, die ihre Rede mit den Worten endete, es gäbe nur *une petite différence* zwischen Männern und Frauen, worauf sich ein Zuhörer erhob und rief: *Vive la petite différence!* Jener dachte wohl kaum daran, daß er in der Tat gegen das opponierte, was die Plattform für einen Flügel der Frauenbewegung wurde – die Meinung, alle beobachteten Unterschiede zwischen den Geschlechtern, ausgenommen jene betreffend die primären und sekundären Geschlechtsmerkmale, seien mehr kulturellen als biologischen Ursachen zuzuschreiben. Dieser Glaube wird keiner genauen Untersuchung standhalten, selbst wenn wir zustimmen, daß die Unterschiede in bezug auf Kraft und Behendigkeit »sekundäre Geschlechtsmerkmale« genannt werden können; die Realität dieser Unterschiede wird jedem sportlich Interessierten offenkundig sein, angesichts der gewaltigen Leistungsunterschiede zwischen Männern und Frauen im Tennis oder anderen Rakettspielen, ja selbst im Tischtennis, gar nicht zu reden vom Boxen, Ringen oder Fußball! Es gibt zweifellos in fast jeder Beziehung enorme Differenzen zwischen den Geschlechtern, mit Ausnahme vielleicht der Intelligenz, aber auch hier – wie wir sehen werden – tendieren Männer und Frauen zu Eigenarten im Hinblick auf ihre besonderen Stärken und Schwächen, wenn auch im ganzen gesehen nicht sehr stark. Psychologen sind bezeichnenderweise davor zurückgeschreckt, diese Unterschiede herauszustellen:

Experimentatoren verschweigen in ihren Studien häufig die geschlechtsspezifische Variation, oder sie reden sie unter den Tisch, wenn die Beschreibung sie schon enthält. Dieses merkwürdige Vorurteil hat sich selbst in die Arbeit mit Ratten eingeschlichen. Ein kompromißloser Glaube an die »Gleichheit« hat manche Forscher für die Realität sexueller Differenzen noch bei Nagetieren blind gemacht! Unnötig zu erwähnen, daß die faktische Verschiedenheit der Geschlechter in keiner Weise den Grundsatz berührt, daß beide Teile gleiche gesetzliche und sonstige Rechte haben sollten und müssen; nur sind die Geschlechter einander in vielerlei Hinsicht eher komplementär als kompetitiv. Aber dies alles einfach zu behaupten, hieße die Schlußfolgerungen vorwegzunehmen; so wollen wir denn zunächst einen Blick auf die Beweise werfen!

Als erstes ist zu bemerken, daß im Hinblick auf die Persönlichkeitsskalen der Introversion und des Neurotizismus Frauen signifikant höhere Werte als Männer haben, jedoch niedrigere Werte in bezug auf Psychotizismus. Deskriptiv erweisen sie sich als ängstlicher und gefühlsbetonter, weniger risikofreudig und aus sich herausgehend, weniger aggressiv und feindselig *(more fearful and emotional, less risk-taking and outgoing, less agressive and hostile)*. Diese Charakteristika sind offensichtlich in Übereinstimmung mit weithin gehaltenen Geschlechterstereotypen, und sie entsprechen der Art von polarer Ausprägung, welche man als Ergebnis evolutionärer Prozesse erwarten würde. Das Kinder gebärende und physisch schwächere Geschlecht mußte, um überleben und sich fortpflanzen und die Babys aufziehen zu können, Gewohnheiten entwickeln, die den Kampf eher meiden als suchen, während der stärkere, nicht gebärende Mann in die feindliche Welt hinausging, um für den Lebensunterhalt zu sorgen und notfalls auch zu kämpfen. Können wir für diese weitverbreiteten und beinahe universellen Unterschiede einfach kulturelle Normen verantwortlich machen, oder haben diese Verhaltensmuster tiefer sitzende, biologische Wurzeln? Es gibt zwei Beweislinien, welche eine Antwort in bezug auf genetische Differenzen geradezu erzwingen. Einmal kann man diese Geschlechtsunterschiede nicht nur beim Menschen beobachten, wo kulturelle Auswirkungen durchaus als wichtig angenommen werden könnten, sondern auch bei Tieren (besonders natürlich bei Säugetieren), wo allein schon der Begriff kultureller Einflüsse sinnlos ist. Und zweitens können wir mutiges und furchtsames, aggressives und defensives Verhalten mit hormonaler Sekretion in Zusammenhang bringen, welche ihrerseits eng mit den Sexualorganen verbunden ist. Insgesamt gesehen lassen diese zwei Beweisgruppen sehr wenig Zweifel über den biologischen Ursprung der geschlechtsbezogenen Unterschiede sowohl im Verhalten als auch in der Persönlichkeit.

Betrachten wir zunächst die Aggressivität. Für die menschliche Spezies ist das Zeugnis erdrückend, daß Gewaltverbrechen fast vollständig von Männern verübt werden. Bei kleinen Jungen kann die Neigung zu mehr Rangelei und Rauferei im Vergleich zu Mädchen bereits im Alter von drei bis fünf Jahren beobachtet werden. Subhumane Primaten wie Makak, Rhesusaffe und Schimpanse zeigen bei den Männchen ebenfalls ausgewachsen eine größere Angriffslust und als Kinder mehr Rauf- und Rangelspiele; Nagetiere haben das gleiche Muster erwachsener Aggressivität. Man weiß, daß dieses Verhalten von dem sexuellen endokrinen System abhängt: Kastration von erwachsenen männlichen Tieren reduziert die Kampflust, und Injektion von Testosteron stellt das gewöhnliche Verhalten wieder her. Ähnlich entwickelt sich das Agressionsverhalten in der vorausgesagten Richtung, wenn der normale Prozeß der sexuellen Differenzierung durch Injektion männlicher Hormone oder durch Kastration bald nach der Geburt künstlich geändert wird: ersteres macht in bezug auf sexuelle Endokrinologie und Verhalten aus Weibchen Männchen, während letzteres die Männchen in gleicher Hinsicht feminiert. Beim Menschen hat man gefunden, daß durch pränatale Verabreichung von männlichen Hormonen weibliche Individuen maskulin wurden und während der Kindheit merklich »wild-ausgelassenes« Verhalten zeigten. Viel Raum könnte einer detaillierten Präsentation der erhältlichen Zeugnisse eingeräumt werden, doch sind die Befunde allzu klar, um dies nötig zu machen; Aggressivität ist bei Säugetieren geschlechtsgebunden und eng verknüpft mit der Sekretion von Sexualhormonen.

Die stark biologische Basis aggressiven Verhaltens kann durch die Tatsache demonstriert werden, daß chemische Agenzien aggressives Verhalten bei Tieren und Menschen herbeiführen, aber auch unterdrücken können. LSD-25 und Meskalin sind genauso wie Alkohol als Erzeuger aggressiven Verhaltens nachgewiesen worden, und Morphium hat häufig den gleichen Effekt. Während diese Drogen in der Regel nur unter förderlichen experimentellen oder Umweltbedingungen wirken, scheinen Pyrimidine und Imidazoline kämpferisches Verhalten beinahe unabhängig von äußeren Umständen zu erzeugen. Eine Unterdrückung aggressiven Verhaltens ist für über achtzig verschiedene Pharmaka berichtet worden, obwohl in vielen Fällen das Ergebnis sedativen oder sonstigen Wirkungen zugeschrieben werden könnte. Chlorpromazin und Chlordiazepoxid haben jedoch einen »zähmenden« Effekt, welcher der Sedation wenig verdankt, und dasselbe gilt für cholinergische, »blockierende« Drogen wie Skopolamin. So gibt es wenig Zweifel darüber, daß chemische Wirkstoffe, ob mit Geschlechtshormonen verwandt oder nicht, aggressives Verhalten beeinflussen.

Der Hauptgrund für die Erwähnung dieser Pharmaka im gegebenen Zusammenhang ist natürlich der Umstand, daß zumindest einige von ihnen direkt auf die Geschlechtshormone bezogen sind. Chlorpromazin – um nur ein Beispiel zu nehmen – induziert Pseudo-Schwangerschaft bei Ratten, wenn es in großen Dosen verabreicht wird; bei Frauen sind endokrine Umstellungen berichtet worden; auch konnte die Harnexkretion mehrerer Östrogene verringert werden. Bei Säugetieren stimuliert Chlorpromazin die Produktion von Milch, wodurch eindeutig der »feminierende« Effekt des Medikaments angezeigt ist; schließlich kann es noch bei Männern Impotenz hervorrufen. Somit erzeugt dasselbe Mittel »zahmes«, nichtaggressives Verhalten bei Menschen und Tieren, zugleich stimuliert es die Ausschüttung von weiblichen Hormonen; es scheint daher sinnvoll anzunehmen, daß seine »zähmende« Wirkung zum Teil von den »feminierenden« Eigenschaften der Droge abhängt. Es ist ebenfalls von Interesse, daß Chlorpromazin eines der ersten Phenothiazine war, das in der Behandlung von schizophrenen Psychosen verwendet wurde, und sein Erfolg auf diesem Gebiet läßt auf eine Beeinflussung des P-Faktors deuten, dem wir bereits begegnet sind; P – so wird man sich erinnern – war hoch mit Maskulinität korreliert.

Dominanzverhalten ist ein anderes Charakteristikum, das wir gewöhnlich mit »männlich« assoziieren, während Submission, Unterwerfung, typisch weiblich sein soll; dies ebenfalls gilt nicht nur für Menschen, sondern auch bei vielen unterschiedlichen Säugetierarten. Soziales Dominieren scheint mit der Produktion von Geschlechtshormonen verknüpft zu sein; viele Zeugnisse sind durch Experimente mit Ratten gegeben, in welchen den Tieren entweder das männliche Sexualhormon, Testosteron, injiziert wurde oder das weibliche, Östrogen. Der in diesen Untersuchungen verwendete Test setzt eine Gruppe von beispielsweise acht Tieren in Paaren einem Futterwettbewerb aus; die Gewinner werden als dominant angesehen. Das Experiment bereitet einige Schwierigkeiten, da es notwendig ist, Reinforcements, d. h. Verstärkungen, unter den konkurrierenden Tieren auszugleichen; ständige Gewinner oder Verlierer tendieren nämlich dahin, habituelle Verhaltensmuster zu entwickeln, die schwer durch Hormoninjektion zu ändern sind. Eine Methode besteht darin, zunächst eine feste Hierarchie in der Gruppe einzurichten, dann das obere (dominante) und das untere (submissive) Tier zu entfernen und die verbleibenden sechs Tiere gegeneinander antreten zu lassen; zusätzlich aber müssen sie auch mit dem stärksten oder dem schwächsten Tier in Konkurrenz gebracht werden, und zwar je nach der Zahl der in den übrigen Begegnungen registrierten Gewinne resp. Verluste derart, daß für jedes Tier die gleiche Gesamtzahl der Siege und Niederlagen und damit der positiven und negativen Reinforcements sichergestellt wird. Mittels dieser Arrangements wurden die Auswirkungen des Östrogen ganz klar nachgewiesen – diejenigen Tiere, denen das weibliche Hormon injiziert wurde, besetzten ständig die unteren Plätze. Diese Effekte wurden nicht immer beobachtet, wenn Vorkehrungen der genannten Art unterbleiben; anders als beim Östrogen aber sind die Wirkungen des Testosteron stärker, indem sie keinerlei Korrekturen der Reinforcements erforderten. In jedem Fall zeigen die Resultate eindeutig, daß beherrschende soziale Verhaltensweisen weitgehend von den Sexualhormonen abhängen und daß kulturelle Faktoren, auch wenn sie vielleicht die Differenzierung der Geschlechter unterstützen und erleichtern, nicht aus sich heraus für die beobachteten Muster dominanten und submissiven Verhaltens verantwortlich sind.

Am anderen Ende der Skala von Aggressivität und Dominanz liegt jene Eigenschaft, welche die Psychologen Anhänglichkeit und Pflegetrieb *(affiliation and nurturance)* nennen – die Tendenz eines Individuums, die Gesellschaft anderer zu suchen und an ihr Gefallen zu finden sowie anderen Hilfe und Beistand zu leisten, wenn sie in Not sind. Kooperation gehört ebenfalls in dieses Bild, und es wird die meisten Leser nicht überraschen zu hören, daß Frauen diese Verhaltensweisen häufiger zeigen als Männer. Die Beobachtung von kleinen Kindern zeigt einen frühzeitigen Beginn dieser Differenzierung: sie ist schon eindeutig sichtbar im Alter von drei oder vier. Mädchen tendieren dazu, eine fürsorgliche und beschützende Rolle zu übernehmen; sie spielen oft mit kleineren Kindern, die sie unterstützen und fördern, während Jungen lieber mit älteren Kindern spielen und an ihren Unternehmungen teilhaben wollen. Diese Verhaltensmuster sind nicht nur für unsere Gesellschaft charakteristisch; sie sind ebenfalls bei kleinen Kindern so verschiedener Kulturen wie Indien, Okinawa, Mexiko, Kenia und den Philippinen angetroffen worden. Dazu Corinne Hutt (1972): »Wenn wir Geschlechtsunterschiede finden, die über Zeit, Raum und Art so konsistent vorherrschen..., ist es sehr unwahrscheinlich, daß sie vollständig kulturell determiniert sind.«

In bezug auf Furchtsamkeit oder Ängstlichkeit sind die Zeugnisse über Geschlechtsunterschiede unzweideutig, soweit die Menschen betroffen sind, indem sie – wie wir schon gesehen haben – nicht nur Berichte über normale Leute, sondern auch über Fälle von Depression, Angst und anderen neurotischen Störungen umschließen. Bei Tieren sind die Zeugnisse dürftiger, aber Primaten scheinen das menschliche Schema zu bestätigen, während es für Nagetiere Anzeichen in entgegengesetzter Richtung gibt – die Männchen können als furchtsamer angesprochen werden. Insoweit

Furchtsamkeit das Gegenteil von Angriffslust ist, deuten die oben erwähnten Experimente auf einen Zusammenhang mit dem endokrinen Sexualsystem. Eine interessante Untersuchung ergab eine direkte Korrelation zwischen dem Mangel an Testosteronerzeugung und nonaggressivem, ängstlichem Verhalten – obwohl nur bei jüngeren Männern; bei denen über 30 Jahren fand es keine Anwendung mehr. Viele andere Zeugnisse sind in Büchern wie Corinne Hutts *Males and Females* ausgebreitet (das man auch für detaillierte Literaturangaben konsultieren möge); sie faßt einige ihrer Beweisführungen wie folgt zusammen:

> »Der Mann ist physisch stärker, wenn auch weniger unverwüstlich; er ist unabhängiger, abenteuerlustiger und aggressiver; er ist ehrgeiziger und wettbewerbsfreudiger... Die Frau besitzt von Anfang an jene Sensibilität, welche die zwischenmenschliche Vereinigung erleichtert; physisch und psychologisch reift sie schneller; sie ist fürsorglicher, anhänglicher, ausgeglichener... Für viele dieser charakteristischen Merkmale gibt es biologische Grundlagen. So war es erfolgversprechender, zweckmäßiger, auch das instinktfreiere, ›adaptive‹ Verhalten in einem gewissen Ausmaß unter genetischer Kontrolle zu halten. Solche Verhaltensweisen existieren im Hinblick auf die reproduktiven Rollen, die Männer und Frauen erfüllen: die Gleichförmigkeit und Beständigkeit der Frau macht sie zu einer vertrauenswürdigen, zuverlässigen Quelle der Pflege für das Kleinkind in dessen hinausgeschobener Abhängigkeit; für eine wirksamere Kommunikation und Sozialisation hat sich ein größerer Nachdruck und der Verlaß auf sprachliche Fähigkeiten und moralische Neigungen als wertvoll erwiesen; dem erobernden und Vorräte jagenden Mann wiederum half die größere Leichtigkeit im Umgang mit räumlichen und begrifflichen Beziehungen, ein gutes Urteilsvermögen sowie das Auseinandergehen von Gedanken und Taten.«

Corinne Hutt hat in dieser Zusammenfassung bereits auf einige der Unterschiede in den kognitiven Fähigkeiten angespielt, welchen wir uns nun zuwenden wollen. In bezug auf die Gesamtintelligenz bestehen im Durchschnitt keine Unterschiede zwischen Männern und Frauen, obwohl es einige Anzeichen dafür gibt, daß im Vergleich zu Männern weniger Frauen sehr hohe oder sehr niedrige IQ-Werte haben; dieses zweifache Defizit hebt sich gerade auf. Darin liegt auch eine mögliche Erklärung für die höhere Zahl geistiger Defekte wie auch genialer Leistungen unter den Männern, vielleicht aber sind für diese Unterschiede neben der ererbten Intelligenz auch kulturelle Faktoren verantwortlich, jedenfalls sollte die Frage nicht als abgeschlossen betrachtet werden. Echte Unterschiede werden allerdings offenkundig, wenn wir uns den spezielleren Begabungen zuwenden. Auf der primitivsten Ebene können wir bei Frauen niedrigere Berührungs- und Schmerzschwellen als bei Männern beobachten, mit anderen Worten: sie sind empfindlicher, sensitiver. Frauen haben auch ein besseres Gehör als Männer, und ihr Geruchssinn ist ebenfalls besser entwickelt; dafür erweist sich ihr Sehvermögen als weniger außergewöhnlich – Männer sind bezüglich der Sehkraft überlegen. Diese Unterschiede kann man nicht Umwelt- oder kulturellen Einflüssen zuschreiben: sie werden bereits in der Kindheit offenbar. Vielleicht sind sie übrigens für ein solch auffälliges Phänomen wie die größere Empfänglichkeit der Männer für visuelle erotische Reize mitverantwortlich. Einige Zeugnisse deuten darauf hin, daß besagte sensorische Differenzierung von der frühen organisierenden, aufbauenden Wirkung des Androgen abhängig ist. Sicherlich sind diese geschlechtsgebundenen Charakteristika nicht für die menschliche Spezies eigentümlich, denn sie sind ebenfalls bei Affen und sogar bei Ratten entdeckt worden.

Wenn wir uns komplexeren Fähigkeiten zuwenden, finden wir, daß Männer in visuell-räumlicher Hinsicht die Frauen überragen, d. h. besser Seheindrücke ordnen, aufeinander beziehen und in ihren räumlichen Zusammenhang stellen können. Auch hierin zeigen Tiere (insbesondere Schimpansen und Ratten) dasselbe geschlechtsbezogene Muster, welches nicht sehr durch kulturelle Faktoren beeinflußt zu sein scheint. Vom Standpunkt der Evolution aus hängt dies vielleicht mit der Notwendigkeit zusammen, daß das männliche Tier trotz der aus Tarnung und Täuschung entstehenden Verzerrungen eine genaue räumliche Orientierung aufrechterhalten muß. Es gibt Hinweise sowohl für eine genetische Kontrolle dieser Fähigkeit wie auch für die Vermutung, daß zumindest eines der sie kontrollierenden Gene rezessiv ist und von dem geschlechtsgebundenen Y-Chromosom getragen wird. Gleichermaßen scheint sich die räumliche Fähigkeit unter der teilweisen Kontrolle von Geschlechtshormonen zu entwickeln. All dies ist phylogenetisch vollkommen verständlich.

Haben Männer die größere visuell-räumliche Fähigkeit, so zeigen Frauen beinahe denselben Grad von Überlegenheit im Hinblick auf verbale Fähigkeiten. Mädchen lernen früher sprechen, artikulieren besser und erwerben ein extensiveres Vokabular als Jungen, und zwar in allen Altersstufen; zu ihren Stärken gehören auch Schreiben und Orthographie; ihre bessere Grammatik läßt sie bessere Sätze konstruieren. Die frühesten Anfänge dieser Differenzierung können bereits im Alter von 6 Monaten angesetzt werden. Bei anderen Arten, besonders bei denen, wo der affektive Zustand durch charakteristische Vokalisationen hörbar wird, zeigen Weibchen ebenfalls ausgesprochene Überlegenheit. All dies sollte nicht fehlinterpretiert werden; sie sind nicht überlegen in bezug auf verbales Denken, d. h. den Gebrauch ihrer Intelligenz in verbal präsentierten Aufgaben. Wenn Verständnis und Urteilsvermögen in Rechnung gestellt werden, sind Jungen den Mädchen etwas überlegen. Verbunden mit dieser weiblichen Überlegenheit im Hinblick auf jene Eigenschaften der Sprache, die auswendig gelernt werden können, ist die Tatsache, daß Frauen in allen mechanischen Lernaufgaben besser abschneiden. Corinne Hutt schreibt dazu in *Males and Females:*

> »Frauen sind in der Lage, in ihrem Gedächtnis für kurze Zeiträume eine Anzahl von unzusammenhängenden und persönlich irrelevanten Fakten zu speichern, während Männer vergleichbare Gedächtnisleistungen nur erbringen können, wenn das Material persönlich relevant oder kohärent ist... Es scheint dies eher eine geschlechtsabhängige Fähigkeit zu sein als eine Fertigkeit, die in bestimmten Berufen ohne weiteres kultiviert werden kann.«

Mit dieser Betonung des mechanischen Gedächtnisses bei Mädchen korrespondiert die Tatsache, daß im allgemeinen Jungen einen mehr divergenten kognitiven Stil haben, welcher vielleicht auf eine größere Kreativität und Originalität hindeutet; immerhin kann dieser Unterschied bereits beim Spiel des Vorschulkindes beobachtet werden.

Geschlechtsgebundene Persönlichkeitsunterschiede manifestieren sich auch bei bestimmten Berufen. So neigen wir dazu, Männer für »ausziehende Eroberer« zu halten, während künstlerische Betätigungen als »feminin« angesehen werden. Wenn dies wahr wäre, so müßten Männer, die in abenteuerlichen Unternehmungen engagiert sind, stabile Extravertierte sein, während Männer mit künstlerischen Berufen das feminine Muster der introvertierten Emotionalität teilen würden. Untersuchungen von Expeditionstruppen und Fallschirmjägern haben gezeigt, daß beinahe ohne Ausnahme ihr Persönlichkeitsmuster dieser Hypothese entsprach: alle fielen in den stabilen extravertierten Quadranten. Für künstlerische Tätigkeiten haben mehrere Studien ergeben, daß Männer, die visuelle Künste studieren, in der Regel in den labilen (»emotionalen«) introvertierten Quadranten fallen. Betrachten wir die Resultate einer dieser Untersuchungen (Götz und Götz, 1973), in welcher die schöpferischsten und erfolgreichsten Studenten einer Akademie für Kunsterzieher von ihren Lehrern ausgewählt und dann einem Persönlichkeitsfragebogen unterzogen wurden. Man fand, daß jeder einzelne von ihnen in den »femininen« Quadranten fiel. Als man einen Vergleich von 50 guten und 50 schlechten Studenten machte, waren die guten signifikant introvertierter und emotionaler. Diese

Befunde sind vielleicht nicht überraschend, aber sie zeigen die Bedeutung der geschlechtsgebundenen Persönlichkeitszüge für die Berufswahl an, sei es innerhalb oder zwischen den Geschlechtern. Männer mit einer mehr femininen Persönlichkeit eignen sich anscheinend besser für Kunst und Wissenschaft als maskuline Typen, die wiederum in »kriegerischen« Betätigungen besser zurechtkommen. Nicht zufällig ist der Pflegeberuf überwiegend weiblich besetzt; denn hier können die anhänglichen und fürsorglichen Qualitäten, die wir zuvor als charakteristisch für Frauen bezeichnet haben, ihren klarsten Ausdruck finden.

Die hier nur sehr kurz abgehandelten Forschungen lassen keinen Zweifel darüber, daß es viele eindeutige Unterschiede zwischen Frauen und Männern gibt, welche nicht kulturellen Faktoren zuzuschreiben sind (obwohl diese durchaus bereits bestehende biologische Unterschiede hervorheben und selbst überbetonen können), sondern genetischen Prädispositionen, die in fester Verzahnung mit den endokrinen Sexualmechanismen stehen. Diese Unterschiede sind gleichermaßen sichtbar im Bereich der Fähigkeiten (sowohl senso-motorisch wie kognitiv) wie der Persönlichkeit (besonders im Hinblick auf Aggressivität und Pflegetrieb/Anhänglichkeit). Wenn Frauen diese Unterschiede leugneten und in ihrem Streben nach »Gleichberechtigung« eine rein maskuline Rolle zu spielen versuchten, so bedeutete dies einen Verzicht auf den Wert des spezifisch weiblichen Beitrags für die Gesellschaft; für Gleichheit genau in jenen Gebieten zu kämpfen, wo die Natur es für zweckmäßig gehalten hat, die Männer mit größeren Fähigkeiten auszustatten, würde mit Sicherheit dazu führen, daß die Frauen den Männern eindeutig unterlegen wären. Statt dessen brauchen sie nur aus den Bereichen Kapital zu schlagen, in welchen es schon der Natur gefiel, sie besser auszustatten als die Männer; wenn die Frauen auf diese Weise als gleiche und dennoch andersgeartete »Komplemente« der Männer die ihnen angemessene Stellung im Leben einzurichten versuchen, so werden sie vielleicht finden, daß sie ihre Natur zwar nicht besiegen, sehr wohl aber benützen können, indem sie sich mit ihr versöhnen!

Kapitel VI
Soziale Konsequenzen

Sozialpolitik ist – oder sollte es sein – auf zwei vollständig verschiedene Typen von Prämissen gegründet. Die eine Gruppe ist ethischer, geistiger, philosophischer Art; sie weist uns die Richtung, in die wir zu gehen haben. Die andere Gruppe von Voraussetzungen ist faktischer, empirischer, wissenschaftlicher Natur; sie zeigt uns den Weg, auf dem wir den angestrebten Punkt erreichen können – und sie sagt uns vielleicht auch, ob es im Bereich der menschlichen Möglichkeiten liegt, dort überhaupt hinzugelangen. Fakten können uns helfen, die Mittel zu bestimmen, aber sie beliefern uns nicht mit den Zielen; die Moral setzt die Ziele, überläßt uns aber die Aufgabe, die Mittel zu finden. Nur wenn beide Gruppen von Prämissen in Einklang gebracht werden, kann es zu sozial nützlicher und wertvoller Aktion kommen. Der Verfolg der falschen Ziele muß selbst bei guter Auswahl der Mittel auf längere Sicht in einer Katastrophe enden; die Verfolgung der richtigen Ziele unter Verwendung der falschen Mittel endet unweigerlich mit Fehlschlägen. Aus diesem Grund sind die Sozialwissenschaften so wichtig; die meisten zivilisierten Menschen stimmen in den Zielen überein: Abschaffung des Krieges, Beseitigung von Not und Elend, Aufhebung der Diskriminierung der Geschlechter, des gesellschaftlichen Standes, des Glaubens oder der Hautfarbe; aber wir kennen nicht in ausreichendem Maße jene Mittel, die allein diese Fernziele in die Realität umsetzen können. Nur die Wissenschaft kann uns mit den notwendigen Erkenntnissen ausstatten.

Heutzutage ist es üblich, die Wissenschaft zu verschreien und unsere ganzen Sorgen und Nöte der modernen Technik anzulasten; doch sollte man sich erinnern, daß die Menschen vor dem Aufschwung der neuzeitlichen Wissenschaft und Technologie denselben Problemen gegenüberstanden, und das oftmals in einer viel akuteren und schwierigeren Form. Krieg, Hungersnot, Überbevölkerung und Ausrottung gab es zu allen Zeiten: unsere Wissenschaft hat diese Phänomene nicht erzeugt. Wissenschaft und Technik geben uns vielmehr die Mittel zu ihrer Überwindung, vorausgesetzt wir können die Reichweite der wissenschaftlichen Erkenntnisse auf soziale und psychologische Faktoren ausdehnen. Für Jahrtausende haben wir uns durchgewurstelt, ohne unsere Fähigkeit, mit Problemen des menschlichen Zusammenlebens fertig zu werden, in nennenswerter Weise zu verbessern; unsere Erziehungs- oder Strafvollzugspraktiken sind nicht

wesentlich erfolgreicher als die der alten Griechen, und vielleicht sind sie ihnen sogar unterlegen.
Psychologen haben jetzt über hundert Jahre damit zugebracht, wichtige Fakten über das Wesen des Menschen herauszufinden, und es ist wahrscheinlich, daß ihre Befunde Konsequenzen im sozialen Bereich haben werden. Die Sozialpolitik ist gewiß unfruchtbarer, wenn sie derartigen Erkenntnissen keine Aufmerksamkeit schenkt: Erziehungs- und sonstige politische Programme, die auf falschem oder nicht vorhandenem Wissen über die menschliche Natur basieren, dürften kaum jene Resultate haben, die Politiker sich erhoffen. Bei dieser Sachlage hätten Psychologen eigentlich unter den ersten sein müssen, die die Konsequenzen ihrer Entdeckungen für die Erziehung, den Strafvollzug wie auch die Sozialpolitik im allgemeinen auszusprechen versuchten. Tatsächlich aber waren die Psychologen nur allzu bereit, sich in die Elfenbeintürme ihrer Laboratorien zurückzuziehen und alle Gedanken über mögliche Anwendung ihrer Befunde Amateuren und Außenseitern zu überlassen, die gewöhnlich spezialisierter Kenntnisse ermangelten und oft auch in beträchtlichem Maße Privatinteressen verfolgten. Ihre Motivation war ohne Zweifel auf Demut und Bescheidenheit gegründet, und wahrhaftig muß die Psychologie in vielem bescheiden bleiben. Nichtsdestoweniger gibt es eine Anzahl nackter Tatsachen, die weiterhin bekanntwerden sollten; mehr noch, sie sollten die Grundlage für alles Nachdenken über Erziehungs- und andere soziale Probleme bilden. Erst in allerjüngster Zeit sind Psychologen in die Arena getreten und haben damit begonnen, sich über die Anwendung psychologischer Erkenntnisse auf gesellschaftliche Fragen laut zu äußern. In diesem Kapitel werde ich versuchen, auf einige Implikationen jener Fakten, die wir in den vorherigen Kapiteln betrachtet haben, hinzuweisen.
Es mag nützlich sein, die Besprechung eines ähnlichen Versuchs an den Anfang zu stellen, den Richard Herrnstein, Psychologieprofessor und *Chairman of the Department* an der Harvard-Universität, kürzlich unternommen hat. Sein Artikel, einfach und sachlich mit *I. Q.* überschrieben, erschien 1971 in der Septemberausgabe der *Atlantic Monthly* und erregte beträchtliches Aufsehen; und er erzeugte in der Tat die engstirnige und fanatische Reaktion unter einigen linksgerichteten Studenten, wie sie üblicherweise jede Erwähnung von Fakten, die nicht mit ihren vorgefaßten Meinungen übereinstimmen, auf den Plan ruft. Nachdem er einige der Beweise über die Vererbung der Intelligenz besprochen hat, schreibt Herrnstein:

> »Der Geist des Kommunismus würde Europa heimsuchen, meinten Karl Marx und Friedrich Engels im Jahre 1848. Sie konnten zum Beleg

auf die Entstehung des Egalitarismus verweisen. Von Jeffersons *self-evident truth* (der selbstgewissen Wahrheit) der Gleichheit aller Menschen über Frankreichs *égalité* bis zu den Revolutionen, die über Europa hinwegfegten, als Marx und Engels ihr Manifest proklamierten, war das zentrale politische Faktum ihrer – und unserer – Zeit die Zurückdrängung der Aristokratien und der privilegierten Klassen, von besonderen Rechten für »besondere« Leute. Die Vision einer klassenlosen Gesellschaft war der Grundgedanke der *Declaration of Independence* (der amerikanischen Unabhängigkeitserklärung) wie auch des *Kommunistischen Manifests*, wie unterschiedlich auch die Pläne zu ihrer Durchsetzung sein mochten.

Gegenüber diesem Hintergrund liegt die Hauptbedeutung der Intelligenzmessung darin, was sie über eine Gesellschaft aussagt, die sich um die menschlichen Ungleichheiten dreht. Die Botschaft ist so klar, daß sie in Form eines Syllogismus (i. e. eines logischen [Ketten-] Schlusses) dargestellt werden kann:

1. Wenn Unterschiede in bezug auf geistige Fähigkeiten ererbt sind und
2. wenn Erfolg dieser Fähigkeiten bedarf und
3. wenn Einkommen und Prestige vom Erfolg abhängen,
4. dann wird der soziale Rang (der Einkommen und Prestige widerspiegelt) in einem gewissen Ausmaß auf ererbten Unterschieden unter den Menschen basieren.«

Herrnstein deduziert dann fünf einleuchtende Folgerungen, die darauf abzielen, diese Prämissen auf künftige Entwicklungen anzuwenden:

»(a) Da die Umwelt für die Entwicklung der Intelligenz günstiger werden wird, muß ihre Heritabilität wachsen, wie der vorhergehende Abschnitt zeigt. Ungeachtet dessen, ob dies durch Verbesserung der Erziehungsmethoden erreicht wird oder durch Diät für Schwangere oder wie auch immer: je vorteilhafter wir die Lebensumstände gestalten, um so bestimmter werden intellektuelle Unterschiede ererbt sein; und je größer die Heritabilität, um so größer die Kraft des Syllogismus.«

Dies ist unzweifelhaft wahr; selbst bei den bestehenden Ungleichheiten in der Bildung, Ernährung und allgemeinen Erziehung zählt die Vererbung zweimal so viel in der intellektuellen Entwicklung, als es die Umwelt tut; mit wachsender Gleichheit kann das Mißverhältnis nur wachsen.

Herrnsteins zweiter Folgesatz lautet wie folgt:

»(b) Alle modernen politischen Glaubensbekenntnisse predigen soziale Mobilität. Eine gute Gesellschaft sollte, so meinen wir, dem einzelnen ermöglichen zu steigen (und – als eine Folge davon, wenn nicht durch freiwilliges Zugeständnis – abzusteigen), entsprechend seinen eigenen Bemühungen. Die sozialen Barrieren der Vergangenheit – Rasse, Religion, Nationalität, Titel, ererbtes Vermögen – stehen unter ständigem Beschuß, zumindest im Prinzip. Die Trennung von Kirche und Staat, die gestaffelte Einkommensteuer, die konfiszierte Erbschaftsteuer, die Gesetze gegen Diskriminierung und Segregation, die Abschaffung legaler Klassen- und Kastensysteme – alle manifestieren den Wunsch, die Bewegung auf der sozialen Stufenleiter zu beschleunigen. Es ist heute ein Allgemeinplatz, daß die Menschen von ›unfairen‹ Hindernissen befreit werden und auf ›unfaire‹ Vorteile bei all ihren Bestrebungen verzichten sollten. Aber die Macht des Syllogismus steht in direktem Verhältnis zu den Möglichkeiten für soziale Mobilität; denn nur, wenn fähige und willensstarke Individuen aufsteigen und die dummen und schwerfälligen ersetzen können, werden die Menschen gemäß ihren angeborenen Unterschieden aussortiert. Die eigentliche soziale Mobilität wird durch angeborene menschliche Unterschiede blockiert, nachdem die sozialen und legalen Hindernisse beseitigt sind.«

Wiederum besteht kein Zweifel, daß Herrnstein hierin recht hat; es gibt Grenzen der sozialen Mobilität, und diese Grenzen werden sich mehr und mehr auf genetische Unterschiede zwischen den Menschen beziehen, wenn die Umwelt- und sozialen Barrieren entfernt sind.

Dies führt Herrnstein zu seinem dritten Korollarium:

»(c) Wir haben bereits angedeutet, daß es selbst im wohlhabenden Amerika viele intelligente und dennoch arme Leute gibt. Die soziale Stufenleiter läuft oben sehr steil zu, mit viel weniger Platz an der Spitze als am Boden. Der naheliegende Weg, die unteren Schichten zu retten, besteht darin, die Verjüngung aus der Leiter zu entfernen, das soll sagen, den Reichtum der Gesellschaft insgesamt zu vermehren, so daß oben mehr Platz ist. Dies ist natürlich gerade seit Beginn der Industriellen Revolution geschehen. Aber ein kaum beachtetes Nebenprodukt der Armut ist, daß sie die angeborenen Unterschiede zwischen den Klassen vermindert, indem sie den Verbleib einiger intelligenter Menschen am Fuße der Leiter sicherstellt. Gemäß dem Syllogismus wird der neu erworbene Reichtum eines Landes sich der Tendenz nach in den Händen der von Natur besser Ausgestatteten ansammeln. Mit anderen Worten, das Wachsen des Reichtums rekrutiert für die Oberschichten genau diejenigen Unterklässler, deren Stärke in ihren angeborenen Fähigkeiten liegt. Wo immer dies hinführen mag, es wird auch und gerade die IQ-Lücke zwischen den oberen und unteren Klassen vergrößern, indem es die soziale Stufenleiter für jene, die am Boden zurückbleiben, noch steiler macht.«

Die Wahrheit dieser Ableitung hängt in einem gewissen Ausmaß von der Relevanz des IQ für soziale Mobilität ab. Wie schon gesagt, ist ein beträchtlicher Teil davon auf den IQ bezogen; es ist sehr gut möglich, daß die gesellschaftlichen Veränderungen, die Herrnstein diskutiert, keine große Auswirkung auf IQ-determinierte Auf- und Abstiege haben werden, dafür aber auf solche, die von der Persönlichkeit bestimmt sind. Wahrscheinlich wird sich einiges in der von ihm angedeuteten Richtung geringfügig ändern, aber es muß bezweifelt werden, ob diese Wandlungen sehr ins Gewicht fallen.

Herrnstein folgert weiter:

»(d) Technologischer Fortschritt verändert den Markt für den IQ. Selbst wenn jeder einzelne Arbeitsplatz, der im Zuge der Automatisierung einer Fabrik verlorengeht, durch eine neue Stelle in irgendeinem neuen Zweig der Technik ersetzt wird, ist es mehr als nur wahrscheinlich, daß einige der aus ihren alten Berufen Entlassenen für den neuen nicht den nötigen IQ mitbringen. Technologische Arbeitslosigkeit ist nicht eine Angelegenheit der »Versetzung« oder der »Umschulung«, wenn die neugeschaffenen Berufe jenseits der angeborenen Kapazität der »neuen« Arbeitslosen liegen. Es ist viel leichter, die Muskelkraft des Menchen durch Maschinen zu ersetzen, als seine geistigen Fähigkeiten. Die Computer-Visionäre glauben, daß ihre Maschinen uns bald auch das Denken abnehmen werden, in der Zwischenzeit bringen Schaufelbagger Erdarbeiter um ihren Job; und diejenigen, die beschäftigungslos bleiben, sind höchstwahrscheinlich auch die mit niedrigen IQs. Der Syllogismus impliziert, daß bei fortschreitender Technologie schon in naher Zukunft die Tendenz, arbeitslos zu sein, in den Genen einer Familie so sicher weiterlaufen wird, wie etwa schlechte Zähne es heute schon tun.«

Hier beginnt Herrnstein in seinen Voraussagen eindeutig zu entgleisen; wie wir sehen werden, gibt es für diese Folgerung in den Prämissen keine Basis.

Doch bevor wir seine These einer detaillierten Kritik unterziehen, wollen wir um der Vollständigkeit willen das letzte Korollarium zitieren; es fügt dem Argument nichts hinzu und folgert eigentlich (wenn wir pedantisch sind) gar nicht aus seinen Voraussetzungen. Wie dem auch sei – dies ist, was er sagt:

»(e) Der Syllogismus handelt manifest von der Intelligenz. Die Erfindung des Intelligenztests machte es möglich, die für die Aufstellung der drei Prämissen nötigen Daten zu sammeln. Jedoch gibt es andere ererbte Züge, die bei den Menschen differieren und zu ihrem Erfolg im Leben beitragen. Qualitäten wie Temperament, Persönlichkeit, Erscheinung, vielleicht sogar physische Kraft oder Ausdauer, die alle in unserem Leistungswettbewerb mitentscheiden können, sind zu wechselnden Graden angeboren. Die Meritokratie betrifft nicht nur ererbte Intelligenz, sondern alle ererbten Eigenschaften, die auf den Erfolg Einfluß haben, ob wir nun um ihre Bedeutung wissen oder Tests zu ihrer Einschätzung haben oder nicht.«

Herrnstein faßt seine Argumentation wie folgt zusammen:

»Der Syllogismus und seine Korollarien weisen auf eine Zukunft, in der soziale Klassen nicht nur weiterbestehen, sondern auch immer solider werden, gegründet auf angeborene Unterschiede. In dem Maße, wie der Reichtum und die Komplexität der menschlichen Gesellschaft zunehmen, wird sich aus der Masse der Menschheit ein Rückstand minderer Kapazität (intellektueller wie sonstiger) niederschlagen, der unfähig sein könnte, die gewöhnlichen Beschäftigungen zu meistern, der nicht um Erfolg und Fortschritt mitkämpfen kann und der höchstwahrscheinlich von Eltern abstammt, die in ähnlicher Weise versagt haben. In Aldous Huxleys *Brave New World* war es übelwollende bzw. fehlgeleitete Wissenschaft, welche die »Alphas«, »Gammas« und die anderen unterschiedenen Menschentypen geschaffen hatte. Aber die Natur selbst ist durchaus geeignet, dies oder etwas Ähnliches zu vollbringen – wie das weniger bekannte, aber viel vorausschauendere Buch von Michael Young, *The Rise of the Meritocracy*, es ausgemalt hat. Youngs sozialwissenschaftliches Zukunftsmärchen von den antimeritokratischen Umwälzungen des frühen 21. Jahrhunderts ist das vollendete Szenarium für seinen zeitgemäßen Neologismus, das Wort »Meritokratie«. Die Schwierigkeiten, die er vorwegnahm und die unser Syllogismus erklärt, haben bereits die Aufmerksamkeit von wachsamen Sozialwissenschaftlern auf sich gezogen, unter ihnen Edward Banfield, dessen Buch *The Unheavenly City* die wachsende chronische Unterschicht in Amerikas Metropolen beschreibt. Während Sonntagsbeilagen und populare Zeitschriften Horrorgeschichten über genetische Manipulationen ausbrüten (oft mit besorgten, aber dennoch im eigenen Interesse liegenden Zeugnissen von Genetikern), könnte sich unsere Gesellschaft *nolens-volens* in erbliche Kasten aufspalten. Was an diesem Ausblick am meisten beunruhigt, ist, daß das Wachsen einer im Grunde genommen erblichen Meritokratie sich aus der erfolgreichen Realisierung der gegenwärtigen politischen und sozialen Ziele von selbst ergeben wird. Je mehr es uns gelingt, relativ ungehinderte soziale Mobilität, angemessenen Wohlstand, das Ende der Plackerei und eine gesunde Umwelt zu erreichen, um so mächtiger findet der Syllogismus Anwendung.«

Worin nun irrt Herrnstein in seiner ziemlich entmutigenden Beschwörung der Zukunft unserer mehr und mehr egalitären Gesellschaft? Die Antwort ist, daß er anscheinend die Bedeutung der *Regression* nicht in Betracht zieht, jenes genetischen Faktors, der die Kinder von sehr intelligenten und sehr dummen Eltern nach dem Durchschnitt der gesamten Bevölkerung regredieren läßt. In seiner allgemeinen Diskussion erwähnt Herrnstein zwar diesen Faktor, aber er unterschätzt den Umfang der Auswirkung der Regression sehr stark. Angenommen, er hätte recht, und vorausgesetzt, daß Arbeiter mit niedrigem IQ wahrscheinlich den größeren Teil der Masse der Beschäftigungslosen ausmachen werden, die er voraussagt, so folgt daraus noch lange nicht, daß »die Tendenz, arbeitslos zu sein, in den Genen einer Familie so sicher weiterlaufen wird, wie etwa schlechte Zähne es heute schon tun«. Regression wird viele Kinder von dummen Arbeitslosen befähigen, in der sozialen Stufenleiter zu steigen; Regression wird viele Kinder von intelligenten Beschäftigten zwingen, in die Gruppe der dummen Unbeschäftigten zu fallen. Wenn Herrnstein über »soziale Klassen« spricht, erweckt er – vielleicht unbeabsichtigt – den Eindruck, daß diese unwandelbar seien; in der Tat sagt er ausdrücklich, daß »unsere Gesellschaft (sich selbst) *nolens-volens* in erbliche Kasten aufspalten« könnte. Aber genau das kann aufgrund genetischer Betrachtungen nicht geschehen; Regression macht es ganz unmöglich, daß Kasten geschaffen werden, die rein fortgezüchtet werden, das heißt, wo die Kinder die gleichen IQs wie ihre Eltern haben. Innerhalb von ein paar Generationen sind die IQ-Unterschiede zwischen den Kindern von sehr intelligenten und sehr dummen Eltern vollständig ausgewischt. Kasten können nur geschaffen und aufrechterhalten werden durch eine Sozialpolitik, die darauf insistiert, daß jedes Kind als ein Mitglied der einen oder der anderen Gruppe gebrandmarkt wird. Für jeden, der Klassen- oder Kastenunterschiede konservieren möchte, ist die Genetik der wirkliche Feind; es gibt keinen Weg (ausgenommen Massenmord), den Status quo zu bewahren. Herrnsteins Schlüsse beruhen auf der in unserem Diagr. 7 wiedergegebenen Vorstellung; wie wir gesehen haben, ist diese jedoch falsch; ersetzt man sie durch das korrektere, im Diagr. 8 gegebene Schema, so wird sofort klar, warum Herrnsteins Befürchtungen unrealistisch sind.

In der Tat könnten wir behaupten, daß er völlig schief liegt mit der These:

> »Je mehr es uns gelingt, relativ ungehinderte soziale Mobilität, angemessenen Wohlstand, das Ende der Plackerei und eine gesunde Umwelt zu erreichen, um so mächtiger findet der Syllogismus Anwendung.«

Gegenwärtig wird die IQ-Regression in einem gewissen Umfang blockiert, sich gleichermaßen in einer Regression der sozialen Klassen auszudrücken; dieser Mangel beruht auf der Existenz der gesellschaftlichen Schranken für die Mobilität. Wenn sie erst einmal entfernt sind, wird die soziale Mobilität erhöht sein und in einem viel größeren Grad eine Rückbildung der Klassenstruktur der Gesellschaft produziert – was genau der entgegengesetzte Effekt wie der von Herrnstein vorausgesagte ist. Wahrscheinlich werden stärkere Regressionseffekte im Hinblick auf soziale Klassen auch eine Verminderung der Klassenkonflikte und aller damit zusammenhängenden Unbilden erzeugen. Nur wenn Klassen als monolithische, dauerhafte, unentrinnbare Beschränkungen der Veränderung angesehen werden, führt Klassenloyalität zu Klassenfeindschaft; dies mag die Lage im letzten Jahrhundert gewesen sein, aber es ist nicht die heutige. Wenn Eltern ihre Kinder frei ihre soziale Schicht wechseln sehen, dürfte kaum noch das Gefühl entstehen, daß andere Klassen abweichende, gefährliche Mächte sind, die Feindschaft, Opposition und möglicherweise »Klassenkämpfe« hervorrufen; wenn die eigenen Verwandten sich frei auf die verschiedenen Schichten verteilen, werden solche absurden Haltungen nur noch von rein historischer Bedeutung sein.

Werden aber soziale Klassen überhaupt noch existieren, wenn der Egalitarismus seinen Lauf genommen hat? Die aus der Untersuchung von Waisenkindern zitierten Daten lassen vermuten, daß IQ-Unterschiede sicherlich – und in beinahe demselben Ausmaß wie jetzt – fortbestehen werden; und gemäß Herrnsteins Syllogismus hat dies Auswirkungen auf die soziale Schichtung. Sein Argument lautet wie folgt:

> »Gibt es Alternativen zur Rückkehr zu sozialer Härte, Armut, Mühe und Elend? Die ersten beiden Prämissen des Syllogismus können nicht sinnvollerweise angegriffen werden, denn sie sind in einem gewissen Ausmaß schon jetzt wahr und werden es wahrscheinlich in Zukunft noch mehr sein. Die Heritabilität der Intelligenz wird wachsen, wenn nicht nur für einige, sondern für alle Menschen gesunde Lebensbedingungen hergestellt werden; Intelligenz wird eine zunehmend wichtige Rolle für den beruflichen Erfolg spielen, wenn die niedrigen Tätigkeiten von Maschinen übernommen werden. Die einzige noch annehmbare Hoffnung besteht in der Aufhebung der dritten Prämisse, indem

verhindert wird, daß Einkommen und Prestige von erfolgreichen Leistungen abhängen. Das sozialistische Diktum ›Von jedem gemäß seinen Fähigkeiten, für jeden gemäß seinen Bedürfnissen‹ kann als unverblümte Leugnung der dritten Prämisse angesehen werden. Es besagt, daß für jede beliebige Leistung das Einkommen (ökonomisch, sozial und politisch) vom Erfolg unberührt sei. Statt dessen impliziert der Spruch, daß die Menschen bekommen, was sie brauchen, was immer sie auch schaffen, dies aber nur, solange sie ihre Fähigkeiten voll einsetzen. Die Machthaber entdecken schnell, daß sie auf einem gewissen Leistungsniveau insistieren müssen; denn jenes Schlagwort leugnet erstens, daß ›Fähigkeit‹ weitgehend und angeborenermaßen verschieden ist, und zweitens, daß sie sich bei der Arbeit nur im Profit ausdrückt. In kapitalistischen Ländern ist der materielle Wohlstand in der Tat der typische Gewinn; aber selbst wo der Spruch regiert (wenn solche Länder überhaupt existieren), dürfte sozialer und politischer Einfluß oder Schutz vor Gefahren aller Art die Belohnung für Tüchtigkeit sein. Die menschliche Geellschaft hat eine brauchbare Alternative zu Lohn und Strafe noch zu finden. Bis dahin verbürgt die dritte Prämisse die Bildung von sozialen Klassen.«

Gegen die dritte Prämisse (und deren Konsequenz) von Herrnsteins Syllogismus wird häufig opponiert, weil sie zu »Elitismus« und der Schaffung einer »Meritokratie« führen. Dieses sind recht gefühlsgeladene Ausdrücke, und die geweckten Emotionen stehen einer rationalen Diskussion der betreffenden Probleme im Wege. Insbesondere definieren die Gegner einer Meritokratie selten die alternative Sachlage, die sich gewöhnlich als das herausstellt, was ich »Mediokratie« (die Herrschaft der Mittelmäßigen) genannt habe. Es dürfte der Mühe wert sein, die beiden Möglichkeiten anhand besonderer Beispiele zu betrachten. Gesetzt, Ihr Kind bedarf eines Gehirnchirurgen – im Kortex habe sich ein Tumor entwickelt, und nur ein sofortiger Eingriff kann das Leben des Kindes retten. Wenn sie die Wahl hätten: würden Sie es vorziehen, daß die Operation durch einen Chirurgen ausgeführt werde, der an der Spitze der »Meritokratie« steht, d. h. die größte Kapazität in seiner Disziplin ist, mit der besten Ausbildung und der meisten Praxis – oder würden Sie fürliebnehmen mit einem gerade drittklassigen Medizinstudenten? Wenn Ihr Flugzeug in Schwierigkeiten geriete: würden Sie sich einen erstklassigen Piloten im Cockpit wünschen, von bewährter Fähigkeit und breiter Erfahrung – oder wären Sie mit jedem anderen auch zufrieden? Wenn Ihr Leben auf dem Spiel stände, weil sie zu Unrecht des Mordes angeklagt wären: würden Sie es vorziehen, von einem außergewöhnlich klugen Prominentenanwalt vertreten zu werden

– oder wäre ein ziemlich schlechter Verteidiger für Sie gut genug? Diese Liste kann fast unbegrenzt fortgesetzt werden: Wenn immer wir in unseren eigenen Angelegenheiten Hilfe brauchen, suchen wir ganz selbstverständlich die Dienste einer Person mit der höchsten Qualifikation für diese Aufgabe. Und man beachte, daß in all diesen Fällen die Wahl von Haus aus auf Leute begrenzt ist, die alle einen erheblichen IQ besitzen – weil keine wirklich dumme Person in der Lage ist, die strengen Examina zu bestehen, die für diese Berufe erforderlich sind. Wir könnten niemals in eine Situation kommen, in der wir eine freie Wahl zwischen einem Chirurgen mit einem IQ von 150 und einem mit 50 hätten!

Ich möchte dieses Argument ein wenig verallgemeinern. Landarbeiter haben einen durchschnittlichen IQ von 90, Ärzte von ungefähr 125. Während einige Landarbeiter wahrscheinlich einen IQ haben dürften, der für den Arztberuf ausreichte, würde die Mehrheit nie, unter keinen denkbaren Umständen, die zahlreichen und schwierigen Prüfungen bestehen, welche die Gesellschaft (mit Recht) für jene vorschreibt, denen im Krankheitsfall unser Leben anvertraut wird. Auf der anderen Seite könnten wahrscheinlich die meisten Ärzte die Tätigkeiten der Landarbeiter ausführen, besonders wenn sie nie eine andere Art zu leben kennengelernt hätten. So prädestinieren genetische Faktoren einige Menschen dazu, komplexe und schwierige Berufe zu erlernen und auszuüben, während sie bei anderen die Unfähigkeit determinieren, solcherart ausgebildet zu werden. Selbst wenn es gelänge, einige der weniger Begabten am Ende zu Ärzten zu machen, würden sie eine viel längere Studienzeit nötig haben, und wahrscheinlich würden sie in der Praxis weniger effizient sein. Dies nun ist das Prinzip der Meritokratie: daß wir bei der Auswahl unserer Ärzte, Piloten, Rechtsanwälte, Wissenschaftler, Professoren, wie überhaupt aller Angehörigen spezieller Berufe, diejenigen bevorzugen, die von Natur aus am besten geeignet sind, die erforderlichen Fachkenntnisse schnell zu erlernen und die Tätigkeiten am wirksamsten auszuführen. Nach aller bisherigen Erfahrung ist Intelligenz dafür eine wesentliche Voraussetzung, und die Fakten zeigen, daß IQ-Tests mit beträchtlicher Genauigkeit vorhersagen können, welche Kinder diese notwendigen Fähigkeiten besitzen. Wie lautet die Alternative dazu?

Das Prinzip der Mediokratie würde gewissermaßen einem Glücksspiel entsprechen – laß den Zufall entscheiden, wer Arzt oder Busfahrer, Anwalt oder Straßenkehrer, Chirurg oder Bergmann wird. Tatsächlich ist niemals ausgesprochen worden, wie eine mediokratische Gesellschaft eigentlich die offenen Stellen besetzen würde; diese entmutigende Aufgabe ist immer vernachlässigt, statt dessen schoß man aus dem Hinterhalt auf die Meritokratie. Dabei ist stets unklar geblieben, welche Einwände es gegen eine Meritokratie geben könnte, die ja nur sagt, daß eine gegebene Beschäftigung oder Beruf von der bestqualifizierten Person besetzt oder praktiziert werden sollte. Was gefordert wird, ist einfach, daß ausschließlich das Verdienst und nicht elterlicher Reichtum oder politischer Einfluß oder irgendwelche sonstigen äußeren und irrelevanten Faktoren entscheiden sollten. Dies scheint durchaus dem gesunden Menschenverstand gemäß, und es stimmt auch vollkommen mit demokratischer Gesinnung überein. Warum aber dann die lautstarken Schmähungen des »Elitismus« und der »Meritokratie«? Das Leistungsprinzip hat einen viel größeren Einfluß im Bereich des Sports – welche Fußballmannschaft würde jemals von der »Schmalkost« der Mediokratie profitieren? Das Ausmaß an Selektion, welche der Berufung in den Spielerkreis einer Eliteelf vorausgeht, ist beinahe unvorstellbar; im Vergleich dazu sind die Prüfungen, die während der Ausbildung von Medizinern durchgeführt werden, nur ein sehr kleiner Aufwand. Aber würde irgendein Fußballfan es lieber sehen, wenn die Dinge anders lägen? Würde er es vorziehen, einem Spiel zwischen Eichenau Reserve und einer Schülermannschaft aus Puchheim zuzuschauen, statt dem Schlagerspiel zwischen München und Mönchengladbach? Talent, Begabung, Fähigkeit – jedes Auswahlsystem, das diesen weitgehend angeborenen Faktoren keine Beachtung zollt, muß zu einem niedrigen und erschreckend eintönigen Niveau der Mittelmäßigkeit führen. Es ist die Biologie, welche dem Egalitarismus eine absolute Barriere setzt, im Leben wie im Sport.

Wenn wir zu irgendwelchen vernünftigen sozialpolitischen Schlüssen im Hinblick auf Erziehung, berufliche Eignungsauslese und Berufsberatung kommen wollen, müssen wir uns sehr hüten, zwei einander entgegengesetzten Mythen zu verfallen. Der erste Mythus besagt, daß die soziale Klasse den IQ bestimmt und nicht umgekehrt. Nach dem anderen Mythus stimmen sowohl der IQ als auch die Gesellschaftsschicht der Kinder mit denen ihrer Eltern überein. Wie wir gesehen haben, ist keiner dieser Mythen wahr; soziale Mobilität sowie Aufspaltung und Rekombination der Gene sorgen schon dafür. Eine Gesellschaft, die unseren egalitären Idealen so nahe käme, wie es biologisch erreichbar ist, würde der Mobilität den größtmöglichen Spielraum geben und dabei all jene Einflüsse wegwischen, die noch allzu häufig intelligenten Arbeiterkindern den Weg nach oben versperren.

Viele Jahre lang verhalfen IQ-Tests jenen Kindern zu einer besseren Erziehung, als sie sie sonst hätten erhalten können; die Ausschaltung solcher Tests durch linksorientierte Regierungen (das gilt nicht für die BRD) ist eine der am wenigsten einsichtsvollen Aktionen, die im Namen der Verbesserung des Status des deprivierten Kindes unternommen wurden. Wie wir gesehen haben, sind IQ-Tests keine vollkommenen Maßstäbe für angeborene Fähigkeiten; die Korrelation zwischen Genotyp und Phänotyp liegt nur bei 0,9. Aber diese Korrelation ist groß genug, den IQ-Test zu einem echten Instrument des sozialen Fortschritts werden zu lassen; er hängt weit weniger als irgendein alternativer Maßstab von sozialen Faktoren ab, welche den Mittelstandskindern unfaire Vorteile verschaffen würden. Und selbst die verbleibende leichte Korrelation mit Umweltfaktoren könnte durch ein angemessenes Abwägen solcher Einflüsse beseitigt werden – wie es vor vielen Jahren Sir Cyril Burt versucht hat. All jenen, die von dem echten Wunsch beseelt sind, den intelligenten Arbeiterklassenkindern die gleichen Chancen für eine ihren Begabungen angemessene Ausbildung zu bieten, scheint die Wiedereinsetzung von IQ-Tests in ihren rechtmäßigen Platz der beste, wenn nicht der einzige Weg zu sein.

Eine interessante Alternative ist in der DDR angewandt worden. Um Kindern von Werktätigen eine größere Chance zu geben, wurde eine Vorschrift erlassen, nach der Studienplätze an Hochschulen den Schülern auf der Basis sozialer Klassenzugehörigkeit zugeteilt werden, indem 50% dieser Plätze für Arbeiterkinder reserviert sind. Diese Politik führt natürlich dazu, daß es an der Universität etliche Studenten der Arbeiterklasse geben wird, welche entschieden einer Anzahl vom Studium ausgeschlossener Mittelstandskinder unterlegen sind. Es ist schwer einzusehen, warum dieses System gerechter und fairer sein sollte als das in England (oder der BRD) gebräuchliche, wo es an der Universität nicht wenige Mittelstandssprößlinge gibt, welche eine entschieden geringere Intelligenz haben als eine Anzahl von Unterklassenkindern, die nicht studieren können. Vorausgesetzt, die meisten Jugendlichen mit der erforderlichen Begabung wollten auch auf die Uni gehen, so schiene die gerechteste Methode die zu sein, in beiderlei Hinsicht die Klasse (genauso wie das Geschlecht, die Rasse und andere irrelevante Rücksichtnahmen) als Qualifikation auszuschalten und allein nach den Fähigkeiten zu entscheiden (und vielleicht noch nach der Persönlichkeit, wenn sich diese für den Erfolg im Studium als relevant erweisen sollte).

Sowohl die DDR als auch die genannten westlichen Länder praktizieren einen bestimmten Auswahlmodus für den Eintritt in die Hochschule: der Kandidat muß eine Reihe von Hürden überwinden, und nur diejenigen, welche in diesem Wettbewerb am besten abschneiden, werden aufgenommen. Dies macht es gewiß, daß nur ein kleiner Prozentsatz der gesamten Bevölkerung studieren kann, aber auch, daß von allen Studenten nur ein geringer Teil durchfällt. Die Versagerquote an britischen Universitäten war schon immer viel geringer als z. B. an französischen. Dort und vor allem in den USA wird der alternative Weg beschritten. Auf den ersten Blick scheint diese Methode überhaupt keine Selektion zu implizieren; jeder, der die *high school* erfolgreich absolviert (und dies ist in der Tat eine sehr niedrige Qualifikation), ist gesetzmäßig berechtigt, in den meisten amerikanischen Bundesstaaten auf seine *State university* zu gehen (die einzelnen Staaten haben verschiedene Gesetze). Aber natürlich kommt die Quittung hinterher; ein ungewöhnlich hoher Anteil der Studenten, die zunächst so enthusiastisch auf den Campus drängen, gehen nach einem oder zwei Jahren wieder ab. Die Selektion ist einfach nur aufgeschoben worden mit dem Resultat, daß Tausende von jungen Leuten kostbare Zeit verlieren, wenn sie es sich am wenigsten leisten können, und als intellektuelle Versager abgestempelt werden – durch andere oder sich selbst. Dies ist ein hoher Preis für das Versäumnis einer echten Auswahl, und es ist wahrscheinlich zumindest für einen Teil der Unruhe verantwortlich, die besonders an amerikanischen (und französischen) Universitäten so manifest wurde.

Eine neue Prozedur nach dem Modell der oben beschriebenen, in der DDR vorherrschenden »Klassen-Selektionsmethode« ist kürzlich in den USA aufgekommen. Es handelt sich um das sogenannte »Quotensystem«, nach dem die Berufung in Schul- und Universitäts-Lehrkörper und sogar die Wahl zu politischen Parteikonventen von der Beachtung »proportionaler Repräsentation« von Minoritätengruppen abhängig ist. Diese Tendenzwende folgte der Beobachtung, daß Kinder von Schwarzen in Hilfsschulklassen übermäßig vertreten waren; während z. B. 9,5 % der kalifornischen Kinder im Schulalter Schwarze sind, betrug der Anteil der Negerkinder in den staatlichen Hilfsschulen 27,5 %. Dies führte zu gesetzlichen Aktionen von seiten der Schwarzen, welche die Praxis der teilweisen Plazierung der Kinder in solchen Klassen auf der Basis von IQ-Tests abschaffen sollten; tatsächlich wurde in einigen Staaten die Anwendung von IQ-Tests auf schwarze Schüler für illegal erklärt. Der nächste Schritt war, daß einige Schulbezirke wie der von Berkeley in Kalifornien für die staatlichen Schulen gesetzliche Quoten festsetzten: nach diesen Bestimmungen mußte das Verhältnis von Schwarzen zu Weißen in Hilfsschulen wie auch in besonders fortgeschrittenen Klassen dasselbe sein wie in der Gesamtbevölkerung. Großbritannien hat dieses Stadium noch nicht erreicht, aber auch dort sind viele Klagen von farbigen Gruppen darüber laut geworden, daß der Anteil ihrer Kinder in Sonderschulen *(educationally subnormal classes)* exzessiv hoch ist.

Die Auswirkungen solcher Quotensysteme werden bereits sichtbar, obwohl diese noch nicht sehr lange in Kraft sind. Schwarzen Kindern, die Hilfsschulunterricht nötig haben, wird dieser vorenthalten, indem sie in Klassenräume geschickt werden, wo der Unterricht über ihre Köpfe geht; das offensichtliche Resultat: viele werden schwer erziehbar und aufsässig, was den Unterricht für andere, normal vorangehende Kinder (weiße und schwarze) schwierig oder gar unmöglich macht. Schwarze Kinder, die in gewöhnlichen Klassen ganz gut zurecht gekommen wären, sind plötzlich gezwungen, in unterrichtsmäßig fortgeschrittenen Klassen mit außergewöhnlich intelligenten Kindern in Wettbewerb zu treten, gehen ebenfalls unter und behindern den normalen Unterricht. Sowohl weiße wie schwarze Kinder verlieren in diesem Spiel, und niemand gewinnt.

Eine interessante Folge dieser Kette von Ereignissen war, daß in Berkeley – eine der ersten Städte in den USA mit vollständiger Aufhebung der Rassentrennung in den Schulen – die schwarzen Gemeinden darauf bestanden, eine vollständig getrennte allschwarze Einheit zu erhalten, das sog. *Black House*. Die Schülerschaft besteht hauptsächlich aus jenen Schwarzen, die in der integrierten *Berkeley High School* nicht mithalten konnten. Diese Schule wird überwiegend von der *Ford Foundation* finanziert, die interessanterweise nicht gewillt war, Forschungen über die Auswirkungen der Schulintegration in Berkeley zu unterstützen. Es ist so leicht zu glauben, daß die Integration (die ich selbst für eine wünschenswerte Sache halte) alle Probleme des Zusammenlebens löst; statt dessen wirft sie viele Probleme auf, die sehr schwer in den Griff zu bekommen sind und großangelegte Untersuchungen erfordern. Integration allein ist nicht genug, und ohne die Erforschung der genauen Konsequenzen der Integration werden wir nicht einmal herausfinden, welches diese Probleme sind.

Die amerikanische Regierung unter Nixon hat für die Universitäten ein Programm der »affirmativen Aktion« eingeführt, was im wesentlichen bedeutet, daß staatliche Gelder (die für das Überleben der weitaus meisten Universitäten notwendig sind) nur unter der Voraussetzung der Errichtung von *goals*, »Zielen« (ein euphemistisches Wort für Quoten), für die Besetzung von Personalstellen durch Angehörige der Minoritätengruppen bereitgestellt werden, wobei der tatsächliche Fortschritt auf dem Wege der Sollerfüllung nachzuweisen ist. Solch ein *affirmative action compliance program* schließt eine Analyse von »Defiziten« in der Berücksichtigung von rassischen Minoritäten (und Frauen) genauso ein wie einen Zeitplan für die Beseitigung dieser Unzulänglichkeiten. Neben weiteren Auflagen müssen die Universitäten (und andere Gesellschaften – das Gesetz findet auf alle Firmen mit mehr als 50 Angestellten und einem Staatsauftrag über mindestens 50000 Dollar Anwendung) ihren Mitarbeitern den Fortschritt bei der Aufhebung der Defizite mitteilen sowie den »lokalen und nationalen Gemeinschafts-Aktionsprogrammen aktive Unterstützung gewähren...« Die Versuche, zwischen »Quoten«, (die gemäß Artikel VII des *Civil Rights Act* von 1964 ungesetzlich sind) und »Zielen«, die zwangsweise durch die Behörden selbst eingerichtet worden sind, zu unterscheiden, sind schwierig nachzuvollziehen; aber dies erscheint auch nicht allzu relevant für unser Hauptanliegen. Es genügt zu sagen, daß die amerikanische Regierung in der Tat eine Personalpolitik an den Universitäten verfolgt, unter der diese gezwungen sind – bei drohendem Bankrott –, Angehörige von Minderheiten einzustellen, auch wenn ein Bewerber aus einer Non-Minoritätengruppe für den Posten besser qualifiziert ist. (Frauen werden aus einem unerfindlichen Grund als eine der »Minoritäten« aufgeführt!)

Es gibt zwei prinzipielle Einwände gegenüber diesen Praktiken. Der erste beruht auf der einfachen liberalen Überzeugung, daß die Qualitäten eines Menschen – seine Fähigkeiten, seine Persönlichkeit, seine Lebenserfahrung, die spezielle Berufspraxis – für die in Frage stehende Tätigkeit relevant sind und über seine Anstellung oder Beförderung entscheiden sollen und daß weiterhin Faktoren wie Rasse, Geschlecht, Religion irrelevant sind und ihnen deshalb bei der Entscheidung kein Gewicht gegeben werden sollte. Quoten waren unerwünscht, als man sie gegen Minoritätengruppen verwendete; sie werden nicht wünschenswert, wenn man sie gegen Majoritäten einsetzt. Auch die sog. positive Diskrimination ist immer noch Diskrimination gegen irgend jemand; was den einen positiv herausstellt, unterscheidet einen anderen negativ. Weiter: wer soll eine Minorität definieren? In der gängigen amerikanischen Praxis werden Schwarze, Chinesen, amerikanische Indianer, Portorikaner und Frauen als Minoritäten betrachtet, Italiener, Armenier, Araber, Juden, Iren, Mormonen, Gewerkschaftsmitglieder und alte Leute aber nicht. Warum verdienen einige Minderheiten den Namen mehr als andere? Von Gerechtigkeit ist in diesen zeitbedingten Zugeständnissen nicht allzuviel zu sehen.

Der zweite Einwand ist auf die Tatsache biologischer Ungleichheit gegründet. Einige Leute sind für eine gegebene Position sicher besser geeignet als andere; einige Kinder brauchen Hilfsschulunterricht, andere profitieren von fortgeschrittener Unterweisung. Es ist unmöglich, diese Fakten durch legale Forderungen zu ändern. Man kann ein Kind, das eigentlich der Hilfsschule bedarf, in eine normale Klasse setzen; aber man kann es nicht dazu bringen, von einem Unterricht, der dem Durchschnittskind zuteil wird, Nutzen zu tragen. Man kann einen Angehörigen einer Minorität auf einen Lehrstuhl berufen, für den er ohne die Hilfe verstärkter »affirmativer Aktion« allein aufgrund seiner Verdienste gar nicht in Betracht gezogen worden wäre; aber man kann ihn nicht mit den gleichen Fähigkeiten und Leistungen ausstatten wie den besser qualifizierten Anwärter, den er verdrängt. Es kann keine Frage sein, daß solche Praktiken die Qualität des Unterrichts sowohl für Kinder als auch Universitätsstudenten drastisch senken werden. Dies ist nur eine ernsthafte Konsequenz der Nichtbeachtung der faktischen biologischen Verschiedenheit. Wie man sehen kann, ist Ungerechtigkeit gekoppelt mit Unwirksamkeit eine schlechte Kombination – sie zahlt sich nicht aus.

Es wird zuweilen bestritten, daß »affirmative Aktion« tatsächlich einem Quotensystem äquivalent ist, und es wird behauptet, daß man lediglich dieser Aktion bedürfe, wenn Bewerber mit gleichen Verdiensten da sind. Ich habe unzweideutige Beweise, daß dies in vielen Fällen einfach nicht wahr ist und daß *University Departments* unter großem Druck stehen, Personal aus Minoritätengruppen einzustellen – unter Ausschluß von viel qualifizierteren Angehörigen dessen, was man analogerweise Majoritätengruppen nennen sollte. Damit will ich nicht sagen, daß dies allgemein so ist oder daß alles Minoritäten-Personal, das auf diese Weise übernommen wird, den alternativen Majoritätengruppen-Bewerbern unterlegen ist. Unzweifelhaft werden im Namen der »affirmativen Aktion« jedoch große Ungerechtigkeiten begangen, deren Folgen bereits heute sichtbar werden. Warum – so muß man fragen – hatten so viele Leute in verantwortlichen Positionen taube Ohren für die rationalen Argumente, die gegen die ausschließlich environmentalistische Haltung in bezug auf Intelligenz, Persönlichkeit, psychische Störungen und Geisteskrankheit, Kriminalität und die vielen anderen diskutierten Bereiche vorgebracht worden sind? Ein naheliegender Grund ist der offenbare Irrglaube, daß uns nur die Umweltseite eine Chance biete, soziale Mißstände zu korrigieren, nichts, so mag es scheinen, könne über die genetische Seite getan werden – ausgenommen vielleicht durch *genetic engineering*, i. e. Genmanipulation, welche sicher zum gegenwärtigen Zeitpunkt noch nicht praktikabel ist und die auf jeden Fall von den meisten Menschen mit dem tiefsten Argwohn betrachtet wird. Diese absolute Konfrontation zwischen Vererbungs- und Umwelteinflüssen ist eine falsche Antithese: ihre Plausibilität hängt von einem irrigen Begriff der Umwelt ab. Es ist entscheidend für ein richtiges Verständnis der betreffenden Fragen, daß dieses Mißverständnis klar eingesehen wird. Wir beginnen vielleicht am besten mit dem Bericht eines Beispiels von Umweltmanipulation bei eindeutig genetischen Ursachen, nämlich der sog. Zuckerkrankheit. Es handelt sich dabei um eine angeborene Stoffwechselstörung, die von Natur aus tödlich ist. Nachdem man jedoch ein genaues

Verständnis der Art des Stoffwechseldefektes erworben hatte, wurde eine Heilung möglich; und heute hält das Insulin die Diabetiker am Leben. (Heilung ist vielleicht ein zu starker Ausdruck, da eine ständige Versorgung mit Insulin notwendig ist; nichtsdestoweniger sieht der Patient – von seinem Standpunkt aus – sich in die Lage versetzt, ein vollwertiges und an sich gesundes Leben zu führen.) Man kann auch über die Behauptung diskutieren, daß Diabetes angeboren ist; es würde korrekter sein zu sagen, daß die *Prädisposition* für Diabetes angeboren ist. Ob die Krankheit ausbricht oder nicht, hängt weitgehend von der Art ab, in der der Körper auf Belastungen reagiert. Jedenfalls ist das hervorstechende Merkmal des Diabetes eine Zunahme des Blutzuckers, der am Ende in dem Urin ausgeschieden wird. Den Diabetikern wird Insulin verabreicht, weil dieses (fehlende) Hormon des Pankreas (der Bauchspeicheldrüse) den Blutzuckergehalt verringert und seine Verwertung als Brennstoff in den Geweben erhöht. Die Anerkennung der erblichen Natur der Krankheit eröffnete den Weg zu einem Studium der Kausalität des Defektes, und dies machte wiederum eine Intervention und schließliche »Heilung« möglich.

Die Handhabung der sog. endogenen Psychosen (Schizophrenie, manisch-depressives Irresein) scheint jetzt einen ähnlichen Verlauf zu nehmen, obwohl die Kausalketten weniger klar sind als im Fall des Diabetes. Der ungeheure Erfolg von medikamentöser Behandlung (Phenothiazin-Abkömmlinge, Rauwolfia-Alkaloide, trizyklische Verbindungen, Monoaminoxidase-Inhibitoren, etc.) war abhängig von der Anerkennung einer starken hereditären Basis für diese Krankheiten und infolgedessen von einer biologischen Orientierung für ihre Behandlung. Environmentalistische Theorien – wie die der Psychoanalyse – haben hinsichtlich des ungeheuren Problems, das diese Störungen aufwarfen, keinerlei Antwort hervorgebracht; sie haben nur dazu geführt, zweckmäßige wissenschaftliche Untersuchungen für viele Jahre zu verzögern; und sie haben außerdem vollständig versagt, auf spezifische Umwelteinflüsse auch nur hinzuweisen, welche mit einer erblichen Prädisposition zusammenwirken könnten, um eine latente Psychose zum Ausbruch zu bringen. Aber die Anerkennung, daß hereditäre Einflüsse am Werk sind, bedeutet nicht, daß wir die Hoffnung aufgeben, eine Heilung zu finden. Es ist vielmehr der Anfang der Weisheit. Wenn wir erst einmal die biologische Natur der Störung anerkannt haben, können wir im Detail erforschen, welche spezielle Störung eigentlich vorliegt; und dann können wir auch daran gehen, die Dinge wieder in Ordnung zu bringen.

Ein noch einfacheres Beispiel liefert eine Form des Asthma, von der die genetische Basis bekannt ist. Eine Zeitlang nahmen Psychoanalytiker an, daß die Schuld für Asthmaanfälle bei den Müttern der betroffenen Kinder läge, da sie diesen eine emotional falsche Erziehung zuteil werden ließen; zum Beweis zitierten sie die Tatsache, daß es den Kindern oft besser ging, wenn sie in den Ferien außer Haus oder bei Verwandten waren. Heute wissen wir, wer der Verursacher ist: die Hausmilbe, ein mikroskopisch kleiner Organismus, der im angehäuften Staub mancher Matratzen gedeiht; zu den Anfällen kommt es, wenn Kinder mit genetischer Prädisposition für diese Krankheit die Milben oder auch nur kleine Stücke von toten Milben einatmen. Wenn sie sich nun zeitweilig außerhalb des Elternhauses aufhalten, können sie in Abwesenheit der Matratzen und der Milben vom Asthma genesen. In ähnlicher Weise beruht Heufieber oder -schnupfen auf einer starken genetischen Prädisposition; der Leidende neigt dazu, starke Reaktionen zu entwickeln, wenn er Blütenstaub einatmet. Jeden Sommer versammelt sich eine ganze Kolonie von Heufieberkranken in Aberdeen, wo der Wind gewöhnlich von Osten kommt und die Luft über der weiten Meeresoberfläche von allen Pollen, die sie zuvor aufgenommen haben mag, gereinigt ist. Nach Aufdeckung der genetischen Basis dieses Leidens können wir die Umwelt ändern (die Matratzen austauschen, in Aberdeen leben usw.), so daß die individuelle Anlage für unerwünschte Reaktionen nicht zum Tragen kommt. – Bestimmte Allergien liefern ein weiteres Beispiel: wieder haben wir es mit genetischen Prädispositionen zu tun, diesmal für eine spezifische Überempfindlichkeit der Haut. Eine präzise Diagnose kann dadurch gestellt werden, daß man Reaktionen der Haut auf eine Vielzahl von verschiedenen Materialien untersucht. Wenn man einmal die auslösende Substanz identifiziert hat, kann ein Programm der Desensitivierung unternommen und der Leidende unempfindlich gemacht und damit geheilt werden.

Ein Beispiel dafür, wie man mit Hilfe einer derartigen Konzeption Methoden ausarbeiten kann, die sich auf soziale Probleme anwenden lassen, habe ich in dem Buch über *Crime and Personality* gegeben. Wie bereits erwähnt, tendieren Kriminelle dazu, in den labilen, extravertierten Quadranten zu fallen; solche Leute können durch geringe kortikale Erregung charakterisiert werden, die sie daran hindert, ohne weiteres konditionierte (bedingte) Reflexe zu formen. Nun werden bei den meisten Leuten Ehrlichkeit und andere soziale Tugenden wahrscheinlich angeregt und aufrechterhalten durch eine Art von »Gewissen«, das nach der Theorie selbst Produkt einer langen Geschichte der Konditionierung ist – durch elterliche Einwirkung, durch Vermittlung Gleichaltriger, durch den Einfluß der Lehrer usw. Extravertierte sind in dieser Beziehung durch ihre angeborene schwache Konditionierbarkeit gehandikapt, ein ausgeprägtes Gewissen zu entwickeln;

deshalb verfallen sie viel leichter der Versuchung und begehen kriminelle oder zumindest antisoziale Handlungen. Auf der anderen Seite sind Neurotiker zum größten Teil introvertiert und haben daher einen Kortex mit einem ständigen hohen Erregungszustand. Sie konditionieren nur zu gut und nehmen infolgedessen auch sehr leicht neurotische Symptome an, die ja als einfache bedingte emotionale Antworten aufgefaßt werden können. Diese Theorie, die hier nur sehr kurz und in sehr vereinfachter Form dargestellt ist, trägt auch der starken genetischen Komponente sowohl beim Neurotiker als auch beim Verbrecher Rechnung. (In *Crime and Personality* habe ich die Sache detailliert erörtert.) Heißt dies aber, daß nichts getan werden kann, um Neurose und Kriminalität zu verhindern oder zu heilen? Die Antwort kann nur lauten, daß, wenn unsere Theorie über den Einfluß der Vererbung auf unser Verhalten in Richtung auf die Ausbildung kriminellen oder neurotischen Verhaltens richtig ist (und für den Zweck dieser Diskussion will ich unterstellen, daß sie es ist, obwohl der Sachverhalt natürlich noch längst nicht bewiesen ist), sie uns auch Mittel und Wege in die Hand gibt, beiden krankhaften Abweichungen vorzubeugen bzw. sie zu beseitigen. Nehmen wir zuerst den Fall der Kriminalität: offensichtlich konditionieren Extravertierte weniger schnell und weniger stark; dies ist gemäß der Theorie ein angeborener Faktor, den wir nicht direkt beeinflussen können. Aber immerhin konditionieren sie überhaupt, wenn auch langsam; wir können bei einem Extravertierten den gleichen Grad an Konditionierung erzeugen, indem wir ihn einer Folge von 300 Paaren von konditionellen und nichtkonditionellen Reizen unterwerfen – analog der Glocke und dem Futter in Pawlows berühmten Experiment –, wie wir es bei einem Introvertierten vielleicht schon mit 50 Paaren erreichen. Mit anderen Worten: Extravertierte benötigen eine festere und stetigere Erziehung, um denselben Effekt zu zeitigen wie Introvertierte infolge einer weniger strengen und möglicherweise auch ungleichmäßigeren Behandlung.

So viel zur Prophylaxe; aber wie steht es mit der Theraphie? Wenn der Kriminelle erst einmal bestraft und eingesperrt ist, sollten wir unbedingt versuchen, für ihn das zu tun, was seine Eltern, Lehrer und Gleichaltrigen versäumt haben, nämlich ihm eine Art von »Gewissen« einzuschärfen. Dies kann durch ein detailliertes, konsistentes und wohlgeplantes Programm der Konditionierung erreicht werden, wie ich es in *Psychology is about People* (1972) (dt. *Die Experimentiergesellschaft. Soziale Innovationen durch angewandte Psychologie*) beschrieben habe. (Man beachte, daß solch ein Programm auch nicht im geringsten etwas von der Roheit und Grausamkeit enthält, welche die rein fingierten Methoden charakterisieren, die der Film *The Clockwork Orange* angewandt hat; solche Methoden sind nicht nur abstoßend, sondern würden auch völlig wirkungslos sein.) So führt uns die Anerkennung der exakten Natur der angeborenen Schwäche extravertierter Persönlichkeit zur Entwicklung von umweltbezogenen Methoden der Manipulation des Verhaltens, die sicher wirksamer sind als jene, die in der Vergangenheit angewandt wurden, ohne den Vorteil des heutigen Wissens.

Was würde ein entlang dieser Linie fortschreitende Psychologe tun? In *The Clockwork Orange* werden ohne Hemmung – getreu der sensationellen und pornographischen Tradition einiger zeitgenössischer Filmemacher – paralysierende Elektroschocks gezeigt, die das Opfer auf ein schwafelndes Gemüse reduzieren. Diese Art von Unsinn erinnert mich an mein erstes Abenteuer öffentlichen Auftretens, als ich die Bettunterlage/Klingel-Methode zur Heilung der Enuresis nocturnae diskutierte. (Hierbei läßt man die Kinder auf einer wattierten Maschendrahtdecke schlafen, welche mit einer Batterie und einer Klingel verbunden ist. Wenn das Kind bettnäßt, schließen bereits die ersten Tropfen einen elektrischen Kontakt, die Glocke ertönt und das Kind wacht auf, hört auf, reflexhaft zu urinieren, und kann auf die Toilette gehen. Allmählich wird diese Aufwachreaktion mit dem Gefühl für die gefüllte Blase konditioniert und dadurch das Einnässen verhindert.) Unverzüglich erhob sich ein Schrei des Entsetzens bei den Psychotherapeuten, die viele Jahre lang versucht hatten, Enurese durch freudianische Methoden (und zwar erfolglos) zu heilen, und die sich öffentlich über die Grausamkeit beklagten, Kindern an ihren intimsten Stellen Elektroschocks zu verpassen! Auf solche Weise wurde eine humane, schnell arbeitende und vollkommen sichere und schmerzlose Behandlungsmethode in eine maliziöse, grausame, pornographische Tortur umgedeutet, die anständige Eltern auch nicht für einen Moment in Erwägung ziehen könnten. Genau das gleiche ist meinem Vorschlag widerfahren, daß eine gewisse »Konditionierung« auch auf Straftäter angewandt werden sollte, die augenscheinlich anderweitig nicht zu rehabilitieren sind.

Was dabei eigentlich intendiert war, ist eine *token economy*, eine Art von Ersatzgeldwirtschaft, wie sie sich bei Schizophrenen im Zerfallsstadium als äußerst erfolgreich erwiesen hat, indem sie zu einem nützlichen, genußvollen Leben zurückgebracht werden konnten, und die in den Vereinigten Staaten mit beträchtlichem Erfolg auch auf Kriminelle (bisher in der Hauptsache Erwachsene) angewandt worden ist. Diese Methode, die vor hundert Jahren durch Alexander Maconochie in der großen Strafgefangenen-Kolonie auf Norfolk Island (jetzt zu Australien gehörig) eingeführt wurde und dort – trotz beinahe unüberwindlichen Hindernissen – sogleich

Erfolg hatte, gründet auf der Hypothese, daß Kriminelle bei der Erlernung der »Kontingenzen« *(contingencies)* des normalen Lebens versagt haben. Der hier gebrauchte Terminus technicus bezieht sich – grob gesagt – auf die Aufeinanderfolge von konditionellen und nichtkonditionellen Reizen und Antworten, die zu dem Muster des konditionierten Reflexes führen. Ob nun durch genetische Defekte (die ich in vielen Fällen für ausschlaggebend halte) oder durch eine besondere Geschichte falscher Reinforcements (wie Skinner behaupten würde) oder wahrscheinlich durch beides in wechselnden Proportionen – Kriminelle haben keinen richtigen Sinn für die im Leben gewöhnlich vorkommenden Kontingenzen erworben; insbesondere sind die Sequenzen *Arbeit → Belohnung* und *Vergehen → Bestrafung* (welche den Kern des »Gewissens« und der sozialisierten Lebensweise ausmachen) bei diesen Menschen nicht richtig konditioniert worden. Man beachte, daß diese Feststellung keinen Tadel impliziert; weder die Vererbung noch die »Geschichte der Reinforcements« des Kriminellen sind – in einem bedeutsamen Sinn – unter seiner Kontrolle. Der Begriff der Schuld (und des freien Willens) ist immer Bestandteil einer Vergeltungsdoktrin, und sowohl Skinner wie ich würden solch eine Auffassung als barbarisch und zudem auch als konterproduktiv ablehnen. Statt dessen ist ein reicheres Programm angezeigt, in dem die teilweise fehlende Folge der (positiven und negativen) Verstärkungen in der Weise nachgeholt wird, daß sich damit der optimale Grad an Konditionierung entwickeln kann.

Im einzelnen wird dabei einem Straftäter die Möglichkeit gegeben, Tokens (d. h. Ersatzgeldmarken) zu erhalten für Arbeit und striktes Befolgen gewisser Regeln (gewaltloser, friedlicher, ruhiger Führung, Zusammenarbeit usw.), wobei er diese »Münzen« gegen eine Vielfalt von selbstgewählten Belohnungen *(goodies)* einlösen darf, von Perioden des Fernsehens über Zigaretten oder Süßigkeiten bis zum zeitlich begrenzten Ausgehen auf Ehrenwort. Maconochie hatte ursprünglich vorgeschlagen, daß jeder Gefangene auf diese Weise »seine Strafe abarbeiten« könnte. Er sollte freigelassen werden, wenn er genügend Tokens angehäuft hätte. (Das britische Innenministerium war entsetzt und machte ihm die Ausführung dieses Planes unmöglich.) Von besonderer Bedeutung war in Maconochies Projekt die Zuteilung von Marken für gut getane Arbeit; die Idee, Gefangene in wohlanständigen Tätigkeiten auszubilden sowie die Kontingenz *Arbeit → Belohnung* einzuüben, war für sein Denken zentral. Skinner und seine Nachfolger haben dies ganze System übernommen und es in modernen psychologischen Jargon (dem ich teilweise in der obigen kurzen Beschreibung gefolgt bin) übersetzt; sicherlich fügt es sich sehr gut in das gegenwärtige psychologische Denken ein. Funktioniert es aber auch?

Wir müssen uns vorsehen, nicht von dem Enthusiasmus einiger Psychologen und Kriminologen, die in solchen Systemen Pioniere waren und somit deren Auswirkungen an der Quelle beobachten konnten, überrannt zu werden. Im Hinblick auf die kurze Zeit, seitdem die modernen Methoden der *token economy* in Gefängnissen und anderen Besserungsanstalten angewandt wurden, gibt es natürlich noch keine echte Langzeituntersuchung. Aber wir wissen, daß das System innerhalb der Straf- oder Besserungsanstalten einen grundlegenden und unmittelbaren Wandel im Verhalten und der Einstellung der Gefangenen hervorruft; und auch die Arbeitsweise bessert sich in einem Maße, das viele Beobachter für unmöglich gehalten haben würden. Kurzzeitige Nachuntersuchungen besagen, daß selbst nach der Entlassung diejenigen, welche nach dieser Methode behandelt wurden, eine viel bessere Führung zeigen als Kontrollgruppen, die ihr nicht begegnet sind. Ob dieser Unterschied allerdings auch noch nach einer 20- bis 30jährigen Dauerbeobachtung bestehen bleiben wird, ist natürlich unmöglich vorauszusagen; es sollten aber unbedingt sofortige Forschungen darüber aufgenommen werden. Weiter ist nicht bekannt, ob die Tokenwirtschaft bei Gewohnheitsverbrechern genauso wie bei »Anfängern« funktionieren würde – es mag füglichst bezweifelt werden; offensichtlich muß auch hier ein Versuch gemacht werden, und nur die Zeit wird erbringen, in welchem Maße er Erfolg hat. Aber vielleicht ist das Wissen, daß immerhin für den Erstlingstäter, der gegenwärtig nur zu häufig durch seine Erfahrungen im Gefängnis oder der Besserungsanstalt in das alte Geleise zurückfällt, etwas getan werden kann, ein ausreichender Antrieb, die Arbeit in dieser Richtung fortzusetzen, unsere Methoden zu verbessern suchen und größere und bessere Rehabilitationszentren einzurichten.

Es ist erwähnenswert, daß all diese Bemühungen in den USA angestellt wurden, obwohl die ursprünglichen Ideen aus Großbritannien kamen und obwohl der erste Versuch, die der *token economy* zugrunde liegenden Vorstellungen in die Praxis umzusetzen, durch einen Regierungsbeauftragten Ihrer Majestät unternommen wurde. Man wird sich natürlich die Schwierigkeiten solcher Experimente vorstellen können, zu denen es genauso gehört, in sich selbst sinnvolle Tätigkeiten für die jungen Strafgefangenen zu finden, die sie von vornherein ansprechen und die ihnen eine angemessene Ausbildung ermöglichen, welche sich im späteren Leben als nützlich erweisen mag, wie die Entwicklung von Arbeitsgewohnheiten durch einen permanenten Konditionierungsprozeß. Darüber hinaus ist es schwierig, Psychologen mit einem gewissen Maß an Erfahrung in dieser Richtung (was leichter zu sein scheint, als die Praxis es erweist) sowie mit fundierten lerntheoretischen Kenntnissen zu finden (viele von ihnen sind noch mit den im Sterben liegenden Theorien der »dynamischen« Psychologie ausgestattet). Aber am Ende müßten unsere allgemeine Humanität wie auch die strengen Grundsätze der Buchführung uns zu diesem Versuch hindrängen. Die Kosten der »Heilung« oder Rehabilitation junger Straftäter sind minimal im Vergleich zu den Kosten, die uns Rückfalltäter aufbürden; aus monetären Gründen allein würde das Experiment den Einsatz lohnen. Aber viel wichtiger ist (wenigstens für mich) die sich anbietende Gelegenheit, einen jungen Menschen vor einem Leben zu bewahren, das ihm auf die Dauer gesehen nichts als Erniedrigung, Unglück und Verzweiflung bescheren würde. (Das romantische Bild des Verbrechers, das unsere Fernsehserien ausmalen, kann man kaum als Spiegelbild der Wirklichkeit ansehen.)

Außer den hier herausgestellten *token economies* gibt es natürlich noch andere Wege, die Prinzipien der Konditionierung anzuwenden; keiner von ihnen aber würde der Prozedur in *The Clockwork Orange* folgen. Nicht nur, daß die dort ausgemalten Methoden unseren Moralkodex verletzen würden, ja für zivilisierte Menschen schlechthin unannehmbar wären – so viel müßte eigentlich selbstverständlich sein. Darüber hinaus aber ist die Methode aus einfachen psychologischen Gründen unannehmbar; die Aversionstherapie würde gar nicht bei solchen Leuten funktionieren, die gezwungen werden, sich ihr zu unterwerfen, statt daß sie aus freier Wahl mit dem Psychologen zusammenarbeiten. Ich kenne natürlich sehr wohl die Schwierigkeiten, richtig zu definieren, was mit »freier Wahl« in diesem Zusammenhang gemeint ist, aber in der Praxis ist dies selten ein wirkliches Problem. Man kann unschwer erkennen, ob ein »Patient« in der echten Absicht, eine Änderung herbeizuführen, oder unter der Drohung des Gefängnisses oder eines Gerichtsverfahrens kommt. Selbst die Methoden der *token economy* sollten nicht unwilligen Sträflingen aufgezwungen werden; ihnen sollte die freie Entscheidung gelassen werden, ob sie in das Programm eintreten wollen oder es vorziehen, daß alles beim alten bleibt. Von der amerikanischen Erfahrung her scheint es nicht nur wenig zweifelhaft, daß die große Mehrheit die Wahl treffen würde, die ihnen eine Chance der Rehabilitation gibt, sondern gleichermaßen, daß sie diese Entscheidung nicht bedauern würde.

Während viele, wenn nicht die meisten Kriminellen durch diese Theorie und die hier ausgeführten Behandlungsmethoden erfaßt werden, gibt es natürlich andere, deren kriminelles Verhalten ganz andere Ursachen hat und die daher auch eine ganz andersartige Behandlung erfordern. (Z. B. tendieren Mörder zur Introvertiertheit – zumindest in Europa –; professionelle Killer mögen ein Sonderfall sein.) Individuelle Unterschiede sind innerhalb der Gruppe der Kriminellen genauso ausgeprägt wie außerhalb, und die Auswahl der Umerziehungsmethoden muß immer eng mit der Anerkennung der Ungleichheit der Menschen verknüpft werden – selbst wenn diese Menschen im Gefängnis sind.

I. Sarason, der in Seattle arbeitet (seine Forschungen sind bisher unveröffentlicht), ist der Ansicht, daß viele Jungstraftäter sich falsch verhielten, weil sie nie das gesellschaftliche Geschick erlernt hätten, das sie auch schwierige Situationen in der Schule, bei der Arbeit und zu Hause meistern lassen würde. Er hat ein *modeling* genanntes Programm der Modellbildung vorgeschlagen, das von dem wichtigen Prinzip der Imitation Gebrauch macht. Dabei wird jugendlichen Delinquenten gruppenweise eine Szene gezeigt, wie sie ihnen allen widerfahren könnte, wobei ein »Modell« ihnen eine adäquate Bewältigung einer solchen Szene vorführt. Z. B. kann die Szene einen Jungen beschreiben, der sich bei einem Arbeitgeber vorstellt; man läßt ihn warten, behandelt ihn unhöflich, es gibt Unklarheiten über seine Qualifikation sowie noch andere Schwierigkeiten. Wie sollte er mit dieser Lage fertigwerden? Ein dummer, introvertierter Junge hätte große Mühe, sich angemessen zu verhalten und könnte somit die Chance, einen wertvollen Job zu bekommen, verlieren. Ein Training, lebensnahe Situationen richtig zu handhaben, würde seine Chancen sicher erhöhen.

Es gibt viele derartige Situationen – etwa angesichts unfairer Behandlung durch einen Vorgesetzten oder Lehrer –, welche alle im Verlauf des Schul- und Arbeitslebens entstehen, von denen aber nur wenige Leute wissen, wie sie durchzustehen sind. Diese Fähigkeit ist besonders bedeutsam für den Heranwachsenden, der bereits eine Vorstrafe hat; nur wenige Leute werden sich zu seinen Gunsten einsetzen. Eine andere Kunst, die Unterweisung verlangt, ist es, dem Druck Gleichaltriger zu begegnen, die etwas fordern, was Ärger geben kann. Die Schulen geben sich mit dem Lehren solch nützlicher Dinge nicht ab! Wir bringen den Kindern Wissen bei, nicht dagegen adaptives, situationsgerichtetes Verhalten.

Sarason verfolgte die solcherart Trainierten über drei Jahre hinweg und verglich ihr Schicksal mit dem einer unbelehrten Kontrollgruppe; es ergab sich eine 50%ige Besserung im Verhalten nach der Entlassung derjenigen Gruppe, die mittels »Modellbildung« resozialisiert worden war. Keine derartige Verbesserung ist jemals nach Behandlung der Kriminellen mit den offiziellen Methoden berichtet worden! Interessanterweise berichtet Sarason, daß jene Heranwachsenden, bei denen die Methode am effektivsten war, alle ängstliche, unzulängliche, neurotische Jungen waren, d. h. Introvertierte im Gegensatz zum extravertierten Typus. Psychopathische extravertierte Jungen wußten von Haus aus, wie sie sich in den sozialen Situationen verhalten sollten, und brauchten daher nicht unterrichtet zu werden! Jedoch trugen sie aus der Behandlung auch keinen Nutzen: für sie war eine strenge Anwendung von *token economy* weit überlegen.

Mit anderen Worten: um Kriminelle zu rehabilitieren, müssen wir zuerst einmal eine Theorie betreffend die Ursachen ihres Verhaltens haben. Dann müssen wir die Theorie applizieren, ohne dabei zu versäumen, die individuellen Unterschiede in Rechnung zu stellen, und Behandlungsmethoden entwickeln, welche nicht nur äußerst human oder sogar angenehm, sondern auch nachweislich effektiv sind. (Die Delinquenten waren nicht verpflichtet, an den Modelldemonstrationen teilzunehmen; sie kamen, weil sie sie interessant und nützlich fanden. Ähnlich mögen die Jugendlichen gewöhnlich Tokenwirtschaft und ziehen sie bei weitem der üblichen Behandlung vor. Den Jungen der Modellbildungsgruppe wurde routinemäßig in der Institution, die das Experiment durchführte, Psychotherapie verabreicht. Sie mochten sie überhaupt nicht und mußten zu ihrer Teilnahme gezwungen werden.) Es ist interessant, einmal darüber nachzudenken, warum z. B. in Großbritannien keine ähnliche Arbeit unternommen wird und warum die Resultate aus den amerikanischen Experimenten hier nicht angewandt werden. Wenn wir die große Summe betrachten, welche der Staat sparen könnte, wenn er auch nur ein paar der zu erwachsenen Verbrechern werdenden jugendlichen Straffälligen wieder auf die richtige Bahn bringen kann, mag man sich fragen, ob das Gerede über die Rehabilitierung von Kriminellen wirklich ernst gemeint ist. Vielleicht sind wir in Wahrheit nur daran interessiert, sie zu bestrafen.

Ähnliche Argumente können in bezug auf die Neurosen vorgebracht werden. Wenn nämlich neurotische Störungen nicht für irgendeinen zugrunde liegenden »Komplex« symptomatisch sind – wie Freud dachte –, sondern bloß konditionierte emotionale Antworten, dann kann man höchstwahrscheinlich solche Patienten mittels einfacher Extinktionsmethoden nach dem Vorbild der Laboratoriumsprozeduren mit experimentellen konditionierten Reaktionen von ihren Leiden heilen. Viele Beweise sind bereits dafür vorhanden, daß »Verhaltenstherapie« (welches der Terminus zur Charakterisierung aller in dieser Richtung ausgearbeiteten Methoden ist) nicht nur effektiver ist als ältere Methoden der Psychotherapie, sondern auch viel zeitsparender. Eine Anerkennung der genetischen Basis der neurotischen Störungen zusammen mit einer klaren Hypothese darüber, was genau angeboren ist und kausal bezogen auf die neurotische Dysfunktion, kann uns zu Methoden der Verhaltensmodifikation führen, die eindeutig den früher erhältlichen Therapieformen überlegen sind. So führt uns die genetische Theorie für bestimmte Typen des Verhaltens nicht zu einem therapeutischen Nihilismus – ganz im Gegenteil: es ist das Nichtbeachten solcher genetischer Ursachen, gepaart mit einer ungebührlichen Hervorhebung der Umweltwirkungen, die für das Versagen psychotherapeutischer Behandlungsmethoden während der vergangenen fünfzig Jahre verantwortlich ist. –

Die Bemerkungen in den letzten paar Absätzen geben vielleicht wegen ihrer Kürze einen falschen Eindruck von der grundsätzlich interaktionistischen Natur der angewandten Hypothesen. Wir behaupten nicht, daß die Konditionierbarkeit einer Person der einzige oder auch nur der Hauptfaktor ist, der kriminelles oder neurotisches Verhalten hervorruft. Offensichtlich sind die Umweltbedingungen von beträchtlichem Einfluß; um eine aktuelle Konditionierung zuwege zu bringen, ist das Zusammentreffen von konditionellem und nichtkonditionellem Reiz im konditionierbaren Organismus erforderlich; und dieses Zusammentreffen ist natürlich ein Umweltereignis. Der genetische Aspekt des Vorgangs ist nur deshalb so betont worden, weil er gewöhnlich in den vergangenen 50 Jahren in Diskussionen über Neurose und Verbrechen vernachlässigt worden ist; unsere Absicht ist es – wie gesagt –, das Pendel zurückschwingen zu lassen, nicht aber, die rein genetische Position wiederherzustellen. Wir müssen lernen, die Bedeutung der Wechselwirkung bezüglich aller Verhaltensaspekte anzuerkennen; zweifellos darf weder die Wichtigkeit der Anlage noch der Umwelt unterschätzt oder gar übersehen werden.

Eine Schwierigkeit allerdings verdunkelt die Argumentation, und es ist wesentlich, die Existenz dieser Schwierigkeit zu erkennen. Wenn Leute über das *environment,* die »Umwelt«, reden, so haben sie oft ganz verschiedene und widersprüchliche Dinge im Sinn. Häufig bringen sie die bestehende Umwelt mit einer anderen, möglichen Umwelt in Verbindung, welche wir auf der Basis des vorhandenen Wissens konstruieren könnten. Darüber hinaus vermischen sie diese beiden Umwelten mit einer anderen, die gewisse klar definierte Endzustände besitzt, von der wir aber nicht wissen, wie sie zu konstruieren ist. Und oft statten sie solche möglichen, aber nichtexistenten Umwelten mit Eigenschaften aus, die sie aufgrund unserer faktischen Erkenntnisse aller Wahrscheinlichkeit nach gar nicht besitzen können. Und das schlimmste von allem ist, daß Diskussionen über Umwelteinflüsse sich selten auf spezifizierte und eindeutig umschriebene Wesenheiten beziehen; Umwelt stellt sich gewöhnlich als ein völlig vages und unidentifiziertes Mischmasch von Einflüssen aller Art heraus, von denen die meisten vollständig unklar bleiben, indem sie im wesentlichen einen »Faktor X« enthalten, der angerufen wird, wenn alle strenger definierten Faktoren sich als ineffektiv erweisen. Wir haben schon ein Beispiel gegeben, das zeigt, wie irrige Vorannahmen über den Umfang der Milieubestimmtheit des IQ die Egalitaristen dazu gebracht haben anzunehmen, daß eine Gesellschaft, die für ihre Mitglieder Umweltbedingungen von solcher Gleichheit, wie sie in Waisenhäusern bestehen, erreicht hat, zu einer bedeutsamen Verminderung der IQ-Varianz führen würde, während man tatsächlich zeigen kann, daß eine solche Schrumpfung doch recht bescheiden ist. Lassen Sie uns nun ein mehr esoterisches Beispiel betrachten.

Im Jahre 1963 veröffentlichte O. S. Heyns in Johannesburg eine Monographie über *Abdomal Decompression*, in welcher er die von ihm entwickelte antenatale Unterdruckbehandlung des mütterlichen Unterleibs beschrieb. In ihrer vorliegenden Form umfaßt diese Methode einen luftdichten, die Patientin von den Achselhöhlen bis zu den Füßen umhüllenden Plastikanzug, mit einem starren kuppelförmigen »Spacer« über dem Abdomen. Ein Gummischlauch verbindet diesen Anzug mit einer Saugvorrichtung, durch den – unter direkter Kontrolle der Patientin – die Luft in dem Hohlraum entfernt werden kann, wodurch der Druck auf den Unterleib um etwa ein bis zwei *pounds per square inch* (etwa 70–140 g pro cm^2) vermindert wird. Heyns erläutert den Effekt damit, daß die Form des Uterus von einer elliptischen zu einer mehr oder weniger sphärischen übergeht, bei gleichzeitigen physiologischen Veränderungen, von denen die wichtigste – von unserem Standpunkt aus – eine verbesserte Blutzufuhr zum Fötus und der Plazenta ist. Dies ist besonders wohltuend in Fällen von Schwangerschaftstoxämie (Blutvergiftung) und plazentaler Insuffizienz (i. e. mangelnder Blutzufuhr). Die Verbesserung der Sauerstoffzufuhr zum Fötus, besonders seinem Gehirn, ist die Grundlage der Hypothese, daß Dekompression als eine regelmäßige Behandlung von der 28. Woche der Schwangerschaft an in der Tat die Intelligenz des Kindes erhöht. Heyns behauptet, eine klare Überlegenheit derjenigen Kinder erwiesen zu haben, die nach dieserart Behandlung geboren wurden. Indem er die Gesell-Methode der Einschätzung der geistigen Fähigkeiten von 324 Kindern vor Vollendung des 2. Lebensjahres anwandte, mit einem Verhältnismaßwert ähnlich dem IQ, und den er F-Score nennt, erhielt Heyns Durchschnittswerte von 107 für zwei Kontrollgruppen, die die Behandlung nicht empfangen hatten, und Werte von 126, 131 und 134 für drei Gruppen mit resp. 14, 15 und 58 Dekompressionssitzungen. Er berichtet außerdem sehr signifikante Korrelationen zwischen F-Werten und der Zahl der Unterdruckbehandlungen für mehrere verschiedene Gruppen von Müttern.

Unglücklicherweise gibt es in dieser Studie viele Fehlerquellen. Heyns benutzte für seine Dekompressionsgruppen ausschließlich Freiwillige, und nachfolgende Untersuchungen haben gezeigt, daß solche Freiwilligen der Tendenz nach sehr intelligente Mittelstandsmütter sind; dies muß unter allen Umständen zu überdurchschnittlich aufgeweckten Babys führen. Die benutzte Skala verläßt sich in einem gewissen Maße auf den Bericht der Eltern, und dieser könnte durch deren Erwartungen beeinflußt sein. Schließlich lassen Intelligenztestwerte im Alter von 2 Jahren sehr schwache Voraussagen für die zu erwartende Intelligenz im Erwachsenenalter zu, das beobachtbare Verhalten ist fast aussschließlich physischer Natur und nicht wirklich prognostisch für die geistige und sprachliche Entwicklung. Als R. Liddicoat die Studie wiederholte, kam er diesen kritischen Bedenken so weit wie möglich zuvor, und er erhielt dabei die in Tab. 13 gezeigten Ergebnisse. Die Mütter wurden dabei nach Wechsler-Bellevue getestet, die Kinder im Alter von 3 Jahren nach Merrill-Palmer und die kleineren Kinder und die Babys mittels der *South African Child Development Scale* (der Südafrikanischen Kindesentwicklungsskala), welche sich für keine ihrer Maßstäbe auf elterlichen Bericht verläßt. Man kann sehen, daß es hier keinen Beweis für irgendeine Erhöhung des IQ gibt, welche der Dekompressionsbehandlung zugeschrieben werden könnte. Mit Sicherheit ist diese neue Methode kein Heilmittel gegen Dummheit, aber es ist im Hinblick auf die Anlage-Umwelt-Kontroverse nicht uninteressant, für einen Moment die hypothetische Position zu betrachten für den Fall, daß die Behauptungen von Heyns erhärtet worden wären.

Wenn nämlich die Behandlung bei universeller Anwendung bei jedem Kind unabhängig von seiner Rasse oder dem elterlichen IQ eine Verbesserung von 30% erzielen könnte, dann würde der Bevölkerungsdurchschnitt um etwa 30 Punkte hochschnellen. Dies würde jedoch die Streuung nicht vermindern, und die generelle Schlußfolgerung, daß 80% der Varianz genetischen Faktoren beigemessen werden muß, wäre immer noch richtig. Aber nehmen wir einmal an, diese Behandlung würde nur Negermüttern verabreicht werden, in der Hoffnung, daß dies die Intelligenzunterschiede zwischen Schwarzen und Weißen in Amerika ausgleichen könnte. Der Effekt müßte ziemliches Entsetzen erregen, da der Durchschnitts-IQ der Schwarzen dann weit über dem der Weißen zu liegen käme. Zwar wäre der Anteil der Varianz, welcher der Umwelt zugeschrieben werden müßte, innerhalb jeder Rasse immer noch 20%, aber zwischen den Rassen würde er den durch die Vererbung verursachten beinahe vollständig umstürzen. Indem man nun das Verhältnis von schwarzen und weißen »Dekomprimierten« und auch die Zahl der verabreichten Dekompressionsbehandlungen variierte, könnte fast jedes beliebige Resultat im Hinblick auf den relativen Beitrag von genetischen und Umweltfaktoren für die Intelligenz des wach-

Stichprobe	Einschätzung	Dekompressionsgruppe Mittel	Dekompressionsgruppe St. Abw.	Kontrollgruppe Mittel	Kontrollgruppe St. Abw.
Mütter	Wechsler-Bellevue	96,0	fehlt	96,2	fehlt
Kinder 1 Monat	S. A. Ch. Dev. Scale	32,888	7,026	31,779	7,122
Kinder 4 Monate	S. A. Ch. Dev. Scale	96,073	14,262	94,744	14,293
Kinder 9 Monate	S. A. Ch. Dev. Scale	50,710	10,060	49,518	10,823
Kinder 3 Jahre	Merrill-Palmer	103,904	11,890	103,155	13,023

Tab. 13 *Liddicoats Studie (1968) über Dekompression*

senden Kindes erzeugt werden. Keines von diesen aber würde die in diesem Buch gemachten Statements in bezug auf die *derzeitige* Bedeutung der Vererbung ungültig machen. Es gibt unbegrenzt viele Umwelten; die besondere Umwelt, die im Zeitpunkt der hier berichteten Studie existierte, mag U_1 genannt werden; für U_1 beträgt der Anteil der von genetischen Ursachen abhängigen IQ-Varianz 80%. Die Umwelt, welche eine neue Entwicklung wie die Dekompression einbezieht – unterstellt, diese beeinflußte wirklich die Intelligenz – sei U_2; der erblichen Faktoren zugeschriebene Prozentsatz der IQ-Varianz in U_2 könnte jeder beliebige von 0 bis 100 sein. Aber natürlich ist dies ein Blick in eine Zukunft, in der Wege zur Beeinflussung der Intelligenz gefunden sein mögen; zudem ist es unwahrscheinlich, daß eine Methode entdeckt werden wird, der nicht die Anerkennung einer starken genetischen Grundlage für den IQ und ein besseres Verständnis eben dieser Grundlage immanent ist. Die derzeitige Arbeit über evozierte Potentiale ist ein erster Anfang zu solch einem verbreiterten Wissen hin.

Wir haben gesehen, daß »Dekompression« keine Lösung ist. Gibt es nun irgendeinen Hinweis, welches die Antwort sein könnte? Heute gibt es eine Menge Zeugnisse für die Behauptung, daß Glutaminsäure in der Lage sei, den IQ von dummen Kindern (und Ratten) in einem sehr bedeutsamen Ausmaß anzuheben; das Mittel scheint dagegen mittelmäßige oder gar begabte Kinder (oder Ratten) nicht zu beeinflussen. Es ist unwahrscheinlich, daß dieser Effekt durch die Aufhebung eines gewissen vorher bestehenden Mangels von Glutamat in der Nahrung entsteht. Viel wahrscheinlicher ist, daß für die Verbesserung der Lernfähigkeit der erleichternde Effekt der Glutaminsäure auf gewisse Stoffwechselprozesse, die neuraler Aktivität unterliegen, verantwortlich ist. Zum Beispiel konnte man zeigen, daß Glutaminsäure bei der Synthese von Azetylcholin wichtig ist, einer chemischen Substanz, die für die Erzeugung von verschiedenen elektrischen Potentialänderungen bei den neuralen Erregungsleitungen notwendig ist. Die Menge des gebildeten Azetylcholin konnte durch Hinzufügen von Glutaminsäure zu dialysierten Extrakten von Rattengehirnen vier- bis fünfmal erhöht werden. Man konnte ebenfalls zeigen, daß die Konzentration von Glutaminsäure im Gehirn unverhältnismäßig hoch ist im Vergleich zur Konzentration anderer Aminosäuren oder ihrer Konzentration in anderen körperlichen Geweben. Weiter ist von allen Aminosäuren Glutaminsäure allein in der Lage, anstelle von Glukose für die Beatmung des Gehirns zu sorgen; dies weist ebenfalls darauf hin, daß Glutaminsäure an neuralen Funktionen beteiligt ist. Schließlich hat man gefunden, daß die Säure ihre Hauptaktivität auf den Kortex ausübt, indem sie dessen Erregungsschwelle

senkt. All dies weist klar auf die Bedeutung der Glutaminsäure im zerebralen Stoffwechsel hin und verbindet sich vielversprechend mit der Arbeit, die über evozierte Potentiale berichtet worden ist.
Warum aber funktioniert dies nur bei subnormalen Organismen? Wahrscheinlich ist der Hirnstoffwechsel von solchen Individuen in gewisser Weise gestört, während der von durchschnittlichen Ratten und Menschen normal ist, so daß Glutaminsäure zwar den defekten zerebralen Metabolismus positiv verbessern kann, auf den normalen Organismus jedoch keinen besonderen Effekt hat. Sicherlich existiert eine Beziehung zwischen zerebralem Stoffwechsel und geistigen Funktionen. Wenn man Gewebsschnitte von geistig zurückgebliebenen Personen untersucht, kann man sehen, daß diese Gewebe nicht in der Lage sind, eine normale Menge von Sauerstoff und Kohlenhydraten auszunutzen. In Fällen von Mongolismus, mongoloider Idiotie und »Oligophrenia phenylpyruvica« (durch Phenylketonurie hervorgerufenem Schwachsinn) z. B. beseitigte das Gehirn von einer gegebenen es durchlaufenden Blutmenge viel geringere Mengen Sauerstoff und Glukose als normal, d. h., daß bei diesen geistig behinderten Patienten ein ganz einfacher zerebraler Stoffwechseldefekt vorlag.
Wir können nun eine Welt ins Auge fassen, in der ein Milieu U_x alle Kinder mit niedrigen IQs in ausreichenden Dosen mit Glutaminsäure versorgt, um einen maximalen Effekt zu erhalten, und zum Zwecke der Illustration wollen wir uns vorstellen, daß die Auswirkung umgekehrt proportional dem IQ des Kindes ist, vorausgesetzt, er liegt unter 100. Mit anderen Worten, bei durchschnittlich und überdurchschnittlich aufgeweckten Kindern tritt kein Effekt ein; bei den unterdurchschnittlichen Kindern ist die Wirkung am größten für die dümmsten und am geringsten für die relativ aufgeweckten. In einer derartigen Gesellschaft würde der mittlere IQ der Bevölkerung gehoben und die Varianz kleiner werden; dies ist genau, was die Egalitaristen anstreben. Nun wird natürlich nicht behauptet, daß Glutaminsäure dies alles bewirken werde; derzeit reichen die Beweise einfach noch nicht dafür aus, so weitgehende Ansprüche zu erheben. Möglicherweise funktioniert sie nur bei geistigen Defekten; sicherlich sind die positiven Ergebnisse, die berichtet werden, bei solchen Kindern erzielt. Vielleicht sind die Stoffwechseldefekte, die durch Glutaminsäure geheilt werden können, mit besonderen Genen verbunden, die nicht mit jenen identisch sind, welche die normale Verteilung der Intelligenz verursachen. Es gibt noch alle möglichen Probleme, die einer sachangemessenen Forschung zur Beantwortung verbleiben. Eine Frage aber stellt sich vor allen anderen: Warum – obwohl die Wirkungen der Glutaminsäure auf den IQ seit bald 30 Jahren bekannt sind – hat es keine gezielten Anstrengungen gegeben,

um all die anstehenden sachlichen Detailfragen zu erforschen? Es sind über tausend verschiedene Untersuchungen über Erziehungsprogramme nach Art von *Headstart* ausgeführt worden, die praktisch ohne Effekt auf die IQs oder die Studienleistungen der Hunderttausende von betroffenen Kindern blieben. Warum ist nicht wenigstens ein Teil des ausgegebenen Geldes (das in die Milliarden Dollar geht) für ganz einfache und direkte Forschungsvorhaben bereitgestellt worden, die nötig wären, um ein für alle Mal exakt herauszufinden, welches die Auswirkungen der Glutaminsäure auf die Intelligenz von dummen Kindern sind? Es scheint geradezu eine Form des environmentalistischen Vorurteils zu sein, daß Regierungen und Forschungsaufträge vergebende Körperschaften ihre Geldsäckel nur für eine nachweisbar nutzlose pädagogische Theorie und Praxis öffnen, die von Anfang an zu schmählichen Fehlschlägen verurteilt sind, und damit viel erfolgversprechendere biologische Studien verhindern. Erziehung ist »in«, Pharmaka sind »out« – so lautet das zeitgenössische Glaubensbekenntnis.

Und doch möchte man meinen, daß jeder Egalitarist, der etwas auf sich hält, eigentlich auf die Gelegenheit fliegen müßte, die die Existenz von Medikamenten wie die Glutaminsäure bietet. Was aber sollten wir tun, um ihre Wirksamkeit zu erproben? Wir könnten unterschiedliche Dosen anwenden – über verschiedene Zeiträume, an ausgewählten Kindern mit verschiedenen IQ-Niveaus und unterschiedlichem Alter – und jeden möglichen Effekt auf den IQ, auf Spezialbegabungen, die Schulleistungen und besonders auf das Tempo, die Genauigkeit und die Durchhaltekomponenten der Intelligenz messen. Wir sollten unsere Physiologen die genauen Auswirkungen der Droge auf den Kortex erforschen lassen, indem sie von solchen Techniken wie evozierten Potentialen genauso Gebrauch machen wie von den traditionelleren. Wir sollten unsere Biochemiker mit Studien über die genaue Grundlage der beobachteten Effekte beauftragen und sie anhalten, durch leichte Änderungen in der Formel die Wirkungsweise des Mittels zu verbessern. Es ist niemals weise zu prophezeien, was geschehen könnte, wenn die Forschung Neuland betritt; aber ich zögere nicht zu behaupten, daß das dabei erreichbare Wissen von viel größerem sozialen Wert und Nutzen sein würde als jenes aus den tausend und einen *Headstart*-Projekten.

Der Abscheu vor dem Gebrauch von (Psycho-)Pharmaka ist genauso sichtbar – und in mancher Weise überraschend – im Hinblick auf die Kriminalität. Es ist theoretisch voraussagbar – und durch Beobachtungen auch bestätigt –, daß Amphetamine und andere stimulante Drogen benutzt werden können, eigensinnige, feindselige und aggressive Verbrecher in kooperative, formbare und vernünftige Individuen zu verwandeln. Gleichzeitig ist experimentell bewiesen worden, daß diese Mittel die Menschen mehr »introvertiert« machen und damit ihre Konditionierbarkeit erhöhen, das heißt die Antwortbereitschaft auf Erfahrungen, die ihrer Rehabilitation dienen, größer wird. Trotz dieser wohlbelegten Fakten werden zur Zeit in Gefängnissen oder Besserungsanstalten keinerlei Untersuchungen durchgeführt, welche diese bedeutsamen Hilfen zur Wiedereingliederung benutzen. Gleichermaßen ist sehr wohl bekannt, daß Phenothiazine und andere antipsychotische Drogen einen ungeheuren Effekt auf Geisteskrankheiten haben; warum werden diese nicht als mögliche Hilfen bei der Behandlung von Gefangenen mit hohem P-Wert untersucht? Es bestehen gute Aussichten, daß wir auf diese Weise in die Lage kommen, gerade die Art von Gefangenen, die jeder bisher auf- und verloren gegeben hat, zu rehabilitieren. Indem wir uns weigern, unsere biologische Natur und Abstammung anzuerkennen, leugnen wir auch die moderne Evolutionstheorie; ist es nicht an der Zeit, daß wir den ungleichen Kampf aufgeben und uns mit der Realität aussöhnen? Wenn Pharmaka mit unserer ererbten Natur zusammenwirken können, um wünschenswerte Konsequenzen im Verhalten zu erzielen – sollte unser Vorurteil uns noch länger im Wege stehen?

Doch wie immer es auch sein mag, viele Leute werden ein wenig skeptisch sein, wenn sie mit dem aus unserer Diskussion des *performance contracting* und der verschiedenen *Headstart*-Programme sich herauskristallisierenden Faktum konfrontiert werden, daß die Psychologie offenbar keinen wirklichen Beitrag zur Verbesserung der Erziehung leisten kann, insbesondere soweit die sogenannten »unterprivilegierten« Kinder betroffen sind. Eine solche These stimmt natürlich nicht ganz und gar; sie wäre nur wahr, wenn wir innerhalb des gedanklichen Zirkelschlusses blieben, der von der Behauptung regiert wird, daß grundsätzlich alle Kinder die gleichen Fähigkeiten haben und daß folglich alle nach denselben Methoden unterrichtet werden sollten. Wir haben gesehen, daß dies selbst dann falsch ist, wenn wir lediglich die Persönlichkeit betrachten; was dem Introvertierten paßt, schmeckt dem Extravertierten noch lange nicht. Das gilt in noch größerem Maße für die Intelligenz; und gerade in dieser Hinsicht hat Arthur Jensen einen äußerst fruchtbaren Ansatz gemacht, welcher es verdient, in einem viel größeren Ausmaß weiterverfolgt zu werden, als es tatsächlich bisher der Fall war. Wir werden dies zunächst mit einem Zitat von E. W. Gordon und D. A. Wilkerson belegen, die in ihrem Buch über *Compensatory Education for the Disadvantaged* (1966) einige aktuelle und relevante Beobachtungen beschrieben haben:

> »...das unausgesprochene Ziel der meisten kompensatorischen Programme ist es, benachteiligte Kinder so weit wie möglich an jene heranzubringen, bei denen die Schule erfolgreich war, und unser Maßstab für eine erfolgreiche Erziehung ist dabei, wie gut sie sich den Mittelstandskindern im Schulunterricht annähern. Es ist überhaupt nicht klar, ob das Konzept der kompensatorischen Erziehung auch tatsächlich den Problemen der Benachteiligten angemessen entgegentreten kann. Diese Kinder entstammen *nicht* der Mittelschicht, viele von ihnen werden auch *niemals* dorthin gelangen, und sie können niemals etwas anderes als zweitrangig werden, solange man sie als potentielle Mittelstandsindividuen anspricht... Bestenfalls sind sie anders, und ein Vorgehen, daß diese Andersartigkeit bloß als etwas ansieht, das überwunden werden muß, ist höchstwahrscheinlich zum Scheitern verurteilt.«

In ähnlicher Weise habe ich oft darauf hingewiesen, daß unser Erziehungssystem an akademischen Standards und insbesondere an Typen des Universitätsstudiums ausgerichtet ist, welche für die große Mehrzahl der Kinder, die dieser schrecklichen, alles exzessiv klein mahlenden Erziehungsmühle unterworfen werden, ungeeignet ist. Methoden und Unterrichtsziele, welche den theoretisch begabten Kindern anstehen, können für nichttheoretische Kinder durchaus unpassend sein; und sie dennoch zu einem Wettbewerb zu zwingen, um dessen Teilnahme sie sich nicht gerissen haben und in dem sie unweigerlich versagen, ist keine vernünftige Art, den Unterricht in der Schule zu organisieren.

In Reaktion darauf sind viele »progressive« Pädagogen zum anderen Extrem übergegangen. Indem sie klarerweise sahen, daß nicht alle Kinder rein theoretischen Unterricht erhalten können noch sollten, proklamierten sie, daß keines es sollte; anstatt daß die Unterrichtsziele nach den fähigsten Theoretikern ausgerichtet werden wie bislang, werden sie nun nach den unfähigsten ausgerichtet; und sogar solch weitreichende Neuerungen wie die Abschaffung der Prüfungen sind Gegenstand ernsthafter Diskussionen. Zugrunde liegt all diesen Launen – in der Vergangenheit wie Gegenwart – der fundamentale Irrtum, daß alle Kinder gleich seien und man ihnen also die gleiche Diät geben müsse. Jensens Überlegung befreit uns von diesem fundamentalen Irrtum. Er beginnt (1973) mit einer Beobachtung, die schon häufig von Lehrern benachteiligter Kinder gemacht worden ist:

> »...viele dieser Kinder scheinen viel aufgeweckter zu sein, als ihre IQs erwarten ließen, und... selbst wenn ihre schulischen Leistungen gewöhnlich so schwach sind wie die von Mittelstandskindern mit ähnlichem IQ, so erscheinen die benachteiligten Kinder in nichtschuli-

schen Bereichen gewöhnlich viel aufgeweckter als ihre IQ-Genossen aus der höheren Gesellschaftsschicht. Ein Kind der Unterschicht, das in eine neue Klasse kommt, wird sich zum Beispiel in ein paar Tagen die Namen von 20 oder 30 Kindern einprägen, wird schnell die Regeln und das Geschick verschiedener Spiele auf dem Schulhof erlernen und so weiter – Leistungen, die praktisch seinen IQ Lügen strafen, der vielleicht nicht höher als 60 ist. Dies alles hinterläßt den Eindruck, daß der Test gegenüber benachteiligten Kindern »unfair« ist, da Mittelstandskinder auf dieser IQ-Stufe meist ein ganzes Jahr in einer Klasse verbringen, ohne die Namen von mehr als ein paar Mitschülern zu lernen, und die auch auf dem Spielplatz und in sozialen Beziehungen gleichermaßen unfähig erscheinen wie in ihren schulischen Arbeiten.«

Um diese Fakten zu erklären, nimmt Jensen die Existenz zweier genetisch unterschiedener Grundprozesse an, welche dem Kontinuum von einfachem assoziativem bis zu komplexem kognitivem oder begrifflichem Lernen unterliegen. Begabung erscheint so auf zwei verschiedenen Niveaus. Ebene I (assoziative Fähigkeit) enthält die neurale Registrierung und Konsolidierung der Reizeingänge *(stimulus-inputs)* und die Bildung von Assoziationen. »Es finden relativ wenig Transformationen der aufgenommenen Reize statt; daher gibt es eine hohe Übereinstimmung zwischen den Formen des Reiz-Input und der Form des Antwort-Output.« Ebene II (kognitive, begriffliche Fähigkeit) involviert »selbstinitiierte Elaboration und Transformation der Stimuli, bevor es zu einer offenen Antwort kommt. Begriffslernen und Problemlösung sind gute Beispiele. Das Subjekt muß aktiv den Input manipulieren, um zum Output zu kommen«. Intelligenztests, besonders Tests der »Flüssigkeit« (der Sprache), sind gute Maßstäbe für die Fähigkeit der Ebene II; Zahlengedächtnis, mechanisches Lernen und freie Erinnerung von visuell oder verbal präsentiertem Material (wie im Pfadfindertest, in dem ein Tablett voll von Gegenständen für 30 Sekunden gezeigt und dann mit einem Tuch zugedeckt wird und der Prüfling sagen soll, was er auf ihm gesehen hat) sind alles gute Maßstäbe der Vermögen der Ebene I. Diese zwei Typen oder Niveaus von Fähigkeiten sind nicht vollkommen unkorreliert, aber die Korrelationen sind niedrig genug, um es Kindern mit niedrigem IQ (geringe Ebene-II-Leistungen) sehr wohl zu ermöglichen, in Ebene-I-Tests gut abzuschneiden. (Die tatsächlichen Korrelationen liegen für Samples von weißen, schwarzen und mexikanischen Kindern zwischen 0,2 und 0,3.) Jensen fand, daß zwar bedeutende Unterschiede unter den sozialen Schichten im IQ (Ebene-II-Fähigkeiten) existieren, Unterschiede in bezug auf Ebene-I-Fähigkeiten aber nur gering oder gar nicht vorhanden sind; bei dem oben erwähnten »Pfadfindertest« fand er keinen Unterschied zwischen Arbeiterklassen- und Mittelstandskindern, selbst wenn diese um etwa 15 bis 20 Punkte im IQ differierten. Jensen schließt seine Beweisaufnahme mit den Worten:

> »...gewöhnliche IQ-Tests sind nicht als »unfair« anzusehen in dem Sinne, daß man in ihnen ein ungenaues und ungültiges Maß für die vielen benachteiligten Kinder hätte, die niedrige Scores erzielen. Wenn sie unfair sind, so deswegen, weil sie nur ein Teil des gesamten Spektrums der geistigen Fähigkeiten berühren und nicht jenen Aspekt enthüllen, der vielleicht die eigentliche Stärke des benachteiligten Kindes ist – die Fähigkeit für assoziatives Lernen.«

Und er fährt fort zu argumentieren:

> »...da die traditionellen Methoden des Klassenzimmerunterrichts in Bevölkerungskreisen entwickelt wurden, welche ein überwiegend mittelständisches Vorbild an Begabungen hatten, setzen sie größeren Nachdruck auf kognitives als auf assoziatives Lernen. In der Post-Sputnik-Ära hat die kognitive und begriffliche Schulung noch verstärkte Anwendung gefunden – zum großen Nachteil für viele Kinder, deren Lernweise vorherrschend assoziativ ist. Viele der Grundfertigkeiten können durch verschiedene Mittel erworben werden, und ein Unterrichtsschema, das einen einzigen Lernstil übermäßig herausstellt, muß bei all den Kindern magere Ergebnisse erhalten, welchen dieses Muster nicht angemessen ist. So glaube ich, daß das Erziehungssystem gegenwärtig – selbst wenn es zaudernd versucht, den Benachteiligten zu helfen – in einer Weise operiert, die die Bedeutung der Ebene II als einer Quelle der Varianz der schülischen Leistungen... maximiert.«

Die jüngste Betonung der *discovery*-Methodik ist ein exzellentes Beispiel für diese Tendenz; keine erdenkliche Lehrmethode könnte dem Mittelstandskind mehr förderlich sein und zugleich für das typische Arbeitsklassenkind das Lernen schwierig machen. Entdeckungsmethoden vernachlässigen mit Absicht das assoziative Lernen und bevorzugen die Anwendung der Ebene-II-Fähigkeiten, welche nur in Kindern mit einem hohen *g*-Faktor gut entwickelt sind. Es erscheint tragisch, daß diese Methoden gerade in Schulen populär werden sollten, wo die Kinder am wenigsten von ihnen profitieren können.

Wenn die Unterweisung in den Grundfertigkeiten in einer Weise erfolgt, die nur vom abstrakten Denkvermögen Gebrauch macht, werden sie u. U. von Kindern mit niedrigem *g* überhaupt nicht gelernt, und wir sehen in den oberen Schulklassen häufig solche Kinder, die diese Fertigkeiten durch assoziative Methoden leicht hätten erlernen können, vollständig versagen, und zwar deshalb, weil sie in einer Weise präsentiert waren, die nicht die besonderen Stärken und Schwächen der Kinder in Rechnung stellte. Jensen sagt dazu:

> »Es könnte sehr wohl sein, daß viele Kinder in unseren heutigen Schulen mit einer hauptsächlich in der Vergangenheit geformten pädagogischen Philosophie und Methodologie konfrontiert werden, welche keinerlei Wurzeln in dem genetischen und kulturellen Erbe dieser Kinder haben. Das Erziehungssystem konnte sich niemals in der Weise entwickeln, daß die aktuellen Lernfähigkeiten, die in den Begabungsmustern dieser Kinder latent sind, maximiert werden.«

Schlimmer noch, die neuen Methoden (wie z. B. die obenerwähnten »Entdeckungen«) übertreiben noch die Fehler des älteren Systems, indem sie von Pädagogen entwickelt wurden, deren eigene hohe IQs sie unfähig machten, die Bedürfnisse und andersartigen Fähigkeiten von Kindern mit hohen Niveau-I-, jedoch mangelhaften Niveau-II-Fähigkeiten zu verstehen.

> »Erziehungswissenschaftler müssen Lehrmethoden ersinnen und ausarbeiten, die aus den existierenden Begabungen Kapital schlagen, um jene Grundkenntnisse zu vermitteln, welche die Schüler nach ihrem Schulabgang für eine gute Anstellung brauchen. Ich glaube, es wird für alle Beteiligten einen größeren Nutzen bringen, wenn wir die verschiedenen Typen von Fähigkeiten und Lernweisen näher erforschen und herauszufinden suchen, wie diese variierenden Anlagen den Zielen des Unterrichts dienlich sein können. Dies scheint mehr zu versprechen, als so zu tun, als ob nur ein Begabungsmuster, das g betont, in der Schule Erfolg haben könne, und es darauf anzulegen, dieses eine Schema allen Kindern zu oktroyieren.«

Man könnte denken, daß diese Empfehlungen von Jensen für gewisse Kinder auf eine Art zweitklassiger Erziehung im Vergleich mit einem überlegenen Unterrichtstyp für die anderen hinausläuft. Das wäre jedoch eine ganz falsche Auffassung von seinem Vorschlag. Was Jensen will, ist einfach dies, in unseren pädagogischen Bemühungen die besonderen Fähigkeiten zu berücksichtigen, welche ein Kind oder eine Gruppe von Kindern charakterisieren, anstatt sie zu zwingen, mittels eines Begabungsmusters zu lernen, welches zwar nicht gerade fehlen mag, aber doch angeborenermaßen schwach in ihnen entwickelt ist. Wenn ein Kind mit niedrigem IQ gut und korrekt schreiben, buchstabieren, rechnen, grammatisch richtig sprechen lernen und allgemein die Grundfertigkeiten erwerben kann, die er (oder sie) braucht, um in angemessener Weise den Lebensunterhalt zu verdienen und ein vollwertiges und glückliches Leben zu führen, und zwar allein durch den Gebrauch seiner assoziativen Fähigkeiten, so scheint es kein Akt der Gefälligkeit zu sein, ihn diese Kenntnisse durch den Gebrauch von begrifflichen Fähigkeiten lernen zu lassen, die er gar nicht in einem angemessenen Maße besitzt, so daß er in seinem Bemühen ganz einfach versagen muß. Gerade dies aber ist es, was unsere Schulen derzeit tun – und alles im hehren Namen der Gleichheit! Um noch einmal Jensen zu zitieren:

> »Das Ideal der Gleichheit der Bildungschancen sollte nicht als Uniformität der Annehmlichkeiten, der Unterrichtstechniken und der Lernziele für alle Kinder interpretiert werden. Diversität der Wege und Ziele, mehr als deren Uniformität, scheint der Schlüssel dafür zu sein, den Unterricht für Kinder mit verschiedenen Begabungsmustern lohnend zu machen. Die Realität der individuellen Unterschiede braucht somit nicht zu bedeuten, daß nur einige Kinder in der Schule belohnt und die anderen durch Niederlagen frustriert werden.«

Für alle, die sehen können, scheint es klar, daß unsere gegenwärtige Bildungspolitik in umfassendster Weise darin versagt, sich um die Interessen und die Mitarbeit jener großen Gruppe von Kindern zu kümmern, die wir »depriviert« oder »unterprivilegiert« nennen. Man kann selbstverständlich nicht garantieren, daß die Verwendung von assoziativen Lehrmethoden für die aktive Teilnahme dieser Kinder am Unterricht bürgen würde, aber es schiene den Versuch wert. Was ihren Enthusiasmus gedrückt hat, ist vielleicht nur ihr fortgesetztes Versagen bei der Suche nach einer befriedigenden Leistungshöhe aufgrund der Verwendung der gängigen begrifflichen Lehrmethoden. Wenn man sie erst einmal dazu bringen könnte zu sehen, daß Erfolg und Leistung auch für sie möglich sind, und zwar durch die Verwendung von Lehrmethoden, die enger auf ihre besondere Begabungsrichtung zugeschnitten sind, dann könnten dieser Erfolg und die Leistung starke Antriebe für die Steigerung ihres Interesses und ihrer Beteiligung sein. Nichts ist erfolgreicher als Erfolg; Kinder, die die Schule auf eigenen Wunsch verlassen, haben ein langandauerndes Register des Versagens hinter sich, und man kann es diesen Kindern eigentlich gar nicht verdenken, wenn sie mit ihren Füßen wählen und die Schule schwänzen, so oft es geht. Dies Versagen ist nicht naturnotwendig; es wurde den Kindern auferlegt durch unangemessene Lehrmethoden, welche nicht die angeborenen Leistungsmöglichkeiten und -grenzen in Rechnung stellen. Eine Rückkehr zu gesunden Zuständen ist längst überfällig, wir werden in Zukunft der genetischen Basis der Begabung unserer Kinder weit mehr Beachtung schenken müssen.

Ein Grund dafür, warum viele Leute heutzutage das assoziative Lernen verachten, scheint mit der Betonung der »Kreativität« verbunden zu sein, auf die wir uns schon in einem früheren Kapitel bezogen haben, d. h. mit der irrigen Vorstellung, daß Tests von »divergierenden« Fähigkeiten eine andere und überlegenere Eignung definierten als Tests über »konvergente« Fähigkeiten. Fakten und Faktenwissen wären nur etwas für Bauern und sonstige Leute, denen »Originalität« und »Kreativität« fehlen, und es wird immer noch die Behauptung gebilligt, daß man die Fakten nicht auswendig zu wissen braucht, solange man weiß, wo sie nachzuschlagen sind. Liam Hudsons kleines Buch über *The Cult of the Fact* (1972) scheint dieser Meinung Ausdruck zu verleihen, und es gibt viele noch explizitere Statements in der pädagogischen Literatur. Dieser ganze Trend ist nicht ungefährlich. Wenn meine Sekretärin die Orthographie nicht beherrschte, so wäre es für mich kein Trost, daß sie ja die Wörter immer im Lexikon aufsuchen könnte; zuerst einmal würde sie nicht wissen, welche Wörter sie falsch schriebe, und wäre infolgedessen gar nicht in der Lage, sie zu suchen, und zweitens würden die Manuskripte niemals fertig werden, wenn sie allezeit Zuflucht zum Wörterbuch nehmen müßte. Genauso muß ein Historiker ein breites Gerüst von Daten im Kopf haben, um neue Informationen richtig einzuordnen; er kann natürlich irgendein besonderes Datum nachschauen, aber ohne solch ein Gerüst würde er einfach Ereignisse und die Beziehungen zwischen ihnen in keinen bedeutsamen Zusammenhang bringen. Für einen Wissenschaftler, vor allem einen »innovativen« oder »kreativen«, ist eine breite Kenntnis aller relevanten Fakten eine unbedingte Voraussetzung; ohne sie würde er noch nicht einmal wissen, ob seine Gedanken nun originell wären oder nicht! Edison sagte bekanntlich einmal, daß Genie zu 90% »Perspiration« und nur 10% »Inspiration« sei; die Transpiration (wie wir sie nennen) rührt von der Anstrengung her, all die wichtigen Fakten kennenzulernen (und all die Fakten, die relevant erscheinen, sich jedoch als das Gegenteil herausstellen); ohne jene aber wird kaum die Inspiration entstehen – es sei denn totgeboren. Die moderne Pädagogik begünstigt die Kinder, die sie lehren sollte, durchaus nicht, wenn sie das Faktenwissen geringschätzt; obwohl Fakten nicht die einzig wichtigen Dinge im Leben, in der Wissenschaft wie in den Künsten sind, konstituieren sie nichtsdestoweniger die absolut notwendige Grundlage, ohne die nichts, was der Mühe wert ist, gebaut werden kann.

Selbst wenn wir gelernt haben, mit der Vorstellung zu leben, daß alle Verhaltensmodifikation von der Interaktion von Erb- und Umweltfaktoren abhängt, stehen wir immer noch vor ziemlich komplexen Problemen, wenn wir über soziale Maßnahmen entscheiden sollen. Die genaue Natur dieser

Probleme wird selten verbalisiert, und noch seltener wird sie in eine brauchbare quantitative Form übersetzt. Ich will zunächst einmal eine in ihrem Umfang kleine empirische Untersuchung erörtern, die zur Illustration dessen, was getan werden kann und soll, geeignet ist, und dann zur Diskussion einiger breiterer Anwendungen der angesprochenen Konzepte übergehen. Die zuerst zu betrachtende Arbeit ist die von R. C. Atkinson (1972) von der Stanford-Universität (USA); sie beschäftigt sich mit der Entwicklung eines »Computer-assistierten Instruktionsprogramms« *(CAI)* für den Leseunterricht in der Grundschule.

Dieses Programm liefert individuellen Leseunterricht und wird außerhalb der normalen Stunden gegeben; ein Schüler kann beliebig von 0 bis 30 Minuten pro Tag in einem Studio verbringen. Die Leistung wird gemessen mit einem standardisierten Lesetest. Nun kann man ein statistisches Modell konstruieren, das die Testleistung des Kindes als eine Funktion der in dem *CAI*-System verbrachten Zeit voraussagt.* Der nächste Schritt ist, zu entscheiden, wie wir am zweckmäßigsten die knappen Mittel (die Zeit am Computer) den Kindern zuweisen, und zwar derart, daß wir die besten Resultate erhalten. Aber wie können wir entscheiden, welche Resultate »am besten« sind? Normalerweise werden solche Entscheidungen ohne wirkliche Beachtung der Alternativen gemacht – allein auf der Basis politischer oder sozialer Vorurteile und ohne zu wissen, was dabei heraus-

* Wenn $L_i(t)$ die Leistung eines Schülers i im Lesetest am Ende der ersten Klasse ist, wobei angenommen wird, daß er während des Schuljahres die Zeit t in dem *CAI*-System verbrachte, dann gilt innerhalb gewisser Grenzen die folgende Gleichung:

$$L_i(t) = \alpha_i - \beta_i \exp(-\gamma_i t)$$

Abhängig von den besonderen Parameterwerten des Schülers, ist die Leistungsstufe am Ende des Jahres um so höher, je mehr Zeit er in dem *CAI*-Studio verbracht hat. Die Parameter α, β und γ charakterisieren einen gegebenen Schüler und variieren natürlich von einem zum anderen; α und $(\alpha - \beta)$ sind Maße der maximalen und minimalen Leistungshöhe des Schülers, und γ ist eine Verhältniszahl seines Fortschreitens. Diese Parameter können aufgrund des Antwortenregisters des Schülers während seiner ersten *CAI*-Stunde geschätzt werden. Ist sie einmal festgestellt, dann läßt sich mittels der obigen Gleichung die Jahresschlußleistung als eine Funktion der dem Schüler verabreichten Zeit im *CAI* vorausberechnen.

Wir werden nun mit einem ziemlich interessanten Problem konfrontiert. Computerzeit ist teuer. Angenommen, eine Schule hat eine feststehende Zeitmenge T in dem *CAI*-System für das Schuljahr veranschlagt und muß darüber entscheiden, wie die Zeit unter einer Klasse von n Schülern der untersten Klasse verteilt wird. Weiter angenommen, daß alle Schüler bereits einen ersten Durchgang in dem *CAI*-System hinter sich haben, so daß Schätzwerte der Parameter α, β und γ für jeden Schüler vorliegen; t_i soll die dem Schüler i zugemessene Zeit sein: dann besteht die Möglichkeit, einen Vektor $(t_1, t_2, \dots t_n)$ auszuwählen, welcher das Lernen insgesamt optimiert.

kommt. In unserem Fall jedoch setzt uns die Formel (die ziemlich genau ist, zumindest aber ausreicht, um eine quantitative Antwort auf unsere Fragen zu geben) in die Lage, ganz explizite Aussagen über den Erfolg verschiedener Aktionen zu machen. Wir wollen uns vier verschiedene Ziele ansehen, die durch den Schuldirektor oder durch einen Elternrat oder durch die Regierung ausgewählt werden könnten (*L* steht für die Leistung); diese Ziele sind:

(a) Maximierung des mittleren Wertes von *L* der gesamten Schulklasse.
(b) Minimierung der Varianz von *L* über der Schulklasse.
(c) Maximierung der Zahl der Schüler, die am Ende des Jahres das Ziel der Klasse erreichen.
(d) Maximierung des mittleren Wertes von *L*, um dem Zwang Genüge zu tun, daß die resultierende Varianz von *L* weniger oder gleich der Varianz ist, die man erhalten hätte, wenn kein *CAI* verabreicht worden wäre.

Ziel (a) maximiert den Erfolg der Klasse als ganzer; Ziel (b) versucht, die Unterschiede zwischen den Schülern zu verringern, indem die Klasse so homogen wie möglich gemacht wird; Ziel (c) bemüht sich besonders um jene Schüler, die hinter dem geforderten Klassenniveau zurückbleiben; Ziel (d) versucht die Leistung der ganzen Klasse zu maximieren, sichert aber, daß die Unterschiede unter den Schülern durch *CAI* nicht noch erweitert werden.

Wenn wir dem Ziel (a) folgen, finden wir, daß die mittlere Leistung der Klasse 15% höher ist, als wenn wir die Zeit gleichmäßig allen Schülern zugemessen hätten; dies ist ein beträchtlicher Erfolg. Unglücklicherweise gibt es auch eine Zunahme der Varianz von ungefähr 15%; mit anderen Worten, der Unterschied zwischen den besten und den schlechtesten Lesern ist vergrößert worden! Wenn wir das Ziel (b) akzeptieren, so ergibt sich gegenüber einer gleichmäßigen Verteilung der Zeit im Studio eine Reduktion der Gesamtleistung um 15%, zugleich aber eine von 12% in der Variabilität. Wenn man die Strategie (c) annimmt, haben wir eine Reduktion der Gesamtleistung um 9% im Vergleich zu gleichmäßiger Zeitverteilung und außerdem eine Reduktion der Variabilität von 10%. Ziel (d), das versucht, das Gleichgewicht zwischen (a) auf der einen und (b) und (c) auf der anderen Seite zu halten, zeitigt eine Erhöhung der Leistung gegenüber gleicher Zeitverteilung von 8%, und doch reduziert es die Variabilität um 6%. Ziel (a) ist das am meisten »meritokratische«, (b) und (c) sind am meisten »mediokratisch«, während (d) versucht, beide Desiderate zu maximieren, indem es nämlich eine maximale Leistungszunahme, aber auch eine Reduktion der Variabilität anstrebt. Durch die in dieser präzisen, numerischen Weise ausgesprochenen Konsequenzen sozialer Aktion können wir uns einer rationalen Beantwortung der Probleme nähern. Politiker würden in der Regel die Aufgabe dadurch angehen, daß sie Platitüden über Vorzüge oder Gleichheit in den Mund nähmen, aber sie wären nicht in der Lage, eine genaue und sinnvolle Wahl zwischen den Zielen anzubieten. Unser ganzes pädagogisches Establishment unterliegt der rein verbalen Annäherung; bevor nicht eine mehr quantitative Behandlung Mode geworden ist, werden unsere Entscheidungen über wichtige soziale Ziele nicht auf rationaler Basis fallen.* Die menschliche Verschiedenheit muß quantifiziert und in geeignete Voraussagegleichungen eingesetzt werden, bevor rationale Entscheidungen unternommen werden können.

Die meisten Versuche, mit komplexen pädagogischen und anderen gesellschaftlichen Problemen entlang (sozial)politischer Linien fertig zu werden, vereinfachen den Fall hoffnungslos, abgesehen davon, daß sie der nötigen quantitativen Schätzungen all der Parameter ermangeln, ohne die kein vernünftiger Schluß gezogen werden kann. Man nehme z. B. die (britische) Diskussion um die Einheitsschulen und die Abschaffung der Mittel- und Volksschulen. Für die meisten Leute ist das Thema bereits mit der Frage gegeben: »Sind Einheitsschulen eine gute oder eine schlechte Sache?« Und die einzig tolerierten alternativen Antworten sind »Ja, selbstverständlich!« oder »Nein, natürlich nicht!« Ähnlich wird die Politik des *streaming*, der Zweigbildung innerhalb der Einheitsschulen, in der simpelsten Weise angegriffen bzw. verteidigt. Und doch sind solche Fragen und Antworten offensichtlich vollkommen bedeutungslos; denn die Termini »Einheitsschule« und »Zweigbildung« sind alles andere als eindeutig: es gibt viele verschiedene Typen von Einheitsschulen, und einige sind gut, einige schlecht, und dasselbe muß von den verschiedenen Systemen der Aufgliederung in Zweige oder Richtungen gesagt werden. Ohne eine detaillierte Beschreibung des genauen Typus der Einheitsschule oder der Methode der Zweigbildung würde nur der blindeste Anhänger einer doktrinären Auffassung eine fertige Antwort auf die obige Art von Fragen haben. Aber selbst wenn detaillierte Spezifikationen gegeben werden, ist die Frage noch immer zu weit. Die Begriffe »gut« und »schlecht« sind noch undefiniert: beziehen sie sich auf rein schulische Belange oder auf soziale Integration oder auf was? Es ist sehr gut möglich, daß eine gegebene Politik zu

* Parameter wie α, β und γ in der Gleichung werden im Sinne der tatsächlichen Testleistung definiert, aber sie sind unzweifelhaft eng verbunden mit genetisch determinierten Faktoren wie Intelligenz und möglicherweise Persönlichkeit; ähnliche Formeln für weiterreichende pädagogische Ziele und Methoden würden sicherlich solche Parameter einschließen müssen.

größerem gesellschaftlichen Zusammenhalt führt, aber gleichzeitig zu einer Verringerung der Schulleistungen; ist solch eine Politik gut oder schlecht? Können wir überhaupt eine Antwort auf die Frage geben, ohne quantitative Schätzungen darüber zu haben, in welchem Maß ein Erziehungsprogramm die schulischen Leistungen ... wie auch sozialen Zusammenhalt beeinflußt? Keine rationalen Entscheidungen sind möglich, wenn nicht zumindest einige Beurteilungen der Art der Größe des Effekts, den wir erwarten können, vorliegen; ohne sie ist jede Entscheidung rein irrational und emotional gegründet. In der Tat könnten die erwarteten Erfolge überhaupt nicht eintreten, oder es ist sogar möglich, daß die gegenteiligen Effekte eintreten; wir haben schon gesehen, daß die Einführung des »Quotensystems« in amerikanischen Schulen, das dazu bestimmt war, eine größere Integration und ein Gefühl der Zusammengehörigkeit zu produzieren, statt dessen zu geringerer Integration und sozialer Kohärenz geführt hat. »Mutreaktionen« sind kein verläßlicher Führer für sozialpolitisches Wirken, besonders wenn sie auf suspekten Prämissen, Vorurteilen und Ignoranz der vitalen Fakten beruhen.

Auch dieser schon angemessenere Weg, das Problem anzugehen, ist bei weitem zu simpel, nimmt er doch an, daß verschiedene Kinder in ähnlicher Weise auf gewisse Änderungen der Bildungsstrategien reagieren. Unser Wissen über die genetischen Unterschiede in bezug auf Fähigkeiten und Persönlichkeit macht dies extrem unwahrscheinlich. Viele Pädagogen scheinen noch immer an den Sinn solcher Fragen zu glauben wie: »Ist ein programmierter Unterricht per Computer besser als die hergebrachte Lehrmethodik?« Aber natürlich ist eine derartige Frage Unsinn, selbst wenn wir darüber einig sind, an welchen präzisen Maßstäben die entsprechenden Auswirkungen geprüft werden sollen. Es gibt gute und schlechte Programme, gute und schlechte Lehrer; ein gutes Programm mag besser sein als ein schlechter Lehrer, ein guter Lehrer besser als ein schlechtes Programm. Aber noch wichtiger ist: Kinder mit hoher und niedriger Begabung können u. U. ganz verschieden auf Lehrprogramme reagieren; einige der Konstanten in Atkinsons Gleichung beziehen sich auf die Anlage. Es ist auch bekannt, daß die Persönlichkeit eine wichtige Rolle spielt bei der Entscheidung, wie ein individuelles Kind auf Computerunterricht reagieren wird; Introvertierte sprechen in der Regel gut an, da sie die unpersönliche Methode des Lernens vorziehen, während Extravertierte besser mit der hergebrachten persönlichen Unterweisung zurechtkommen.

Ähnliche Ergebnisse sind für solche neuen Unterrichtskonzepte greifbar wie die »Entdeckungsmethode«; Extravertierte mögen sie und fühlen sich in ihr wohl, Introvertierte dagegen nicht. Diese Probleme werden gewöhnlich so diskutiert, als wenn alle Kinder erbgleiche Zwillinge wären, die einheitlich auf verschiedene Lehrsysteme reagierten; aber die genetisch bestimmten Unterschiede zwischen den Menschen machen solch eine Auffassung ganz unbrauchbar für die Komplexitäten des realen Lebens. Verschiedene Leute reagieren ganz unterschiedlich auf gegebene Reize oder Reizgruppen; die Anerkennung dieses Faktums ist (erst) der Anfang psychologischer Weisheit – in der Erziehung wie in gesellschaftlicher Hinsicht überhaupt. Sozialreformer, die sich dieser Tatsache nicht bewußt werden, machen wahrscheinlich die Dinge eher schlimmer als besser.

Sollte man sie aber dafür tadeln? Vielleicht nur, wenn sie Extravertierte sind. Es gibt mehrere experimentelle Studien (einschließlich eine aus dem Ostblock), die zeigen, daß Introvertierte positiv auf Lob reagieren, jedoch negativ auf Tadel, während Extravertierte dies Muster umkehren. Die Studien handeln von Schulkindern, aber vielleicht ist das Ergebnis auch für andere Altersstufen gültig.

Diese Prinzipien sind in einer sehr interessanten unveröffentlichten Studie von Dr. Holden auf das Problem des *streaming* angewandt worden. Er verglich die Schulleistungen und die gesellschaftliche Einordnung und Gewandtheit des Kindes unter Bedingungen der Zweigbildung und ohne sie, indem er verschiedene Klassen als ihre eigene Kontrolle benutzte, das heißt, dieselbe Klasse unter beiden Bedingungen studierte. Er testete ebenfalls Intelligenz und Persönlichkeit der betreffenden Kinder und wählte zusätzlich Lehrer aus, die einmal die Aufgliederung billigten und ein andermal nicht. Seine Resultate sind bei weitem zu komplex, um an dieser Stelle eine Zusammenfassung zu ermöglichen; was aber klar bei seiner Arbeit herauskam, war, daß keine allgemeinen Schlüsse möglich sind, mit anderen Worten, keines der Ergebnisse war wirklich gleich für Introvertierte und Extravertierte, für Lehrer, die die Zweigbildung begünstigten, und solche, die es nicht taten, für aufgeweckte und für dumme Kinder oder für pädagogische und soziale Zielsetzungen. Es gibt eine verwirrende, aber nicht bedeutungslose Kombination von signifikanten Effekten; allein die Idee auch nur in Erwägung zu ziehen, daß aus diesen Daten eine einfache Antwort wie »*streaming* ist gut« oder »*streaming* ist schlecht« abgeleitet werden könne, ist völlig absurd.

Arbeiten über die Auswirkungen der Bildung von Begabungsgruppen von M. C. Goldberg, A. H. Passow und J. Justman (1966) zeigen ebenfalls, wie schwierig es ist, eine sinnvolle Verallgemeinerung auf diesem Gebiet zu machen. Es scheint auf der Hand zu liegen, daß Lehrer ihre Aufgabe leichter finden und Kinder größere Fortschritte machen werden, wenn die Spanne der Begabungen in einer besonderen Klasse eng ist, anstatt so weit, daß sie sehr begabte und sehr dumme Kinder umfaßt. Dies wurde allerdings nicht immer bestätigt: »...die Einengung der Begabungsspanne (auf der Basis von Gruppenintelligenztests) *per se*, ohne spezifisch entworfene Variationen des Programms für die verschiedenen Begabungsebenen, führt nicht zu einer beständig größeren theoretischen Leistung für irgendeine Schülergruppe.« Doch viele Studien ergaben eine größere Leistung für besondere Klassen von begabten Kindern. »Diese Studien, in welchen sich die Einengung der Spanne als vorteilhaft erwiesen hat ... befaßten sich gewöhnlich mit Programmen, in denen Gruppen von begabten Schülern entweder schon durch den Standardunterricht beschleunigt wurden oder aber einer Stoffmenge ausgesetzt waren, die normalerweise nicht gelehrt wurde. In beiden Fällen schnitten die Schüler nicht nur in gewöhnlichen Leistungstests, welche das Klassenniveau deckten, ›genauso gut‹ ab wie die anderen, sondern zeigten auch ein beträchtliches Wissen des zusätzlichen Stoffes.« Die Einengung der Begabungsspanne muß von wohlgeplanten Änderungen im Lehrplan, der Unterrichtsmethode und der Reichhaltigkeit des Angebots begleitet sein, um den erwarteten Nutzen zu erzielen; außerdem müssen die Lehrer besonders ausgebildet sein, um diese Änderungen wirksam werden zu lassen. Es gibt keine einfachen Lösungen auf diesem Gebiet, und selbst maßvolle Erwartungen werden keineswegs immer erfüllt, wenn nicht Schritte unternommen werden, den angewandten Maßnahmen zu ihrem größtmöglichen Erfolg zu verhelfen. Und doch ist die pädagogische Forschung immer noch in eifriger Arbeit befangen, welche keine der in Studien dieser Art angedeuteten Komplexitäten in Rechnung stellt; und Politiker reden immer noch, als hätten ihre Strategien irgendeine allgemeine Gültigkeit. Solange diese komplexe Forschungsarbeit nicht auf breiter Basis in Angriff genommen wird, die uns immerhin einen ersten Einblick in allgemeine, wissenschaftlich gültige Gesetze und Wechselbeziehungen geben kann, ist es unwahrscheinich, daß wir irgendwelche von unseren Zielen in der Erziehung erreichen, wie viele willkürliche »Lösungen« wir unseren wehrlosen Kindern auch auferlegen. Die Menschen sind nun einmal verschieden; sie sind es von Geburt her, und wenn überhaupt etwas, so dienen die Lebenserfahrungen dazu, sie noch ungleicher zu machen. Es ist sinnlos, sie zu behandeln, als wenn diese Verschiedenheit nicht existierte; und wenn auch eine solche Mißachtung sicherlich den Politikern das Reden erleichtert, so nützt sie uns nicht in Verfolg von Zielen, wie wir sie für unsere Gesellschaft vielleicht erstrebenswert halten.

Diese Erwägungen finden auch auf einem ganz anderen Gebiet als dem der Pädagogik Anwendung: es würde wohl auch schwierig sein, irgendeinen sozialen Bereich zu nennen, auf den sie nicht übertragen werden könnten. Man betrachte jene zwei garstigen Schwestern der modernen marxistischen Soziologie, Anomie (Abweichung) und Alienation (Entfremdung). Wir werden versichert – auf der Basis kurios weniger Beweise –, daß die heutige Gesellschaft und diejenigen, die in ihr leben, in ihren eignen Reaktionsmustern auf den Streß der modernen Arbeitsweise ersticken. Gehetzt von den Fließbandmethoden der Herstellung, »haben wir keine Zeit mehr zu verschnaufen«; die Folgen seien Unglück, Elend und allgemeines Unbehagen genauso wie ein bleibender Widerwille gegenüber der industriellen Produktion. Seltsamerweise demonstrieren Zahlen, wenn immer die Zeitgenossen von Meinungsforschern darüber befragt werden, ob und wie sie ihre Arbeit mögen, genau das Gegenteil, nämlich eine beträchtliche Zufriedenheit und sogar Freude am Beruf, und zwar in allen Branchen.

Die jüngsten diesbezüglichen Zahlen liegen von einer Umfrage in Österreich vor; sie zeigten, daß 41% einer Zufallsstichprobe der Bevölkerung sehr zufrieden und weitere 49% zufrieden waren; 7% waren weder zufrieden noch unzufrieden, während nur 3% unzufrieden oder sehr unzufrieden waren. Mit runden 90% Zufriedenheit müßten die Anwälte der Behauptung von Anomie und Alienation einige Schwierigkeiten haben, ihren Fall zu beweisen; sie könnten allem Anschein nach höchstens auf die 3% setzen, die in diesem Sample unzufrieden waren! Selbst wenn die Zahlen in anderen Ländern viel höher wären (die Zeugnisse deuten darauf hin, daß sie es nicht sind!), würden sie immer noch viel mehr Zufriedenheit spiegeln als Unzufriedenheit.* Warum aber haben diese Ideen so viel Unterstützung von seiten mittelständischer Autoren erhalten?

Der naheliegendste Grund ist natürlich, daß viele Leute die Attraktivität eines anderen Berufes nach ihren eigenen Neigungen und Abneigungen beurteilen. Ich beispielsweise würde nicht gern ein Politiker sein und auch nicht ein Arbeiter an einem Fließband, ein Verkäufer, ein Bergmann oder ein Schauspieler – aus den verschiedensten Gründen; wenn ich nicht vorsichtig wäre, könnte ich zu der Behauptung übergehen, daß Politiker, Fließbandarbeiter, Verkäufer, Bergleute, Schauspieler in ihren Berufen un-

* Bei einer kürzlich in Frankreich unternommenen Befragung sagten 89%, daß sie entweder ziemlich oder sehr glücklich wären. In England erklärten weniger als 1 von 8 eines großen repräsentativen Samples von Arbeitern, daß sie nicht an ihrer Tätigkeit interessiert wären, wobei ihnen 87% mit regem Interesse gegenüberstanden. Amerikanische Umfragen ergaben auch nur höchstens 10%, die »entfremdet« oder unzufrieden waren. Dies sind interessante Zahlen, die sich schwer mit der Marxistischen Doktrin vereinen lassen.

glücklich sind und an Anomie und Alienation leiden. Umgekehrt aber bin ich genauso sicher, daß Politiker, Kauf- und Bergleute, Schauspieler etc. meinen eigenen Beruf verabscheuen würden und gleichermaßen sagen können, daß ich an Anomie und Alienation leiden müsse! Es ist einer der segensreichsten Aspekte der menschlichen Ungleichheit, daß verschiedene Leute verschiedene Fähigkeiten, Charaktere, Temperamente haben, welche sie für verschiedenerlei Arbeit geeignet machen. Wo der Introvertierte mit einem Beruf wie etwa dem des Gärtners, bei dem er in Isolation arbeiten könnte, glücklich wäre, würde ein Extravertierter z. B. mit dem des Verkäufers glücklich sein, bei dem er von seiner geselligen Art Gebrauch machen könnte. Gibt man einem Menschen den falschen Job, so liegen die Schwierigkeiten auf der Hand.

Selbst solche Tätigkeiten wie an einem Autofließband arbeiten, was häufig als »geisttötend« beschrieben wird – allerdings von Autoren, deren Persönlichkeit in der Tat so beschaffen sein dürfte, daß sie einen solchen Beruf verabscheuen müßten –, sind tatsächlich bei vielen Leuten, die am Fließband stehen, beliebt; genauso wie die gefährliche, harte und schmutzige Arbeit von Bergleuten keinesfalls so sehr gehaßt ist, wie man auf den ersten Blick denken könnte. Vielleicht macht die Tatsache, daß ein großer Teil der Arbeit von Bergleuten in kleinen Gruppen getan wird und daß sie weitgehend für sich selbst bestimmen können, wie die Arbeit angepackt wird, die Schwierigkeiten für einen bestimmten Persönlichkeitstypus annehmbar; und vielleicht paßt auch die personale Eigentümlichkeit des Fließbandarbeiters genau zu einer Beschäftigungsweise, die ihn vor Unterbrechung durch andere Leute schützt und ihn in seinen eigenen Gedanken unbehelligt läßt.

So gut wie keine Forschungen sind unternommen worden, um zu bestimmen, ob jene, die am wenigsten mit ihren jeweiligen Berufen zufrieden sind (vom Standpunkt der Arbeitsfreude aus, nicht der Bezahlung), nicht vielleicht die temperamentmäßig am wenigsten für diese besonderen Tätigkeiten geeigneten sind. Berufsberatung und -auslese haben sich weit mehr auf die Fähigkeiten einer Person als auf ihre Persönlichkeit konzentriert; gleichermaßen gibt es beträchtliche Zeugnisse dafür, daß viele Berufe in bezug auf das Persönlichkeitsprofil recht konform sind, was in einem überraschenden Ausmaß dafür verantwortlich ist, ob eine Person in einer speziellen Beschäftigung glücklich und zufrieden (wie auch erfolgreich) sein wird oder nicht.

Wie weit der Erfolg in einem gegebenen Beruf zur Persönlichkeit in Relation stehen kann, demonstriert die bereits in Kap. V erwähnte Studie von Götz und Götz (1973), in der die Hypothese überprüft worden war, daß

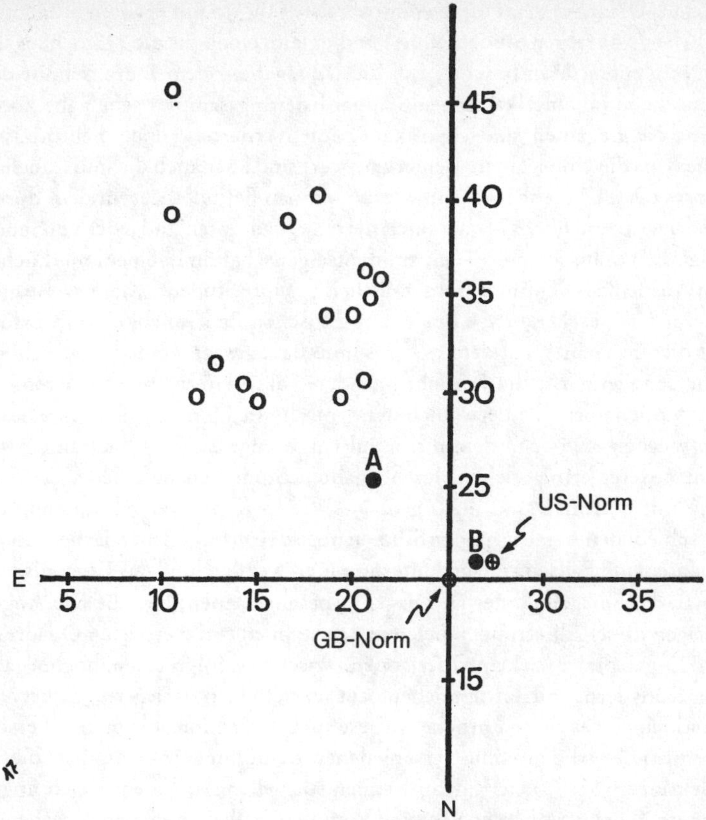

Diagr. 13 *Die Testwerte von 15 hochbegabten (Kreise), 35 begabten (A) und 50 unbegabten (B) Kunststudenten (Achsen: E = Extraversion; N = Neurotizismus)*

begabte Künstler im visuellen Bereich (Malerei) vorherrschend emotionale Introvertierte seien, daß heißt niedrige Werte in E (Extraversion) und hohe in N (Neurotizismus) hätten. Diagr. 13 zeigt das Testergebnis von fünfzig unbegabten, fünfunddreißig begabten und fünfzehn hochbegabten Studenten, die in separaten Ateliers einer Kunstakademie arbeiteten. Zudem wurden von Kunstexperten, die innerhalb von vier bis sechs Jahren die Malschüler beobachten konnten, Gutachten eingeholt, und zwar nicht nur über die technischen Fertigkeiten, sondern auch über Originalität, Unabhängigkeit, Selbstverwirklichung, Leistungsmotivation und Phantasievermögen. Diagr. 13 zeigt die Gesamtwerte für die 50 unbegabten Studenten (B), die 35 begabten Studenten (A) und im einzelnen für die 15 hochbegabten Studenten. Man beachte, daß die Unbegabten dem Durchschnitt der britischen und amerikanischen Standardisierungssamples sehr nahe kommen; die Begabten sind signifikant »introvertierter« und »neurotizistischer« als die Unbegabten. Bemerkenswert sind aber auch die individuellen Scores der 15 Hochbegabten; jeder von ihnen befindet sich in dem durch niedriges E und hohes N charakterisierten Quadranten und jeder von ihnen zeigt die vorausgesagten Temperamentseigenschaften in einem merklicheren Ausmaß als der nur durchschnittlich begabte Student! Klarerweise gibt es eine überraschend enge Beziehung zwischen Persönlichkeit und Erfolg auf diesem Gebiet, auf dem es – das muß dazugesagt werden – tatsächlich sehr schwierig ist, die erfolgbringenden Faktoren zu quantifizieren.

Wir wollen noch den Persönlichkeitstypus betrachten, von dem wir erwarten würden, daß er in dem diametral entgegengesetzten Quadranten wie dem unserer erfolgreichen, hochbegabten Studenten auftauche, d. h. in dem mit hohem E und niedrigem N. Wie in Kap. V erwähnt, sind von verschiedenen Armeegruppen Studien über den erfolgreichen Expeditionssoldaten und Fallschirmjäger unternommen worden, und das Ergebnis war genau das Spiegelbild des im Diagr. 13 beschriebenen; beinahe alle Angehörigen dieser Elitetruppen fielen in den stabilen extravertierten Quadranten! Es gab praktisch kein Überlappen zwischen erfolgreichen, hochbegabten Künstlern und erfolgreichen, ausgezeichneten Kriegern. Selbstverständlich gibt es eine natürliche Auslese auf ganzer Linie, bevor eine Person in einem der beiden völlig verschiedenen Bemühungen Erfolg hat; dieser Selektionsprozeß sichert, daß für einen speziellen Aufgabenbereich ungeeignete Leute gar nicht erst so weit kommen, daß sie in die entsprechende Laufbahn eintreten können.

Der Ausleseprozeß scheint in den hier besprochenen Beispielen einigermaßen gut zu funktionieren; wahrscheinlich aber funktioniert er in den meisten Berufen, die der Durchschnittsmensch in seiner Jugend liebäugelnd betrachtet, ganz und gar nicht. Es spricht natürlich viel für die Praxis des *job enrichment* (der Verbesserung der Arbeitsbedingungen, wie auch der Verschönerung des Arbeitsplatzes), die zur Zeit an Popularität gewinnt, und nichts von dem, was hier gesagt ist, sollte als Argument gegen die Notwendigkeit derartiger Neuerungen angesehen werden. Dennoch scheint mir, daß vieles auch erreicht werden könnte, was die Arbeitsfreude betrifft, wenn wir die Fakten der Ungleichheit der Menschen ernst nehmen und versuchen, sie an den richtigen Platz zu stellen – nicht nur im Hinblick auf ihre Befähigung, sondern auch auf die Persönlichkeit. Viele Tätigkeiten sind hart, schwierig und wiederholen sich; aber es gibt keinen Grund, warum sie nicht auch lohnend und erfreulich sein sollten. Auswahlprozeduren, die so weit wie möglich sichern, daß »Arbeiter« und Arbeit zusammenpassen, könnten viel dazu beitragen, das Leben im ganzen angenehmer und glücklicher zu machen; die tatsächliche Verschiedenheit der menschlichen Fähigkeiten und Temperamentseigenschaften garantiert, daß eine solche Selektion eine große Verbesserung gegenüber den im Moment noch herrschenden überwiegend zufälligen Auswahlmethoden liefern wird. Es dürfte klar geworden sein, warum ich die Verbreitung der in diesem Buch dargelegten Fakten für die Gesellschaft als äußerst wichtig ansehe und warum ich glaube, daß die sozialen Konsequenzen, die diese Fakten haben könnten, bei dem Bemühen, uns von den Übeln vergangener Tage zu befreien und das Los der Menschen zu verbessern, äußerst relevant sind. Gesellschaftliche Reformen müssen sein, aber bevor diese Reformen nicht jene natürlichen Grenzen berücksichtigen, die durch unerbittliche biologische Gesetzmäßigkeiten gegeben sind, ist es nicht wahrscheinlich, daß etwas erreicht wird. Mehrere hundert Jahre Erfahrung im Umgang mit Physik und Chemie haben uns gelehrt, daß wir mit der Natur zusammenarbeiten müssen; sie läßt sich nicht nötigen. Dasselbe gilt für die Psychologie. Wir müssen uns damit abfinden, daß die Natur nur unser Partner sein kann; Versuche, ihre Gesetze zu mißachten und unseren Weg gegen ihren Widerstand zu machen, sind zum Scheitern verurteilt. Wissenschaft und Technik verdanken wir es, daß wir uns über die Ebene von Lasttieren zu unserer gegenwärtigen unsicheren Höhe aufschwingen konnten; wenn wir nicht lernen, die Methoden des rationalen Denkens auf unser eigenes Verhalten anzuwenden, ist es unwahrscheinlich, daß wir noch länger der Leitstern des Kosmos bleiben werden. Wo Hoffnungen trügen, mögen Ängste lügen! Nichtsdestoweniger ist unsere derzeitige Position allzu gefährdet, als daß wir uns wohl fühlen könnten. Die Anerkennung der biologischen Natur des Menschen und der genetisch determinierten Ungleichheit, die eng mit seinem Ursprung verknüpft sind, muß notwendig am Anfang eines jeden Versuchs stehen, die wissenschaftlichen Methoden der Empirie und der Logik zu benutzen in dem Bemühen, die Menschheit vor den sehr realen Gefahren zu schützen, mit denen sie heute konfrontiert ist.

Literaturverzeichnis

ATKINSON, R. C., *»Ingredients for a theory of instruction«*, *Amer. Psychologist*, 1972, 921–31.

BINET, A. & SIMON, T., *»Méthodes nouvelles pour le diagnostic du niveau intellectuel des anormaux«*, *Année Psychol.*, 1905, 11, 191–277.

BLOOM, B. S., *»Stability and change in human characteristics«*, Wiley, 1965; dt. »Stabilität und Veränderung menschlicher Merkmale«, Weinheim u. a. 1971.

BURKS, B. S., *»The relative influence of nature and nurture upon mental development«*, *Yearbook of the National Society for Studies in Education*, 1928, 27 (I), 219–316.

BURT, C., *»The genetic determination of differences in intelligence: a study of monozygotic twins reared together and apart«*, *Brit. J. Psychol.*, 1966, 57, 137–53.

»Class differences in general intelligence: III«, *Brit. J. Statl. Psychol.*, 1959, 12, 15–23.

»Intelligence and social mobility«, *Brit. J. Statl. Psychol.*, 1961, 14, 3–24.

CANCRO, R. (Hrsg.), *»Intelligence: genetic and environmental influences«*, New York, 1971.

CATTELL, R. B., *»Theory of fluid and crystallized intelligence: a critical experiment«*, *J. Educ. Psychol.*, 1963, 54, 1–22.

»Abilities, their structures, growth and action«, Boston, 1971.

COLEMAN, J. S. et al., *»Equality of educational opportunity«*, Washington, DC, 1966.

CRONBACH, L. & MEEHL, P. E., *»Construct validity in psychological tests«*, *Psychol. Bull.*, 1955, 52, 281–302.

CROWE, R. R., *»The adopted offspring of women criminal offenders: a study of their arrest records«*, *Arch. Gen. Psychiat.*, 1972, 27, 600–03.

DARLINGTON, C. D., *»Heredity and Environment«*, *Proc. IX Internat. Congr. Genetics, Caryologia*, 1954, 190.

DAVIE, R., BUTLER, N., & GOLDSTEIN, H., *»From birth to seven«*, London, 1972.

DOCKRELL, W. B. (Ed.), *»On intelligence«*, London, 1970.

ERLENMEYER-KIMLING, L., & JARVIK, L. F., *»Genetics and intelligence: A review«*, *Science*, 1963, 142, 177–9.

ERTL, J. P., & SCHAFER, E. W. P., *»Brain response correlates of psychometric intelligence«*, *Nature*, 1969, 223, 421–22.

EYSENCK, H. J., *»The Psycholoy of Politics«*, London 1945.

»The biological basis of personality«, London 1967.

»Crime and personality«, London 1970.

»Race, intelligence and education«, London, 1971 (US-Titel *»The IQ-Argument«*); dt. »Vererbung, Intelligenz und Erziehung«;

»Psychology is about people«, London, 1972; dt. »Die Experimentiergesellschaft. Soziale Innovationen durch angewandte Psychologie«, Reinbek 1973.

»An experimental and genetic model of Schizophrenia«, in: A. R. KAPLAN (Hrsg.), *»Genetic Factors in ›Schizophrenia‹«*, C. C. Thomas, 1972.

(Hrsg.), *»Handbook of abnormal Psychology«*, London ²1973.

»The measurement of intelligence«, Lancaster, 1973.

»Intelligenztest«, Reinbek 1974 (orig. London 1962).

FLOUD, J. E., & HALSEY, S. H., *»Social class and educational opportunity«*, Heinemann, 1956.

Getzels, J. W., & Jackson, P. W., »*Creativity and intelligence*«, New York, (1962) [4]1963.
Glass, D. C., »*Genetics*«, New York, 1968.
Glass, D. V. (Ed.), »*Social mobility in Britain*«, London, 1954; dt. »Soziale Schichtung und soziale Mobilität« (hg. mit König, R.)
Götz, K. O. & K., »*Introversion-extroversion and neuroticism in gifted and ungifted art students*«, *Perceptual and Motor Skills*, 1973, 36, 675–78.
Goldberg, M. C., Passow, A. H., & Justman, J., »*The effects of ability grouping*«, New York, 1966.
Gordon, E. W. & Wilkerson, D. W., »*Compensatory Education for the Disadvantaged*«, New York, 1966.
Guilford, J. P. »*The nature of human intelligence*«, New York, 1967
& Hoepfner, R., »*The analysis of intelligence*«, New York, 1971.
Herrmann, Th., »Lehrbuch der empirischen Persönlichkeitsforschung«, Göttingen 1969.
Herrnstein, R., »*I. Q.*«, in: *Atlantic Monthly*, IX. 1971; die erweiterte Fassung: »*IQ in meritocracy*«, London, 1973; dt. »Chancengleichheit – eine Utopie? Die IQ-bestimmte Klassengesellschaft«, 1973.
Hirsch, J. (Hrsg.), »*Behaviour-genetic analysis*«, New York, 1967.
Horn, J. L., & Knapp, J. R., »*On the subjective character of the empirical base of the structure-of-intellect model*«, *Psychol. Bull.*, 1974.
Hudson, L., »*The cult of the fact*«, London, 1972.
Hughes, K. R., & Zubek, J. P., »*Effects of glutamic acid on the learning ability of bright and dull rats*«, *Canadian J. Psychol.*, 1956, 10, 132–38.
Hull, C. L., »*Principles and behaviour*«, New York, 1943.
Hutt, Corinne, »*Males and females*«, Harmondsworth, 1972.
Jensen, A. R., »*Environment, heredity and intelligence*«, *Harvard Educ. Rev., Reprint Series* No. 2, 1969.
»*Genetics and education*«, London, 1972.
»*Educability and group differences*«, London, 1973.
Jinks, J. L., & Fulker, D. V., »*Comparisons of the biometrical and genetical, MAVA and classical approaches to the analysis of human behaviour*«, *Psychol. Bull.*, 1970, 73, 311–349.
Joffe, J. M., »*Prenatal determinants of behaviour*«, Oxford, 1969.
Johnson, R. C., »*Similarity in IQ of separate identical twins as related to length of time spent in same environment*«, *Child Development*, 1963, 34, 745–49.
Kaplan, A. R. (Hrsg.), »*Genetic Factors in ›Schizophrenia‹*«, C. C. Thomas, 1972.
Lakatos, I., & Musgrave, A., »*Criticism and the growth of knowledge*«, London, 1970.
Lange, J., »Verbrechen als Schicksal«, Leipzig, 1929.
Lawrence, E. M., »*An investigation into the relation between intelligence and inheritance*«, *Brit. J. Psychol., Monograph Supplement*, 1931, 16, No. 5.
Leahy, A. M., »*Nature-nurture and intelligence*«, *Genetics Psychol. Monographs*, 1935, 17, 241–305.
Li, C. C., »*A tale of two thermos bottles: properties of a genetic model for human intelligence*«, in R. Cancro (Hrsg.), »*Intelligence: genetic and environmental influences*«, New York, 1971, 162–81.
Liddicoat, R., »*The effects of maternal antenatal decompression treatment on infant mental development*«. *Psychologia Africana*, 1968, 12, 103–21.

LIPSET, S. M., & BENDIX, R., »*Social mobility in industrial society*«, London, 1959.
MIDDLETON, W. E. KNOWLES, »*A history of the thermometer*«, Baltimore, 1966.
NEWMAN, H. H., FREEMAN, F. N., & HOLZINGER, K. J., »*Twins: a study of heredity and environment*«, Chicago, 1937.
PAGE, E. B., »*Miracle in Milwaukee: raising the IQ*«, *Educational Researcher*, 1972, 1, 8–16.
PASCAL, B., »*Récit de la grande expérience de l'équilibre des liqueurs*«, *Oeuvres*, 1649.
PIAGET, J., »*The psychology of intelligence*«, New York, 1950; dt. »Psychologie der Intelligenz«, Stuttgart ²1966.
PRICE, B., »*Primary biases in twin studies*«, *Amer. J. Human Genetics*, 1950, 2, 293–355.
RACHMAN, S., »*An examination of Laing's views on schizophrenia*«, *New Society*, 26. April 1973.
REED, ELIZABETH, & S. C., »*Mental retardation*«, London, 1965.
ROSENTHAL, R., & JACOBSON, L., »*Pygmalion in the classroom*«, New York, 1968; dt. »Pygmalion im Unterricht. Lehrererwartungen und Intelligenz«, Weinheim 1971.
SCHULL, W. J., & NEEL, J. V., »*The effects of inbreeding in Japanese children*«, New York, 1965.
SCHULSINGER, F., »*Psychopathy; heredity and environment*«, *Int. J. ment. Health*, 1972, I, 190–206.
SHIELDS, J., »*Monozygotic twins brought up apart and brought up together*«, Oxford, 1962.
»*Heredity and psychological abnormality*«, in: H. J. EYSENCK (Hrsg.), *Handbook of Abnormal Psychology*, Pitman, ²1973.
SNOW, R. E., »*Unfinished Pygmalion*«, *Contemporary Psychology*, 1969, 14, 197–99.
SPEARMAN, C., »*The abilities of Man*«, London, 1927.
STEIN, Z., SUSSER, M., SAENGER, G., & MAROLLA, F., »*Nutrition and mental performance*«. *Science*, 1972, 178, 708–13.
TERMAN, L. M., & ODEN, M. N., »*The gifted groups at mid-life*«, Stanford, 1959.
THODAY, J. M., »*Geneticism and environmentalism*«, in: J. E. MEADE & A. S. PARKES (Hrsg.) *Biological Aspects of Social Problems*, London, 1965.
THORNDIKE, E. L., »*The measurement of intelligence*«, New York, 1927.
THURSTONE, L. L., »*Primary mental abilities*«, Chicago, 1938.
THURSTONE, L. L., & T. G., »*Factorial studies of intelligence*«, Chicago, 1941.
TUDDENHAM, R. D., »*A ›Piagetian‹ test of cognitive development*«, in: B. DOCKRELL ((Hrsg.), »*On Intelligence*«, London, 1970.
TYLER, L. E., »*The psychology of human differences*«, New York, 1956.
VERNON, P. E., »*Ability factors and environmental influences*«, *Amer. Psychologist*, 1965, 20, 723–33.
»*Intelligence*«, in: B. DOCKRELL (Hrsg.), »*On Intelligence*«, London, 1970.
WALLACH, M., & KOGAN, N., »*Modes of thinking in young children*«, New York, 1965.
WALLER, J. H., »*Achievement and social mobility*«, *Social Biology*, 1971, 18, 252–59.
WILSON, M., »*Passion to know*«, London, 1972.
WILSON, R. S., »*Twins: early mental development*«, *Science*, 1972, 175, 914–17.

Namenregister

Sachregister

Quellenhinweis

Der Autor dankt für die Erlaubnis, aus folgenden urheberrechtlich geschützten Schriften zu zitieren:
J. B. S. Haldane, *»The Inequality of Man«*, Chatto & Windus, 1932 und Mrs. Helen Spurway Haldane; E. B. Page, *»Miracle in Milwaukee: Raising the IQ«*, *Educational Researcher*, 1972, I; C. C. Li, *»A tale of two thermos bottles«*, in: R. Cancro (Hrsg.), *»Intelligence: genetic and environmental influences«*, Grune & Stratton, 1973; C. Hutt, *»Males and Females«*, Penguin Books, 1972; R. Herrnstein, *»IQ in the meritocracy«*, Allen Lane, 1973, zuerst veröffentlicht unter dem Titel *»I. Q.«*, Atlantic Monthly, IX. 1971; A. Jensen, »Educabality and Group Differences«, Methuen & Co, 1973: R. C. Atkinson, *»Ingredients for a theory of instruction«*, *American Psychologist*, 1972.
Die IQ-Testaufgaben Nr. 5–10 auf S. 70–71 entstammen der – von Gerd Stöhr neu standardisierten und eingerichteten – deutschen Ausgabe von H. J. Eysenck, *»Check your own IQ«*, dt. »Intelligenztest«, Reinbek 1974 (rororo 6878).
Folgende Abbildungen wurden aus fremden Werken übernommen:
Diagramme: (6) A. Jensen, *»Genetics and Education«*, Methuen & Co, 1972; (7 und 8) C. C. Li, *l. c.*; (9) J. Waller, *»Achievement and social mobility«*, *Social Biology*, 1971, 18, 252–9; (13) K. O. & K. Götz, *»Introversion – extroversion and neuroticism in gifted and ungifted art students«*, *Perceptual and Motor Skills*, 1973, 36, 677.
Tabellen: (2) L. L. & T. C. Thurstone, *»Factorial studies in intelligence«*, *Chicago Univ. Press*, 1941; (5, 8 und 9) C. Burt, *»Intelligence and social mobility«*, *Brit. J. Statl. Psychol.*, 1961, 14; (7) C. Burt, *»Class differences in general intelligence«*, *Brit. J. Statl. Psychol.*, 1959, 12; (10) B. S. Bloom, »Stability and change in human characteristics«, Wiley, 1965; (13) R. Liddicoat, *»The effects of antenatal decompression treatment«*, *Psychologia Africana*, 1968, 12.

Vance Packard

Verlust der Geborgenheit

Unsere kinderkranke Gesellschaft

Was die Vernachlässigung der Familie für unsere Kinder und die Zukunft der Gesellschaft bedeutet

Ullstein Buch 34360

Ullstein Sachbuch

Ende des 20. Jahrhunderts erkennt eine irritierte Gesellschaft, daß ihr eine der elementarsten Aufgaben über den Kopf zu wachsen droht: die Vorbereitung der Jugend auf die Bewältigung des Lebens von morgen.
Der Verlust der Geborgenheit, Aggressivität, No-Future-Ängste und allgemeine Ratlosigkeit sind die unvermeidlichen Folgen der Überbeanspruchung und der Desorientierung einer Massengesellschaft im Umbruch, in der die Erziehung der Kinder immer komplizierter wird. Vance Packard, einer der bedeutendsten Soziologen unserer Zeit, macht – scharfsinnig und kritisch – Vorschläge, wie der weltweite Generationskonflikt überwunden werden kann.